BIAD 建筑结构专业技术措施

TECHNICAL MEASURES for Building Structures

2019 版　2019 Edition

北京市建筑设计研究院有限公司　　编著
BEIJING INSTITUTE OF ARCHITECTURAL DESIGN　　EDITOR

U0234656

中国建筑工业出版社
CHINA ARCHITECTURE & BUILDING PRESS

图书在版编目(CIP)数据

建筑结构专业技术措施/北京市建筑设计研究院有限公司
编著. —北京：中国建筑工业出版社，2019.8
ISBN 978-7-112-23997-9

Ⅰ.①建… Ⅱ.①北… Ⅲ.①建筑结构-技术措施
Ⅳ.①TU3

中国版本图书馆 CIP 数据核字(2019)第 144764 号

《建筑结构专业技术措施》（2019 版）是北京市建筑设计研究院有限公司（下称"BIAD"）用于指导 BIAD 结构设计人员进行设计工作的统一技术规则，便于设计人员更好地理解应用现行规范、规程和标准，了解以往工程的积累，将设计做得更好。是公司控制设计质量的传统技术文件。

书的内容以实用实战、系统整合、抛砖引玉的编制要旨，集合企业内当打之年的一线设计精英，对工程规范、设计需求、团队困惑、疑问疑难等各个方面进行系统整理，共计 16 章（含附录），是结构设计工作中体会、感悟和经验的综合，相信本书会对设计人员和行业同行有很大启发。

历经多次对结构技术措施的修编，是 BIAD 持续不断的进步体现，是过去七十年历史中几辈结构工程师的智慧结晶，相信她会不断成长、进步，永远走在行业的前列！

责任编辑：赵梦梅　刘瑞霞　田立平
责任校对：赵　菲　姜小莲

建筑结构专业技术措施
2019 版
北京市建筑设计研究院有限公司　编著

＊

中国建筑工业出版社出版、发行(北京海淀三里河路 9 号)
各地新华书店、建筑书店经销
北京红光制版公司制版
北京中科印刷有限公司印刷

＊

开本：787×1092 毫米　1/16　印张：15½　字数：395 千字
2019 年 10 月第一版　2020 年 1 月第三次印刷
定价：**99.00** 元
ISBN 978-7-112-23997-9
(34297)

总　　序

　　北京市建筑设计研究院有限公司（Beijing Institute of Architectural Design，简称 BI-AD）是国内著名的大型建筑设计机构，自 1949 年成立以来，已经走过 70 年的辉煌历史。它以"建筑服务社会，设计创造价值"为核心理念，实施 BIAD 品牌战略，以建设中国卓越的建筑设计企业为目标，"以创新为驱动，以用户需求为导向，通过科学的管理、优化的设计、卓越的质量、协同和集成的方法，为顾客提供一体化的设计咨询服务"为质量方针，设计科研成绩卓著，为城市建设发展和建筑设计领域的技术进步做出了突出的成绩，同时，BIAD 也一直通过出版专业技术书籍、图集、专业杂志等形式为建筑创作、设计技术的推广和普及做出了贡献。

　　一个优秀的企业，拥有系列成熟的技术质量标准是必不可少的条件。BIAD 已先后制定实施并不断改进了管理标准—"BIAD 管理体系文件"、技术标准—《BIAD（各）专业技术措施》、制图标准—《BIAD 制图标准》、产品标准—《BIAD 设计文件编制深度规定》《施工图设计文件验证提纲》、设计指导—《BIAD（各专业）设计深度图示》《（各）专业施工图常见问题图示解析》，其设计标准体系已基本形成较完整的框架并在继续丰富和完善。

　　"BIAD 建筑设计标准丛书"是北京市建筑设计研究院有限公司发挥民用建筑设计行业领先作用和品牌影响力，以"开放、合作、创新、共赢"为宗旨，将经过多年积累的企业内部建筑设计技术成果和管理经验贡献出来，通过系统整理出版，使先进设计产品的理念和实践经验得到更广泛的传播和利用，延伸扩大其价值，服务于社会，提高国内建筑行业的设计水平和设计质量。

　　"BIAD 建筑设计标准丛书"包括了北京市建筑设计研究院有限公司的技术标准、设计范例等广泛的内容，具有内容先进、体例严谨、实用方便的特点。使用对象主要面对国内建筑设计机构的建筑（工程）师，也可作为教学、科研参考。这套丛书是开放性的，各系列会陆续出版，并将根据需要不断修编完善。

北京市建筑设计研究院有限公司

2019 年 8 月

前　言

修编"结构专业技术措施"的目的很单纯：把结构设计做得更好！

如此说来，开卷有益，让 BIAD 结构团队的集体智慧能使热爱结构设计的工程师获得些许专业力量，即是目标，编者幸甚！

北京市建筑设计研究院有限公司的《建筑结构专业技术措施》，已经有几十年的历史，它为结构专业设计的发展起到了重要的推动作用；尤其伴随着 40 年改革开放的进程、行业发展的需求，为一线结构设计人员提供了强大的技术支持。

修编技术措施是传统，更是艰难的工作。尤其在目前的行业管理体制下：越来越多的规范规程、有第三方审图机构对强制性条文的审查与落实，技术措施的修编成为一个很大的课题。避免与规范强制性条文、乃至一般性条文的冲突，不应成为规范规程摘抄，又为结构设计团队提供思路、设想、启发、建议，在实施设计中对预计的问题，提供解决方案和途径，是措施修编的目标。

修编团队汇集了 BIAD 当打之年的精英，他们一直工作在设计的第一线，对工程设计、业主需求、团队困惑、疑问疑难等各个方面，有着深刻体会和感悟，相信本书会对设计人员和行业领域同仁有很大启发。

本书考虑行业现状、管理机制等诸多因素，编制要旨如下：

1. 实用实战

以实用实战为目标，希望能最直接地给一线的设计人员、有志于工程设计的土建专业师生，给予工作、学习上的专业支持；推动行业进步。

2. 系统整合

内容整体构架从统一至分类、下部至上部、体系至构件、构造至节点的思路，希望依照设计人员的设计流程、习惯，将同体系可能遇到的问题整合在一起。

3. 抛砖引玉

经验在于不断地积累和提升，看到本书时，或许有些经验已落伍、有些理解有偏差。抛砖引玉，也是对行业的贡献，希望未来能够不断完善、进步。

工程的多样性、问题的复杂性、个性的业主、不同的投资，为此，恰恰需要结构工程师在工程全过程中对可预见的、不可预见的问题提出解决方案、方法。同样的问题，不同的解决方式，求得完美的结果，才是结构工程师的魅力与能力。

措施修编，是 BIAD 持续不断的进步体现，是过去七十年历史中几辈结构工程师的智慧结晶，也是公司现有结构团队每个成员的经验体现，相信本措施会不断成长、进步，永远走在行业的前列！

本书由北京市建筑设计研究院有限公司科技质量中心负责解释。地址：北京市西城区南礼士路 62 号，邮编：100045，邮箱：tech-s@biad.com.cn。

各个章节主要承担者如下表：

章	章名	负责人	撰写人	审核人
0	前言	陈彬磊	沈　莉	柯长华
1	总则	陈彬磊	沈　莉	齐五辉
2	概念体系	陈彬磊	沈　莉	齐五辉
3	结构荷载	甘　明	阎东东、李华峰	柯长华
4	地基基础	薛慧立	孙宏伟、盛　平	柯长华
5	混凝土结构	于东晖/周　笋	张　徐、李伟政、伍炼红、王志刚 张　俏、张国庆、卫　东、雷晓东	陈彬磊
6	钢结构	刘明学/郑　琪	甄　伟、卢清刚、祁　跃 卫　东、常为华、杨蔚彪	束伟农
7	大跨结构	甘　明/朱忠义	张　琳、李华峰	束伟农
8	混合结构	束伟农	祁　跃、马敬友、杨　洁	齐五辉
9	加固改造	苗启松/甄　伟	李文峰、甘　明	齐五辉
10	隔震减震		卜龙瑰、阎东东	束伟农
11	装配结构	苗启松	马　涛、李文峰、卢清刚	陈彬磊
12	砌体结构	陈彬磊	沈　莉、龙亦兵、袁立朴	薛慧立
13	超限高层	沈　莉	龙亦兵、袁立朴、张京京	柯长华
14	程序使用	武云鹏	武云鹏、杨　勇	齐五辉
15	人防结构	段世昌	段世昌	苗启松/薛慧立
16	附录	龙亦兵	袁立朴、张京京、蔡　青	对应章节审核人

　　最终成果，经由陈彬磊、束伟农、齐五辉、柯长华统稿审定。

　　不当之处，请不吝赐教，以能让这本技术措施不断进步！

Preface

The purpose of revising the "TECHNICAL MEASURES for Building Structures" is very simple: to make structural design better!

As reading enriches the mind, it is a privilege for us, the editors, to work with a group of talented engineers, and to share our passion and professional strength in the realm of structural design.

BIAD's "TECHNICAL MEASURES for Building Structure" has a history of several decades. It has played an important role in facilitating the development of structural design. Especially with the 40-year reform and opening-up process and the needs of industry development, the book has provided strong technical support for front-line structural designers.

Revising the technical measures is a rather challenging tradition. In particular, under the current industry management system: with more and more codes and regulations, third-party drawing-checking agencies supervising and implementing mandatory provisions, the technical measures revision has become a major challenge. Avoiding conflicts with mandatory provisions or even general provisions of the code and not being an abstraction of the code, our objectives are to provide thoughts, ideas, inspirations and suggestions for the structural design team and to provide solutions and approaches to tackle the potential problems in the implementation design.

The editing team is composed of the structural elites of BIAD. They have been working on the front-line design for many years and have profound experience and insights on engineering design, the client's needs, potential teamwork obstacles, etc. We believe the book will be a great source of inspiration to the designers and colleagues in the industry.

Considering the current situation of the industry, management mechanism, and many other factors, the keynotes of this book are listed as follows:

1. Usability & Practicality

In order to serve a practical purpose, the book is intended to give the front-line designers, civil engineering instructors, and students who are interested in engineering design professional support in their work and study, as well as promoting the progress of the industry.

2. System Integration

The overall framework of content is organized from unification to classification, bottom to top, system to component and detail to node. We hope that according to the design process and personal preference of the designers, our framework is able to effectively integrate the problems they may be encountered with the system.

3. Ideation & Inspiration

Expertise comes from experience and constant reflection. While you are reading this book，some of its content may already be outdated，with some misunderstanding deviations. Our motivation to keep improving this book is not simply to inform，but to inspire，seeking for a better future led by this industry.

Because of the diversity of the projects，the complexity of the problems，the individuality of clients' needs，the differences in investments，and the charm of the structural design are precisely the solutions and methods for the foreseeable，unpredictable and forthcoming problems faced by the structural engineers in the whole process of a project. The beauty and capability of structural engineering derives by using different solutions to solve the same problems and obtain the perfect results.

Measures revision is a reflection of BIAD's continuous advancement. It's the embodiment of the wisdom of several generations of structural engineers in the past 70 years，and the representation of the experience of each member in BIAD's existing structural team. We believe that the book will continue to grow and progress，and will always be in the forefront of the industry！

This book is explained by the Science and Technology Quality Center of BIAD. Address：62 Nanlishi Road，Xicheng District，Beijing. Postcode：100045. Mailbox：tech-s@biad. com. cn.

The main responsibility for each chapter is listed as follows：

Chapter	Chapter name	In charge of	Written by	Checked by
0	前言	陈彬磊	沈 莉	柯长华
1	总则	陈彬磊	沈 莉	齐五辉
2	概念体系	陈彬磊	沈 莉	齐五辉
3	结构荷载	甘 明	阎东东、李华峰	柯长华
4	地基基础	薛慧立	孙宏伟、盛 平	柯长华
5	混凝土结构	于东晖/周 笋	张 徐、李伟政、伍炼红、王志刚 张 俏、张国庆、卫 东、雷晓东	陈彬磊
6	钢结构	刘明学/郑 琪	甄 伟、卢清刚、祁 跃 卫 东、常为华、杨蔚彪	束伟农
7	大跨结构	甘 明/朱忠义	张 琳、李华峰	束伟农
8	混合结构	束伟农	祁 跃、马敬友、杨 洁	齐五辉
9	加固改造	苗启松/甄 伟	李文峰、甘 明	齐五辉
10	隔震减震		卜龙瑰、阎东东	束伟农
11	装配结构	苗启松	马 涛、李文峰、卢清刚	陈彬磊
12	砌体结构	陈彬磊	沈 莉、龙亦兵、袁立朴	薛慧立
13	超限高层	沈 莉	龙亦兵、袁立朴、张京京	柯长华
14	程序使用	武云鹏	武云鹏、杨 勇	齐五辉
15	人防结构	段世昌	段世昌	苗启松/薛慧立
16	附录	龙亦兵	袁立朴、张京京、蔡 青	对应章节审核人

The final book was approved by Chen Binlei, Shu Weinong, Qi Wuhui and Ke Changhua.

If you find something wrong，please don't hesitate to give advice，so that this technical measures book can be continuously improved！

目　　录

第 1 章 总 则

1.1 措 施 原 则

1.1.1 结构设计成果的安全、优雅、适用、经济，是结构设计师的工作追求，应贯穿工程服务的始终。

1.1.2 北京市建筑设计研究院有限公司（下简称"BIAD"）以"建筑服务社会，设计创造价值"为企业核心理念，结构设计师应以"结构服务建筑"为前提，发挥专业智慧、创造专业价值。

1.1.3 结构体系的建立，是工程设计的第一步，充分理解业主（投资、工期、表现等）、建筑功能、建筑师等几方面的诸多需求，并加以协调、沟通取舍，是构建最合理结构体系的必要工作。

1.1.4 技术措施是 BIAD 结构人的集体智慧，但远远没有覆盖所有的需求，工程的复杂、多样，也是结构设计的魅力所在，结合业主需求、市场认同等方面的技术答案，并不唯一，这也是对结构工程师的挑战。

1.1.5 现行规范规程标准，是对过去成熟经验的总结，同样随着社会的发展、技术的进步，不应一成不变。理解而创新、需求而改变、成熟而规范，是一个必然的过程，是结构工程师对规范、规程、标准的正确态度。

1.2 技 术 管 理

1.2.1 本技术措施是 BIAD 的企业标准，将作为设计成果质量控制、评估的统一技术规则。

1.2.2 鉴于现行设计成果的行业管理办法，涉及规范强制性条文的理解、各个地方施工图第三方审查的特殊要求等，宜在设计前期与各方沟通、确认，避免返工。

1.2.3 既有建筑的加层、加建、改造等需求，当原结构设计单位为非 BIAD 的部门时，应遵照《关于《BIAD 续建和改扩建工程的结构设计规定》的修订说明》（详附录 01-1）的要求。

1.2.4 现行规范的强制性条文，是对于行业整体质量控制的重要手段。对于强制性条文，应充分理解其背景、条件、适用性等。对于规范中其他的"必须/严禁"、"应/不应（不得）"、"宜/不宜"、"可"四个用词层面的尺度把握，应正确理解，以利在工程实践中的执行。

1.2.5 设计文件中，应注明设计基准期、设计使用年限的指标。建筑行业现行的设计规范规程，均是以结构设计基准期 50 年为标准制定的，相应的，结构设计使用年限也是

50 年。

对于非 50 年,特别是超过 50 年的情况,可以考虑在结构总说明中,以如下两种方式处理:

1. 标明"设计基准期 50 年、结构耐久性年限 100 年"者,可以直接采用规范正文标准,仅对混凝土结构据【混规】8.2.1-2 修正保护层厚度;

2. 设计基准期非 50 年(如对应设计基准期 100 年及结构使用年限 100 年),则要对相应的规范内容进行整合修正。

【释】规范内容的整合修正不是十分明确,主要涉及到:荷载见【可靠性】8.2.10、【荷载规】3.2.5 节及其条文说明;地震作用见【抗规】3.10.3-1 条文说明;混凝土保护层见【混规】8.2.1-2、3.5.5、3.5.6 节。严格地说,此时的材料强度也可能有调整,上述修正更应有专门研究后,再应用于实际工程中为宜。

对于项目宣传中"百年工程、千年大计"等,结构设计确定工程标准时,要有正确的理解,更应尊重国家规范。业主提出的高于规范的特殊要求,要在投资、构件尺度等环节充分沟通,并留有书面确认文件。

1.3 设 计 重 点

1.3.1 设计中,结构设计师应特别关注概念设计环节,避免仅仅依靠计算结果的数值来决定体系取舍、构件判定,而应关注结构体系的搭建、垂直力及水平力的传力途径,并尽可能建立最短途径。

1.3.2 涉及勘察、地基、基础方面的工作,具有很强的地域性,各地工程实施前,应有必要的设计、施工环节的调研后,方可着手设计实施。

1.3.3 精读勘察报告是设计师了解地质的重要途径,对土质、地下水、地基承载力,地震下的地基灾害、发震断裂带的距离等,要予特别关注,以择优确定结构的基础形式,依照现行规范,评估正常使用、地震下的结构沉降、倾斜及稳定。

1.3.4 对于绿色建筑的要求,应予必要关注,涉及到结构专业的内容(详附录 01-2《结构相关的绿色建筑评价》),应对照执行。

1.3.5 乙类(重点设防类)房屋的判定依照【分类标准】,有些项目不是很清晰,更鉴于此类项目多涉及超限等因素,宜在确认类别时与超限委员会、第三方审查机构提前确认。

【释】宜重点关注下列内容:

1)建筑使用人数的核定,可结合建筑师在消防设计时的人数核定;

2)大型城市综合体的判定,可沿高度方向分段设置,参见【分类标准】6.0.5 条及其条文解释,例如:可将裙房高度范围内的裙房和主楼判定为乙类,而将出裙房以上的塔楼部分判定为丙类;

3)各类"馆"类建筑,应结合整体城市定位、藏品级别、投资控制等综合判定。

1.3.6 乙类(重点设防类)房屋的安全等级可以是一级或二级,对应的结构重要性系数分别为 1.10、1.00。安全等级的确定是基于结构破坏可能产生的后果严重性,对应标准为【可靠性】3.2.1 条,结构负责人可以按照工程的具体情况判定。

1.3.7 设计文件中应单列注明涉及危大工程的重点部位和环节!按照【危大管】第二章

第六条的要求，必要时要提示业主另行委托进行专项设计。

1.3.8 对结构的关键部位、关键构件，施工操作有困难处，不应简单依靠计算结果进行设计，而应根据具体情况采取适当的处理方案，并在设计中适当留有余地，保证安全。

1.3.9 结构设计图纸，是为施工服务的"工程师语言"，应注重图纸表达的逻辑性、条理性、简洁性，以最少的图量表达最完整施工需求。

1.3.10 结构设计师应与建筑、机电专业设计人员根据各自的职责，共同进行非结构构件自身及其与主体结构连接的抗震、抗风设计。

【释】非结构构件，包括建筑非结构构件（内隔墙或内墙板、外墙板或外幕墙）和建筑附属机电设备。

　　建筑、结构、机电专业设计人员，关于非结构构件自身及其与主体结构连接抗震设计的职责划分，依据《BIAD设计文件编制深度规定》。

　　当建筑内大型设备支吊架（或设计合同要求设计的建筑周围室外大型设备支架）由不具备相应设计资质的材料加工承包方或施工方设计时，结构设计师应对其施工图的安全性进行审核，并按照合同明确各方责任，相应设计成果应归档。当设备产品自带支吊架时，结构设计师仅负责对与支吊架相连的结构构件进行验算，不对支吊架的自身安全负责。

1.4　新技术与材料

1.4.1 历史上，结构设计的革命，都是新材料的诞生和应用所带来的，诸如：土成砖、钢铁出现、混凝土诞生。未来结构的再一次飞跃，可以预见，同样是革命性材料（详附录01-3《结构材料的关注》）出现的牵动！

1.4.2 对于新技术新材料，应当"持续关注、严谨了解、大胆应用"，尤其在规范规程方面，已有的成果只是过去经验的总结和积累，新的技术材料，更应辅以新思维、新理解、新手法。

1.5　规范缩写

　　本书为便于与现行规范、规程和标准的衔接，并便于阅读，文中采用了缩写的方式，索引如下表：

类	序	名称	编号	缩写
本书	1	建筑结构专业技术措施	2019版	【技措】
国家标准	1	橡胶支座 第3部分：建筑隔震橡胶支座	GB 20688.3—2006	【橡胶支座】
	2	砌体结构设计规范	GB 50003—2011	【砌规】
	3	木结构设计标准	GB 50005—2017	【木标】
	4	建筑地基基础设计规范	GB 50007—2011	【地基规】
	5	建筑结构荷载规范	GB 50009—2012	【荷载规】
	6	混凝土结构设计规范	GB 50010—2010（2015版）	【混规】
	7	建筑抗震设计规范	GB 50011—2010（2016版）	【抗规】

续表

类	序	名称	编号	缩写
国家标准	8	建筑设计防火规范	GB 50016—2014（2018 版）	【防火规】
	9	钢结构设计标准	GB 50017—2017	【钢标】
	10	岩土工程勘察规范	GB 50021—2001	【勘察规】
	11	建筑抗震鉴定标准	GB 50023—2009	【抗震鉴标】
	12	人民防空地下室设计规范	GB 50038—2005	【人防规】
	13	工业建筑防腐蚀设计标准	GB/T 50046—2018	【工防腐规】
	14	建筑结构可靠性设计统一标准	GB 50068—2018	【可靠性】
	15	人民防空工程施工及验收规范	GB 50134—2017	【人防验收】
	16	砌体结构工程施工质量验收规范	GB 50203—2011	【砌施】
	17	混凝土结构施工质量验收规范	GB 50204—2015	【混施】
	18	钢结构工程施工质量验收规范	GB 50205—2001	【钢施验规】
	19	建筑工程抗震设防分类标准	GB 50223—2008	【分类标准】
	20	钢结构焊接规范	GB 50661—2011	【焊接规】
	21	钢结构工程施工规范	GB 50755—2012	【钢施规】
	22	钢管混凝土结构技术规范	GB 50936—2014	【钢管规】
	23	建筑钢结构防火技术规范	GB 51249—2017	【钢防火规】
	24	混凝土升板结构技术标准	GB/T 50130—2018	【升板标准】
	25	装配式建筑评价标准	GB/T 51129—2017	【装配评价】
	26	装配式混凝土建筑技术标准	GB/T 51231—2016	【装配混标】
	27	装配式钢结构建筑技术标准	GB/T 51232—2016	【装配钢标】
	28	桥梁球型支座	GB/T 17955—2009	【桥梁球座】
行业标准	1	钢结构加固技术规范	CECS 77：96	【钢构加固】
	2	叠层橡胶支座隔震技术规程	CECS 126：2001	【叠胶隔震】
	3	矩形钢管混凝土结构技术规程	CECS 159：2004	【矩管混规】
	4	建筑工程抗震性态设计通则（试用）	CECS 160：2004	【抗震性态】
	5	建筑物移位纠倾增层改造技术规范	CECS 225—2007	【纠倾增层】
	6	铸钢节点应用技术规程	CECS 235—2008	【铸钢节点】
	7	钢结构防腐蚀涂装技术规程	CECS 343—2013	【钢防腐规】
	8	关节轴承 额定静载荷	JB/T 8567—2010	【关节轴承】
	9	建筑隔震橡胶支座	JG 118—2018	【隔胶支座】
	10	装配式混凝土结构技术规程	JGJ 1—2014	【装配混规】
	11	高层建筑混凝土结构技术规程	JGJ 3—2010	【高规】
	12	空间网格结构技术规程	JGJ 7—2010	【空间网格】
	13	建筑地基处理技术规范	JGJ 79—2012	【地基处规】
	14	预应力筋用锚具、夹具和连接器应用技术规程	JGJ 85—2010	【预锚夹器】
	15	无粘结预应力混凝土结构技术规程	JGJ 92—2016	【无粘规】
	16	建筑桩基技术规范	JGJ 94—2008	【桩规】

续表

类	序	名称	编号	缩写
行业标准	17	高层民用建筑钢结构技术规程	JGJ 99—2015	【高钢规】
	18	建筑基桩检测技术规范	JGJ 106—2014	【桩检测规】
	19	建筑抗震加固技术规程	JGJ 116—2009	【抗震加固】
	20	既有建筑地基基础加固设计规范	JGJ 123—2012	【基础加固】
	21	组合结构设计规范	JGJ 138—2016	【组合规】
	22	预应力混凝土结构抗震设计规程	JGJ 140—2004	【预力抗规】
	23	混凝土异形柱结构技术规程	JGJ 149—2017	【异形柱规】
	24	建筑消能减震技术规程	JGJ 297—2013	【消减震规】
	25	隔震工程施工及验收规范	JGJ 360—2015	【隔震验收】
	26	预应力混凝土结构设计规范	JGJ 369—2016	【预应力规】
	27	缓粘结预应力混凝土结构技术规程	JGJ 387—2017	【缓粘结规】
	28	高层建筑岩土工程勘察标准	JGJ/T 72—2017	【高岩勘标】
	29	现浇混凝土空心楼盖技术规程	JGJ/T 268—2012	【空心混规】
	30	钢板剪力墙技术规程	JGJ/T 380—2015	【钢板墙规】
	31	装配式钢结构住宅建筑技术标准	JGJ/T 469—2019	【装住宅标】
	32	抗浮锚杆技术规程	YB/T 4659—2018	【抗浮锚杆】
其他	1	北京地区建筑地基基础勘察设计规范	DBJ 11—501—2009（2016 版）	【京勘设规】
	2	建筑抗震加固技术规程	DB 11/689—2016	【京加固规】
	3	平战结合人民防空工程设计规范	DB 11/994—2013	【北京防规】
	4	建筑防火涂料（板）工程设计、施工与验收规程	DB 11/1245—2015	【京防火规】
	5	装配式剪力墙结构设计规程	DB 11/1003—2013	【京装墙规】
	6	装配式框架及框架-剪力墙结构设计规程	DB 11/1310-2015	【京装框剪】
	7	超限高层建筑工程抗震设防专项审查技术要点	建质〔2015〕67 号	【超限要点】
	8	危险性较大的分部分项工程安全管理规定	住建部【2018】37 号文	【危大管】
	9	蒸压加气混凝土墙体专用砂浆	JC/T 890—2017	【加气砂浆】
	10	建筑物抗震构造详图（多层和高层钢筋混凝土房屋）	11G329-1	【G329 图集】
	11	多、高层民用建筑钢结构节点构造详图	16G519	【G519 图集】

钢材较为特殊，其材料标准常用如下表：

类	序	规范名称	编号	缩写
国家标准	1	优质碳素结构钢	GB/T 699—2015	【优碳钢】
	2	碳素结构钢	GB/T 700—2006	【碳钢】
	3	热轧型钢	GB/T 706—2016	【热轧型钢】
	4	销轴	GB/T 882—2008	【销轴】
	5	低合金高强度结构钢	GB/T 1591—2018	【低合金钢】
	6	耐候结构钢	GB/T 4171—2008	【耐候钢】

续表

类	序	规范名称	编号	缩写
国家标准	7	厚度方向性能钢板	GB/T 5313—2010	【厚度向钢】
	8	通用冷弯开口型钢	GB/T 6723—2017	【冷开型钢】
	9	冷弯型钢通用技术要求	GB/T 6725—2017	【冷弯型】
	10	结构用冷弯空心型钢	GB/T 6728—2017	【冷空型钢】
	11	结构用无缝钢管	GB/T 8162—2008	【无缝管】
	12	涂覆涂料前钢材表面处理 表面清洁度的目视评定	GB/T 8923.1—2011	【涂前钢表】
	13	热轧 H 型钢和剖分 T 型钢	GB/T 11263—2017	【HT 型钢】
	14	建筑结构用钢板	GB/T 19879—2015	【高建钢】
	15	钢结构防火涂料	GB 14907—2002	【防火涂料】
行业标准	1	焊接 H 型钢	YB 3301—2005	【焊接 H 钢】
	2	高层结构用钢板	YB 4104—2000	【冶高建钢】
	3	结构用高频焊接薄壁 H 型钢	JG/T 137—2007	【频焊 H 钢】

在各章中，专门设有"规范关注"节，即：对应上述表中相关规范规程标准，除常规重点外，通常易疏漏的条目整理有表，供设计人员参照关注，各节中直接列出，不再赘述。

附录编号说明：

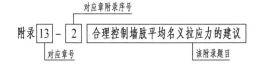

第 2 章　概　念　体　系

2.1　结　构　概　念

2.1.1　所有的建筑结构，殊途同归都是矗立在脚下的土地上，结构构件的拉压弯剪扭等力的传递，都有最终"入地"的途径。

2.1.2　常规结构的概念，应关注在竖向、水平向、扭转向几方面的协调，基于满足建筑功能需求下，保持平面、立面上构件、刚度的相对均匀，避免突然的变化，应当是概念首选。

2.1.3　抗震概念建立于：任何一点质量都会带来地震作用，减轻质量是降低地震作用的重要手段。墙和撑，作为抗侧构件抗侧刚度较大、效率较高，合理设置在体系中的同时，更需关注地震作用传递其上的途径。

2.1.4　采用更高强度材料的同时，也应关注该材料的力学性能，使其满足抗震抗风的目标的同时，更高效地发挥材料的效率，实现更为经济的目标。

2.1.5　以单纯构件尺度的变化来改变整体刚度，远不如对结构体系的概念调整更有效和经济。更需要注意的是，加大刚度是双刃剑，会直接导致地震作用的增加。以柔克刚，充分发挥材料的性能，是安全、高效的解决方案。

2.1.6　计算机是设计手段，它所起到的作用是把结构构件的需求算快、算准，却不能代替工程师的思想，距离结构概念则更远。

2.1.7　依靠计算分析下的结构设计，均基于一些基本假定：平截面、杆系、壳元、板元，铰接、刚接、半刚接等，乃至恒活荷载、材料性能的评估和实际差异，会造成理论精确解与实际工程中有差异，概念上对此应有认识。

2.1.8　随着建筑体量的不断增加，涉及到气候温度、材料性能及收缩徐变等影响，较难对项目采用的混凝土材料准确评估，应在设计成果中对构造、材料要求和施工辅助等方面提出要求。

2.1.9　规范规程是工程设计的最低要求，需要结构工程师在具体项目中，按照结构概念的理解，对关键部位提出更高要求，把控项目设计成果。

2.1.10　地基土离散性大的天然原因，以及地下修复实现难度、代价等因素，结构基础设计，通常会留有冗余度。但考虑到地基基础间、基础与上部结构间的协同作用，以及地基与结构间的变形影响，安全度应恰当。

【释】地基的多种假定，诸如文克勒、郭尔布诺夫、太沙基（固结）、日莫契金（弹性地基梁）等，会得到不同的计算结果，差异较大。BIAD 在 20 世纪 60 年代至今，实际观测了多个项目的结果，得到的实测值与各个不同的假定都有差异。这说明，地基基础乃至上部结构的关系较为复杂，理论上较难准确评估。

2.1.11　混凝土构件弯矩的塑性调幅，是混凝土的特有特点，对于调幅后弯矩的去处要有预期，并匹配相应的配筋。

2.2 结 构 体 系

2.2.1 接手新项目，不要急于确立结构体系，建筑是为功能服务的。对待提供建筑方案的建筑师，逐步在观念上理解、意识上跟随、专业上超越、设计上引领，是结构工程师的工作。

2.2.2 基于建筑功能下的多层/高层/超高层、大跨空间、异形结构等结构体系的建立，考虑专业、技术层面因素的同时，还应结合工程性质、项目归属、工期要求、投资预期、建造把控等诸多因素，选择最适合的结构体系。

【释】项目进行时，应配合建筑师着手结构概念推进，协助建筑师协调专业需求，择取最优结构体系。有助于项目推进的同时，也避免造成各个专业工作的返工。

2.2.3 结构工程师日常工作，多为合理处理"梁板柱墙索撑础"这七类构件。接手项目后，应首先听取建筑师的方案思想、理解业主需求，了解机电系统的基本配备（暖通形式、各类机房位置、管线路由），在头脑中搭建实际建筑状况，并想象自己作为一个使用者，"漫步"其中，去"体会"建筑。而后着手结构设计，应当：

　　1. 确立体系、选定主材，明确传力途径；

　　2. 水平作用宜优选墙（剪力墙）、撑（各类支撑）来承担，相对有比较好的效率，更兼带来框架梁柱较小的构件尺寸；

　　3. 柱位的选择，应结合功能需求，考虑梁板的布置及尺度，兼顾机电路由的影响，在保证安全、经济的前提下，实现最大净高；

　　4. 梁板的布置，尤其对于次梁的布置方向，应当结合项目需求及各个具体位置进行选择：平行长跨或短跨设置，各有利弊！

【释】相对瘦高而愈宽扁的混凝土梁，会带来混凝土用量、用钢筋量的增加，合理布置长、短跨梁尺度与机电路由的整合，是初期结构方案关注点。

　　无梁的板柱结构体系，同样是可选择的成熟体系，该体系结构材料用量相对较多，但节省了高度、提供了独特的结构空间。对于较厚的楼板，结合现浇空心楼板技术，也是一种选择。

　　5. 结构计算模型与实际结构的吻合；

　　6. 结构常规部位抗震构造措施的选定与实现；

　　7. 结构关键部位、异形结构的转折位置及关键构件，明确性能目标，予以重点加强。

【释】结构设计应当依照概念体系、构件构成、性能关注、构造细化的基本思路，从宏观至微观，逐步深入，渐次实现，确保主体安全的思路进行，避免刻意面对微观细部，忽视宏观把控。对【超限要点】更应关注多道防线实现、抗连续倒塌的设计要求。

2.2.4 大多结构都是以竖向构件撑起、托起的，而以吊起、悬起承担荷载的结构，也是高效的结构选择！

2.2.5 影响体系选定的诸多规范及其条文，要有正确的判定，更要理解条文说明，乃至询问主编单位，探寻编制背景，及至突破规范。

第3章 结 构 荷 载

3.1 永 久 荷 载

3.1.1 措施标准

3.1.1.1 抗倾覆、抗滑移及抗浮验算时，其效应对结构有利的永久荷载，其分项系数取 0.8～0.9。

3.1.1.2 水压力、水浮力作为永久荷载，在承载能力极限状态计算时，其分项系数取 1.3，在正常使用极限状态计算时，其分项系数取 1.0。

【释】如图3.1.1.2，地下室外墙承受水头高度假定为5m高，应当即以此5m高度计算墙受到侧向荷载后产生的内力，算得弯矩 M，在计算墙配筋时，再乘以相应的分项系数。

不应将5m水头先乘分项系数，再计算内力，然后配筋时再乘分项系数，土压力的计算与此同理。

图 3.1.1.2

3.1.1.3 地下水位以下的土重度，可近似取 $11kN/m^3$ 计算。

【释】不应认为，水下土重度就是将土的水上重度，减去水浮力 $10kN/m^3$ 即可，例如某种土的水上重度为 $18kN/m^3$，则水下重度为：$18-10=8kN/m^3$。这种算法是错误的。按北京一般第四纪土的孔隙比计算，土在水下的重度，约为 $11kN/m^3$，比 $8kN/m^3$ 大37.5%。在计算地下室挡土墙等水下构件时，应注意正确取用土的水下重度。

3.1.1.4 地下室外墙土压可考虑如下情况，予以折减。

1. 当地下室施工采用大开挖方式，无护坡桩或地下连续墙支护时，地下室外墙承受的土压力宜取静止土压力；静止土压力系数与墙外填土的性状关系较大，坚硬的土较小，流塑或软塑土较大。对于地下水位下的土，尚应按水土分别计算。静止土压力系数 K_0，对一般固结土可取 $1-\sin\varphi$（$\varphi-$ 土的有效内摩擦角），一般情况可取 0.5。

2. 当地下室施工采用护坡桩或地下连续墙支护时，地下室外墙土压力计算中，可以考虑基坑支护与地下室外墙的共同作用，可按静止土压力乘以折减系数 0.66 近似计算（$0.5 \times 0.66 = 0.33$）。

3.1.1.5 楼屋盖上的机器设备荷载，应据楼盖、屋盖形式相应取值：

1. 当预制楼板承受机器设备荷载时，直接承受该荷载的一块（或数块）预制板，应按该荷载进行验算（一般按机器、设备的集中荷载考虑）的同时，尚应考虑机器设备维修时可能出现的不利情况（例如，机器大修时，可能将该机器之一部分卸下，放在附近另一块预制板上）。

2. 当现浇楼板承受机器设备荷载时，直接承受该荷载的板跨，应按该荷载进行验算同时，尚应考虑机器设备维修时可能出现的不利情况（诸如冷冻机房、电梯机房等处重设备维修时，临时放置位置）。

3.1.1.6 当房屋中有较重设备时，应按设备实际重量设计运输通道，或要求在设备运输时，采取临时支护措施，保证运输时的结构安全。

3.2 可 变 荷 载

3.2.1 措施标准

3.2.1.1 抗倾覆、抗滑移及抗浮验算时，其效应对结构有利的可变荷载（抵抗方面的活荷载），分项系数取 0.0（即不考虑该活荷载的存在）。

3.2.1.2 一般民用建筑的非人防地下室顶板（建筑相对标高±0.00处），应考虑施工荷载，活荷载取值应不小于 $4kN/m^2$。当有临时堆积荷载以及有重型车辆通过时，尚应按实际荷载验算。

3.2.1.3 在计算地下室外墙时，一般民用建筑的室外地面活荷载可取 $5kN/m^2$（包括可能停放消防车的室外地面）。有特殊较重荷载时，按实际情况确定。

【释】室外地面活荷载常被取得过高。例如：认为在火灾时，重型消防车可能停在建筑物边上，对地下室外墙将产生较大荷载，这是一种误解。

消防车停在建筑物外时，与建筑物必须有一定距离，否则救火云梯无法上升至建筑物上部。因此，一辆消防车占地面积，至少为 $100m^2$。北京市常用的消防车，总重约 $32\sim62t$，因此，折合每平方米的荷载为 $3\sim5kN/m^2$。（详附录 03-1《101m 高消防车技术参数》）

3.2.1.4 当地下一层顶板之上有覆土或其他填充物时，消防车轮压应按照覆土厚度，折合成等效荷载，不应直接采用 $35kN/m^2$ 或 $20kN/m^2$。

【释】【荷载规】表 5.1.1 项次 8 中的消防车楼面均布活荷载标准值，系指消防车直接行驶于楼板上（楼面建筑做法采用一般做法）时，其轮压折合成等效均布活荷载。

当考虑覆土对消防车楼面均布活荷载的影响时，可对楼面消防车活荷载标准值进行折减，折减系数取【荷载规】附录 B 规定值。

当按多台消防车共同作用及轮压在覆土中的扩散影响（在硬装地面范围内的扩散角可取 45°，在覆土范围内中的扩散角可取 35°）等效时，考虑到实际情况尚有其他荷载（消防指挥车或其他消防器具、围观群众等），应按最不利轮压组合另加 $2kN/m^2$。

当消防车道一侧（或多侧）为地下建筑物的墙体时，该侧不能扩散消防车轮压，应按实际扩散面积等效。

3.2.1.5 停车库不论停放何种车辆，活载可不另乘动力系数。

【释】在停车库中，车辆行驶的速度较低，车库内的路面也较平坦，所以车辆的活载，无需另乘大于1的动力系数。

停放面包车、卡车、大轿车或其他较重车辆之车库，其楼面活荷载应按车辆实际轮压考虑（如车辆入库时有满载可能者，应按满载重量考虑），并按最不利轮压荷载组合另加 $2kN/m^2$ 均布荷载进行计算。

3.2.1.6 当建筑物局部区域实际活荷载确实大于规范规定值，可按实际情况选用其活载值。但应经充分调查研究及分析，并经业主确认后方可选用，以免造成浪费和引起纠纷。

3.2.1.7 在设计前期，建筑专业做法或覆盖物未确定时，可以凭工程经验先预估荷载（合理并留有一定余地），并应在计算书和图纸中注明"当建筑面层或覆盖物做法确定后，相应调整"。在建筑专业确定做法或覆盖物后，按实际荷载校核结构截面，如发现安全隐患必须调整，如造成富裕较多，依实际情况进行调整。

3.2.1.8 施工中如采用附墙塔式起重机、爬升式塔式起重机等对结构构件有影响的起重机械，或其他对构件受力有影响的施工设备时，应根据具体情况补充计算施工荷载的影响。

3.2.1.9 悬挑构件应考虑以下不利影响。

　1. 挑檐、雨罩等悬挑构件，应考虑临时荷载所产生的不利影响，如施工荷载、检修荷载、消防荷载等；

　2. 在核算悬挑构件倾覆时，现浇构件外缘的集中荷载可按每3m左右不少于1kN。装配式构件可按每个构件外缘的集中荷载不少于1kN，当构件长度大于3m时，应适当增加；

　3. 雨罩及挑檐跨度较大时，宜适当考虑积水荷载；

　4. 住宅悬挑阳台宜预留封闭阳台的荷载；

　5. 悬挑构件应注意其倾覆问题，需要时尚应验算根部构件的受扭承载力。

3.2.2　温度作用

3.2.2.1 房屋长度不宜超过【混规】8.1.1条、【砌规】6.5.1条或【钢标】3.3.5条的规定；超长时，应进行水平向温度应力分析。对于住宅类现浇混凝土，在有可靠措施时，可控制长度不大于55m，当再有突破时，专业负责人应提出申请，填写《突破规范、标准备案表》，由公司设计总监批准。

【释】住宅类项目涉及民生，基于以往工程经验的55m长度控制，即对规范有限度地突破，又基本满足了目前市场两个单元并列相连的需求。

3.2.2.2 跨度大于300m的大跨度结构，宜考虑不均匀温度场的效应。

3.2.2.3 温度应力计算时，应考虑室内外不同的环境条件（阳光直射、辐射，高大空间顶部、中下部的差别）分别处理。

3.2.2.4 钢结构合拢温度应按日平均温度，并考虑留有一定变化（通常取±5℃）区段。

3.2.2.5 当施工合拢温度和设计合拢温度不一致时，应按施工合拢温度对结构进行核算。大跨度结构可采用在支座节点处，先释放水平约束，在达到合拢温度时再固定水平约束。

3.2.2.6 温度作用影响较大且温度环境又比较复杂的结构，在确定温度作用时可使用温度仿真软件进行温度场分析。超长混凝土结构综合温差为环境温差与收缩当量温差之和，收缩当量温差可取10～15℃。在计算现浇混凝土结构时，可综合徐变、收缩、塑性开展等因素，综合将材料模量调整至$0.25～0.3E_c$。

3.2.2.7 在考虑太阳辐射时，外露钢结构应考虑由此造成的温度变化，使用阶段应综合建筑师需求，考虑杆件防护漆颜色的影响。膜结构不考虑使用时的太阳辐射。

3.2.2.8 雪荷载不考虑升温组合。计算风荷载和升温组合时，组合系数可适当降低。地震与温度作用组合时，除超长结构收缩变形外，其他温度作用组合系数可取0.2。

3.2.3　风荷载

3.2.3.1 当城市或建设地点的基本风压，无法在【荷载规】表E.5中查得时：

　1. 当地有风速资料时，宜按【荷载规】E.2方法或8.1.3条文说明所述简化方法计算。

2. 当地无风速资料时，可按【荷载规】8.1.3条所述方法近似确定。

3.2.3.2 体型系数

1. 在方案、初步设计阶段可通过数值风洞技术，初步确定建筑物的风荷载体型系数。

2. 起伏山地地貌中对风荷载敏感的结构，宜通过远域风场分析和风洞试验结果，确定其风荷载体型系数。

【释】风洞试验由于风洞尺寸以及阻塞率的限制，一般无法考虑复杂的地形，可以采用远域风场分析来数值模拟复杂地形对建筑体型系数的影响。

3. 建筑方案调整后，建筑体型变化较大且严重影响风荷载的体型系数时，应重新确定体型系数。

3.2.3.3 风振系数

1. 跨度大于100m的刚性屋盖，应考虑风压脉动对其产生风振的影响。

【释】风压脉动对跨度大于100m的刚性屋盖所产生风振的影响不可忽略，可按【荷载规】8.4.2条风荷载敏感的或跨度大于36m的柔性屋盖相应的方法，考虑风压脉动的影响。

2. 结构基本自振周期小于1s，当没有风洞试验数据，采用风振系数法计算时，风振系数 β_z 可取相同 z 高度处 $0.85\beta_{gz}$（阵风系数）。

【释】【荷载规】8.4.3条中计算风振系数 β_z 方法的适用范围，是一般悬臂型结构（高度大于30m且高宽比大于1.5的高柔房屋，以及结构基本自振周期大于0.25s的高耸结构）。

基本自振周期小于1s的结构，刚度较大，其风振响应主要由风压脉动导致。采用风振系数法计算时，可近似取 $\beta_z = 0.85\beta_{gz}$。

3. 结构方案调整后，其基本自振周期增加20%以上时，应重新确定风振系数。

3.2.3.4 常遇问题

1. 台风地区工程应考虑极端气候的影响。

【释】台风地区柔性屋盖（如索膜结构）较平坦时，应注意在迎风区域风会阻碍雨水流向，导致雨水越积越多，从而形成积水荷载的情况。

2. 抗风设计时，应验算不少于四个不利风向角。对重要或体型复杂，以及周边环境复杂的建筑，宜增加风向角数量。当建筑有风洞试验时，宜根据风洞试验结果进行全风向角验算。

3. 大跨度屋盖、群集高层建筑之间的裙房、大悬挑屋檐、封闭式房屋的屋盖边区、屋脊等部位的局部体型系数应酌情放大。

【释】在尖锐的墙角、屋檐、屋脊等部位，易形成极大的局部风吸力，这些部位的体型系数应放大，放大系数可取1.1～1.5。

开敞式房屋及轻型屋面（如金属屋面板）、大跨体型复杂的轻型屋面、超高层建筑等，除验算风力对墙、柱的作用外，屋面构件之间、屋面和墙、拐角附近的幕墙连接节点、屋面檩条节点等尚应作承受风吸力的验算，屋面挑出部分风吸力的局部体型系数不宜小于2.5。

4. 大跨度屋盖、大悬挑屋檐结构应考虑下压风荷载。

【释】由于大跨度屋盖结构的坡度通常比较小，作用在屋盖上的平均风荷载一般都是负压（作用方向向上），根据【荷载规】风荷载标准值的计算公式，在平均风压为负的情况下，只能得到负的风荷载标准值，然而作用在屋面上的瞬时风荷载受到风压脉动、风振的影响，作用方向可能时上时下，考虑到屋盖的永久荷载、屋面活荷载、雪荷载等荷载作用方向都是向下的，设计大跨度屋盖结构时，应考虑一定的下压风荷载，下压风荷载如无明确依据，可取 0.3～0.5kN/m²。

5. 大跨度屋盖、大悬挑屋檐结构的风荷载与恒荷载组合时，宜对恒荷载予以折减，或根据建筑做法取准确的恒荷载数值，并考虑恒荷载有利情况的折减。

6. 大跨度屋盖主结构在建造过程中宜进行施工阶段抗风验算，基本风压可取 10 年一遇基本风压。

7. 围护构件宜考虑瞬时风荷载的影响；其与大跨度屋盖主结构之间的连接，应可靠且能适应大跨度屋盖主结构在风荷载作用下的变形。

3.2.4　雪荷载

3.2.4.1　积雪荷载宜考虑日照、风漂移的影响，并宜考虑积雪融化速度不同，造成的雪荷载不均匀分布和局部堆积。

3.2.4.2　在设计大跨度屋盖和异形屋面时，寒冷多雪地区宜考虑因多次降雪、未融透降温成冰后的重复堆积现象。当屋面有良好的融雪性能时，可酌情对雪荷载予以折减。

3.2.4.3　当高低屋面相邻，较高的屋面为光滑的坡屋面时，宜考虑较高屋面的积雪滑落至较低屋面，对较低屋面产生的附加雪荷载。

3.2.4.4　大跨度屋盖的坡度小于等于 1/50 时，应考虑雪上加雨的超载工况，该工况可仅与雪荷载均匀分布工况组合。

3.2.5　规范关注

规范关注　　　　　　　　　　　　　　　　　　　　　表 3.2.5

序	规范		关注点
	名称	条目	
1	【荷载规】【释 1】	3.2.5-1	可变荷载可据设计使用年限调整
2		3.2.5-2	风雪荷载的重现期
3		5.5.2	栏杆荷载【释 2】
4		附录 B	消防车考虑覆土厚度的折减

【释 1】【可靠性】已调整，设计荷载组合中各荷载分项系数有相应调整。

【释 2】《中小学校设计规范》GB 50099—2011 中 8.1.6 的强制条文：上人屋面、外廊、楼梯、平台、阳台等临空部位必须设防护栏杆，防护栏杆必须牢固、安全，高度不应低于 1.10m。防护栏杆最薄弱处承受的最小水平推力应不小于 1.5kN/m。

3.3　地　震　作　用

3.3.1　措施标准

3.3.1.1　房屋建筑中含有书库、档案库、贮藏室、密集柜书库、通风机房、电梯机房等活荷载在地震时遇合概率较大的使用功能房间时，应手工复核其所在楼层重力荷载代表值。

【释】结构设计软件不能区分上述使用功能房间（0.8）和其他民用使用功能房间（0.5）可变荷载的组合值系数的差异。实际操作时宜调整活荷载和恒载的比例。

3.3.1.2 对竖向地震作用敏感的结构，应考虑竖向地震为主的地震作用效应组合，此时，应注意：

1. 当采用竖向振型分解反应谱法计算时，其竖向地震的影响系数取【抗规】中规定的水平影响系数的 100%，特征周期按照实际场地类别及设计地震分组确定；

2. 当采用时程分析法时，水平两方向（X 或 Y）与竖向地震作用的比值，应为 0.85（X 或 Y）：0.65：1.0（竖向）；

3. 竖向地震作用的分项系数应按照【抗规】表 5.4.1 条确定：无论是否考虑水平地震作用，该分项系数均为 1.30；

4. 加强最大变形部位质点质量分布和单元划分的检查，确保计算结果的可靠性；

5. 当仅计算竖向地震作用时，各类构件承载力抗震调整系数应采用 1.0（【抗规】5.4.3 条）。

【释】对竖向地震作用敏感的结构主要包括：

1. 7 度采用非常用形式及跨度大于 120m 的大跨结构，8、9 度时的大跨度和长悬臂结构及 9 度的高层建筑；

2. 8、9 度时采用隔震技术的建筑结构；

3. 跨度大于 24m 的楼盖结构、跨度大于 12m 的转换结构和连体结构、悬挑长度大于 5m 的悬挑结构。

3.3.1.3 采用时程分析法时，选取地震加速度时程曲线的三要素（即频谱特性、有效峰值和有效持续时间），应符合【抗规】5.1.2 条文及其说明的规定。

3.3.1.4 自振周期大于 6.0s 的建筑结构所采用的地震影响系数，必要时需专门研究。

【释】【抗规】5.1.5 条中给出的地震影响系数曲线最大周期为 6s。当建筑结构的自振周期大于 6.0s 时，国内目前通常采用的处理方法有两种：一种是将曲线继续按【抗规】直线下降段斜率从 6s 延伸到 10s；另一种是将 6s 后的直线斜率取为零，即从 6s 开始水平延伸到 10s，具体采用哪种方法，需根据具体情况专门研究。

3.3.1.5 一般工程抗震设防标准可直接按【抗规】附录 A 采用，特殊设防类（甲类）房屋建筑工程，应根据地震安全性评价报告的抗震设防要求，开展抗震设计工作。

【释】中国地震局在 2015 年 11 月 19 日发布的《中国地震局关于贯彻落实国务院清理规范第一批行政审批中介服务项目事项有关要求的通知》中指出，"在开展抗震设防要求确定行政审批时，不再要求申请人提供地震安全性评价报告，《需开展地震安全性评价确定抗震设防要求的建设工程目录》（见附件）所列工程，由审批部门委托有关机构进行地震安全性评价。"在该附件中，房屋建筑工程仅列出【分类标准】中的甲类房屋建筑。

3.3.1.6 建筑场地类别为抗震危险地段时，宜与地勘单位沟通确认，并告知业主【抗规】的相关规定；经设计单位、地勘单位和业主三方协商确认，并采取有效措施后，方可开展下一步的工作。

【释】【抗规】3.3.1 规定，危险地段，严禁建造甲、乙类建筑，不应建造丙类建筑。

3.3.1.7 建筑场地 10km 以内存在发震断裂带时，应予评估并采取相应措施。

【释】发震断裂错动对地面建筑的影响和避开主断裂带的最小避让距离详【抗规】4.1.7-

2，并应关注忽略其影响的前提，即【抗规】4.1.7-1内容；

发震断裂两侧结构考虑的近场影响和增大系数详【抗规】3.10.3条第1款，隔震结构详见12.2.2-2条。

3.3.1.8 在条状突出的山嘴、高耸孤立的山丘、非岩石和强风化岩石的陡坡、河岸和边坡边缘等抗震不利地段建造丙类及丙类以上房屋建筑工程时，应采取有效措施。

【释】【抗规】4.1.8条，在上述地段建造房屋建筑工程时，除保证其稳定性外，水平地震影响系数尚应乘以1.1～1.6的增大系数。

3.3.2 规范关注

除常规重点外，相关现行规范通常易疏漏的条目，整理如表3.3.2-1。

规范关注

表3.3.2-1

序	规范		关注点
	名称	条目	
1	【抗规】	5.1.1	地震作用规定
2		5.1.2-3	地震波选取
3		5.1.2-5	地震波输入
4		5.1.3	重力荷载代表值-组合值系数
5		5.1.4	地震影响系数的五因素：烈度、场地类别、设计地震分组、结构自振周期、阻尼比
6		5.2.3	扭转耦联地震效应
7		5.2.5	最小剪重比
8		5.2.7	地基与结构相互作用影响
9		5.3.1～5.3.3	竖向地震作用计算
10		5.3.4【释1】	
11		5.4.1	地震作用分项系数
12		5.4.2	承载力抗震调整系数 γ_{RE}
13	【高规】	4.3.14【释1】	竖向地震作用计算

【释1】【抗规】【高规】条文中对应65%、第一组提法的规定不妥，应调整为：时程分析时结构竖向地震作用输入地震波的加速度最大值应按【抗规】表5.1.2-2，反应谱分析时结构竖向地震影响系数最大值应按【抗规】表5.1.4-1，特征周期 T_g 应据实际场地类别及设计地震分组按【抗规】表5.1.4-2取定。

50年设计基准期下，地震动主要相关参数整理如表3.3.2-2。

地震动参数

表3.3.2-2

称谓（俗称）	重现期	50年超越概率	地震动峰值加速度 A_m				水平地震影响系数最大值 α_{max}			
单位	年	%	cm/s² (gal)							
设防烈度			6	7 (7.5)	8 (8.5)	9	6	7 (7.5)	8 (8.5)	9

续表

称谓 （俗称）	重现期	50 年 超越概率	地震动峰值加速度 A_m				水平地震影响系数 最大值 α_{max}			
单位	年	%	cm/s² （gal）							
多遇地震 （小震）	50	63	18	35 （55）	70 （110）	140	0.04	0.08 （0.12）	0.16 （0.24）	0.32
设防地震 （中震）	475	10	50	100 （150）	200 （300）	400	0.12	0.23 （0.34）	0.45 （0.68）	0.90
罕遇地震 （大震）	1600～ 2400	2～3	125	220 （310）	400 （510）	620	0.28	0.50 （0.72）	0.90 （1.20）	1.40

规范中，对于常见结构阻尼比的规定，整理如表 3.3.2-3。

常见结构的阻尼比（初始值）　　　　　　　　　表 3.3.2-3

受荷 ＼ 体系		混凝土		钢结构		混合结构	
		阻尼比	规范条文	阻尼比	规范条文	阻尼比	规范条文
多遇地震 （小震）		0.05	【高规】 4.3.8 条	0.03（50<H<200）； 0.02（H≥200）； 偏心支撑负担大时 ＋0.005	【抗规】 8.2.2 条	0.04	【高规】 11.3.5 条
设防地震 （中震）		0.05			—		—
罕遇地震 （大震）		0.05 （弹塑性）	【高规】 4.3.8 条 【释】	0.05 弹性估算【释】	【抗规】 8.2.2 条	0.05	【高钢规】 5.3.4 条 【释】
		0.07 等效 弹性估算 【释】					
风载	楼层位移验算 和构件设计	0.05	【荷载规】 附录 J.1.2	0.02	【荷载规】 附录 J.1.2	0.02～0.04	【高规】 11.3.5 条
	舒适度	0.02 （0.01～ 0.02）	【高规】 3.7.6 条 及条文说明	0.01～0.02	【高钢规】 5.5.1 条文说明	0.01～0.015 （0.01～0.02）	【高规】11.3.5 条文说明； 【高规】3.7.6 条及条文说明

【释】 超限高层结构详见第 13 章 13.3.3。大震作用下，考虑结构进入塑性后耗能，估算时，高层混凝土结构和钢结构弹性初始阻尼比分别为 0.07 和 0.05，大跨度钢结构一般处于弹性范围，可取 0.02。

第 4 章 地 基 基 础

4.1 一 般 规 定

4.1.1 措施标准

4.1.1.1 地基与基础紧密相连,设计中各有侧重。地基关注于:土及水两要素,涉及承载力、变形、稳定性、水性水位四个方面。基础涉及:形式材料、尺度配筋、建筑功能需求、既有周边状况四个方面。

【释】地基基础设计条件,重点关注如下表:

	项	序	内容
地基	承载力变形	1	地质构成:土层承载力、压缩性及其分布均匀性
		2	软弱下卧层
		3	软弱土、湿陷土、膨胀土、冻胀土等特殊土层
		4	挖/填方情况及其影响
	稳定性	5	浅埋基岩稳定性
		6	采空区
		7	岩溶、土洞发育
		8	液化、震陷
		9	坡地稳定性
		10	当地地基特殊性
	地下水	11	埋藏特点及其水位
		12	腐蚀性
基础	形式材料	13	当地材料供应
		14	常用施工工艺
		15	经济性:适用、工期、质量、施工限制条件
		16	绿色环保政策
	周边既有	17	建筑物建造年代及使用状况
		18	地下设施建造年代及使用状况
		19	基础形式、埋深及距离
		20	地基变形控制要求
		21	有无振动
	上部建筑	22	建筑沉降量及倾斜的特殊要求
		23	沉降差的控制要求
		24	荷载作用形式、大小及分布
		25	功能使用要求:隔震、微震
		26	上部结构整体刚度和整体性

4.1.1.2 地基应首选天然地基,视工程状况情况并结合经济性,选择复合地基(地基处理)、桩基等形式。基础设计应逐次从独立柱基、(墙下或柱下)条形基础、(梁板/平板)筏形基础选用。

4.1.1.3 上部结构形体不规则、荷载不均匀以及高烈度设防的建筑，应选择整体性和刚度较好的基础方案，如独立基础或承台间设置拉梁，柱下条形基础或筏形基础等。当确定建筑无法避开抗震不利地段时，应采取有效措施避免发生地基震害，同时加强基础和上部结构的整体性。

【释】 不良地质、明显不均匀土层等不利地段，地震时可能引起土体滑动、液化沉陷和软土震陷等，应选择适合的基础埋置深度，采取换填、地基处理或桩基等措施避免震害。

4.1.1.4 《建设场地的详细岩土工程勘察报告》是地基基础、抗浮设防水位的设计依据，详【总则】1.3.3条。勘察报告不满足设计要求时，则应及时提出进行补充勘察或完善内容的要求。设计成果中，应明确地基检验要求。

【释】 设计成果中应明确如基坑钎探、地基处理技术要求、桩及锚杆的检验要求。当检验结果与勘察报告不符时，应提请业主要求勘察单位进一步勘察和更新勘察报告。当场地复杂或当地勘察经验较少、工程复杂性高时，结构工程师应对勘察纲要提出建议。对勘察报告中不合理的评价应质疑，直至提出重新评价的要求。

4.1.1.5 对复杂、特殊地基充分调查分析，在施工图中明确采取处理措施及相关要求。

【释】 对液化土、软弱土、湿陷性土、膨胀土、地下采空区、岩溶、土洞发育区及起伏不平浅岩层等特殊或复杂地质条件，应结合区域特点有针对性地进行地基基础设计。对湿陷性土，应注意在施工图中提出防水措施。

4.1.1.6 邻近既有建（构）筑物或地下设施时，首选相互影响小的地基基础方案。复核紧邻新老基础下地基承载力、变形及稳定性时，应考虑施工和使用各阶段工况。施工图中应表述新老基础间关系，需要时明确提出支护、隔振、防振要求。

【释】 新建与既有建筑物基础间的水平净距一般不宜小于基底高差的2倍，软弱地基应满足【地基规】第7.3.3条。否则应据荷载大小、基础形式、地基土情况分析相互影响和施工安全性，必要时采取可靠的支护措施或加固既有建筑地基基础。新建基础下列情况应核查：

情况	序	核查内容	备注	
埋深小于紧邻既有建筑基础埋深	1	施工期间因大面积基坑开挖，或正常使用期间有地下室，造成原既有建筑基础周边土重减小，应按实际情况调整深宽修正条件复核地基承载力，既有建筑地基承载力可按【抗震鉴标】表4.2.7，考虑地基土静承载力长期压密的提高系数	当既有建筑地基承载力或变形不满足要求时，可加固既有地基，或新建建筑局部采用桩基础。采用桩基时可跳桩施工，避免造成既有建筑基础附加沉降	新老建筑地下室间永久缝应回填密实，保证侧向约束
	2	正常使用期间新建建筑物造成既有建筑基底压力加大时，应复核既有建筑基础地基承载力和沉降，尤其注意不均匀沉降和偏心荷载造成的基础倾斜		
	3	既有建筑地下室外墙承受新建基础产生的水平压力，复核其承载力		
埋深大于紧邻既有建筑基础埋深	1	施工期间需大面积开挖基坑时，按既有建筑荷载、基础形式和地基土质情况分析地基土或桩基的承载力、变形和稳定性，不满足要求时，在施工图中明确提出对既有建筑地基采取可靠的支护措施，永久支护措施应满足新建建筑使用年限可靠度要求	正常使用期间，分析控制新建基础沉降，避免引起紧邻既有建筑附加沉降影响其正常使用	
	2	正常使用期间，若对既有建筑地基未采用永久支护措施，新建建筑地基基础和地下室外墙设计时应考虑既有建筑影响		

续表

情况	序	核查内容	备注
邻近既有地铁	1	其振动控制标准应符合相关规范、标准	按照地铁运行要求，进行专项论证，保障运行安全
	2	必要时采取隔振沟、隔振墙及建筑物防振等措施进行减振	
	3	特殊振动敏感建筑物应进行专项技术论证	

4.1.1.7 对坚硬天然地基上建筑，当确有充分理由，如因地下水位太高，施工时地下水控制困难或费用太大，或坚硬土层位置较浅，其下有较软土层，使埋深有困难或不合理时，在保证基础抗倾覆和抗滑移稳定性的前提下，埋置深度可适当减小。

【释】 对【地基规】5.1.4 条、【高规】12.1.8 条的基础埋置深度要求，在满足抗倾覆和抗滑移的前提下可有条件放松。应重视在此范围内，地下室周边应有可靠的侧向约束。

4.1.1.8 地下室周边应采用弱透水、密实不透水材料回填，回填材质及其回填质量应能保证地震作用下土对地下室的约束作用。

【释】 素土、灰土等属此类材料，目的在于防止地下室外墙及地基受雨水侵蚀，尤其对坡地（山地）建筑，避免雨水带走地下室及基础周边的细骨料，保证地下室及基础的稳定、利于建筑防水、增强地下室嵌固作用更利于结构安全。

4.1.1.9 当地下水位较高，施工时需要临时降低地下水位时，应在施工图中明确下列要求：

1. 当基坑周边有建（构）筑物和地下设施时，应进行降水工程设计和全过程监测；
2. 施工方在停止降水之前，应与设计人协商，复核结构抗浮稳定性。

【释】 应提请业主委托专业单位评估施工临时降水对工程环境的影响，特别当基坑附近有建（构）筑物、道路和地下设施时，应结合降水方案，对沉降、塌陷、地裂、边坡稳定等状况评估，提出安全措施，并避免擅自停止降水造成抗浮安全问题。

4.1.1.10 地质灾害危险性评估应由有资质的单位承担。坡地建筑较高的挡土墙宜采用独立的支挡结构，建筑主体结构不宜兼作挡土墙；当主体结构兼作挡土墙时，应考虑结构与岩土体的共同作用及抵抗地震的能力。应分别按主体结构各设计工况与支挡结构各设计工况进行设计，与主体结构的相关构件连接、变形协调及防水构造应满足主体结构的设计要求。

4.1.1.11 地基基础设计应遵守建筑物所在地区的地方标准（如有）。北京地区工程应执行【京勘设规】。

4.1.2 规范关注

规范关注 表 4.1.2

序	规范		关注点
	名称	条目	
1	【地基规】	3.0.1	地基基础设计等级
2		3.0.2	地基基础设计主要验算内容【释1】
3		3.0.5	作用效应组合及其分项系数；基础设计安全等级、结构重要性系数
4		5.1.3，5.1.4	高层建筑基础埋深

19

序	规范		关注点
	名称	条目	
5	【地基规】	5.1.6	减小紧邻新老建筑间相互影响的措施
6		6.6.3、6.6.4	需要处理的岩溶土洞地基； 甲级、乙级地基基础时建筑避开岩溶强发育地段
7		7.3.3	软弱地基相邻建筑物基础间净距
8	【京勘设规】	3.0.1	地基基础设计等级
9		3.0.3、7.1.3、7.1.5	地基基础设计主要验算内容【释1】
10		7.4.6	不均匀地基判断
11		8.1.4	地下室周围素土或灰土回填质量要求
12	【抗规】	3.3.1、4.1.1、4.1.8	需避开或应采取有效措施的抗震不利地段； 抗震不利地段水平地震影响系数最大值增大系数
13		3.3.4-3、4.3.10	需采取措施的抗震不利地基
14		3.3.5-3	山区边坡附近的建筑基础应进行抗震稳定性设计
15		4.1.6	场地类别分界附近可插值法确定特征周期【释2】
16		4.1.7	场地内存在发震断裂应进行工程影响评价
17		4.2.1	不进行抗震验算的地基基础
18		4.3.6~4.3.9	抗液化措施
19		4.3.12	震陷软土的抗震措施

【释1】甲级、乙级地基基础尚应按控制地基变形设计。

【释2】【抗规】条文说明图7是在 d_{ov} — v_{se} 平面上的 T_g 等值线图。为避免在Ⅱ类至Ⅳ类不同场地分界线处特征周期 T_g 取值跳跃，当覆盖层厚度 d_{ov} 和等效剪切波速 v_{se} 其值在场地类别分界线附近时（指相差±15%的范围，即其值落在【抗规】条文说明图7中场地分界实线两侧的虚线之间），允许使用插值法确定 T_g 值。

　　【抗规】的场地分类方法主要适用于剪切波速随深度呈递增趋势的一般场地，对于有较厚软夹层的场地，应注意勘察单位提供的场地类别和设计地震动参数是否在【抗规】方法之上进行了分析调整。

4.2 天 然 地 基

4.2.1 措施标准

　　当基底持力层范围内有多层土且呈软硬组合时，地基承载力特征值（标准值）f_a 值可按【地基规】第5.2.5条确定，也可按【高岩勘标】第8.2.7条估算。

【释】地基受力层范围内有软弱下卧层时，应按【地基规】第5.2.7条和【京勘设规】7.3.12条进行软弱下卧层地基承载力验算，或直接采用本条抗剪强度指标法确定地基承载力，但须注意：

　　1）基底持力层地层软硬组合，包括上软下硬、上硬下软、软夹层、硬夹层分布情况；

2）基底持力层系指基底以下一倍短边宽度的深度范围；

3）抗剪强度指标（黏聚力、内摩擦角）标准值宜按加权平均取值；

4）按【地基规】第5.2.5条、【京勘设规】第7.3.9条和【高岩勘标】第8.2.7条估算的地基承载力特征值（标准值），不应再进行地基承载力深宽修正，并注意公式适用条件。

4.2.2　规范关注

规范关注　　　　　　　　　　　　　　　　　　　　　表4.2.2

序	规范		关注点
	名称	条目	
1	【地基规】	5.2.4	地基承载力深宽修正，填方整平地区基础埋深取值，大面积压实填土地基承载力修正系数【释1】
2		5.2.7	软弱下卧层验算
3		5.3.4	建筑物地基变形允许值【释2】
4		5.3.9	地基变形计算时应计入相邻荷载引起的地基变形
5		5.4.2	稳定坡顶建筑基础底面外边缘线至坡顶水平距离
6		6.2.2	下卧基岩面单向倾斜的土岩组合地基验算要求
7		6.2.4、6.2.5	土岩组合地基的褥垫处理要求
8		6.5.1	岩石地基计算内容
9		6.5.2	遇水软化、膨胀和易崩解的岩石应采取保护措施
10		6.6.5～6.6.7、6.6.9	岩溶地基稳定性影响分析及处理措施
11		6.6.8	土洞对地基影响的分析与处理措施
12		7.1.3	软弱地基设计时应考虑上部结构和地基共同作用
13	【京勘设规】	7.3.7、7.3.8	地基承载力深宽修正，新近沉积土及人工填土地基承载力修正系数【释1】
14		7.3.9	黏性土和粉土等效抗剪强度方法确定地基承载力
15		7.4.3、7.4.4	建筑物地基变形允许值【释2】
16		7.5.2、7.5.3	建（构）筑物水平抗滑稳定性和抗倾覆稳定性验算
17	【抗规】	4.2.2～4.2.3	天然地基抗震承载力调整系数
18		4.2.4	地震作用下基础底面零应力区限值

【释1】岩土的地域性，会带来国家和地方规范间的差异，诸如：

1）f_a在【地基规】称"地基承载力特征值"、【京勘设规】称"地基承载力标准值"工程意义等同，均为地基承载力容许值，均为按变形控制的地基设计原则确定的地基承载力。

2）【地基规】和【京勘设规】地基承载力深宽修正公式不同，公式中的基础埋置深度、修正系数、地基变形允许值也不同；

（1）【京勘设规】按沉积年代将天然土划分为新近沉积土（第四纪中、晚期形成的土）和一般沉积土（第四纪早期及其以前形成的土，即岩土勘察报告中的一般第四纪沉积土）。当地基土为黏性土和粉砂、细砂时，应注意其沉积年代，新近沉积土的地基承载力深宽修正系数低于一般第四纪沉积土。

进行新近沉积土甄别界定时要注意与其形成有关的地质年代、文化时代、地貌类型、沉积环境和地貌形态演变5个方面，并加强目力鉴别、原位测试和室内试验等多种方法的综合运用。

（2）【地基规】第5.2.4条和【地基处规】第3.0.4条提出，对大面积粉土和级配砂石压实填土地基，当压实的面积（填土范围大于基础宽度的2倍）和质量达到该条要求时，深度修正系数取值大于1.0。需要注意的是，北京地区按【京勘设规】表7.3.7和第11.1.7条要求，换填地基深度修正系数均取值1.0。

（3）注意填方整平地区深宽修正时，公式中的基础埋深取值与填方整平完成时间有关。

【释2】【地基规】和【京勘设规】地基变形允许值、分层总和法的计算深度、沉降计算经验系数均不同。对于基础埋深较大的地下室，应控制对上部结构和基础有影响的那部分地基变形特征，即考虑地基土回弹再压缩和正常固结压缩的实际加载变形过程后的最终总沉降量。

4.2.3 常见问题

4.2.3.1 未关注地基承载力计算分析方法的适用条件

【京勘设规】第7.3.3条给多种确定地基承载力方法，均有其适用条件，应结合工程实际选用适用方法。确定 f_a 值：（1）深度宽度修正计算得出；（2）抗剪强度指标通用公式得出，可分别详【地基规】第5.2.5条、【京勘设规】第7.3.9条或【高岩勘标】第8.2.7条。

4.2.3.2 未兼顾地基承载力与地基变形控制要求

地基承载力、地基变形控制应统筹考虑，尤其对于不分缝大底盘多塔与裙房间的变形协调，使基础设计更加优化合理。

4.2.3.3 对复杂地质情况地基稳定性关注不够

遇复杂地质条件，应有详细勘察探明实际情况，勘探孔深度和布置不能全面反映复杂地质情况时，应提出补充勘察。

4.2.3.4 高宽比较大的高层建筑物，未按【高规】第12.1.7条验算基础底面零应力区。

4.3 基 础 设 计

4.3.1 措施标准

4.3.1.1 天然地基基础宜浅埋且基底（基坑土上皮）埋深在季节性冻土地区不小于场地冻结深度。对灰土基础，灰土顶面应不高于冻结深度。各类坡道的基础埋置深度也应大于场地冻结深度，或采取其他防冻措施。

【释】各类坡道在室内外交接处，其气候环境近同室外，其基础的埋置深度应从坡道的表面算起，此深度应不小于场地冻结深度。

4.3.1.2 采用筏形基础时，通常首选平板式筏形基础（含带柱墩者），次选梁板式筏形基础。

【释】平板式筏形基础具有传力直接、整体刚度好、高度小、基坑开挖深度浅、基坑支护费用低、基坑回填量少、构造简单、施工便捷、用工量少等优势。但对支护挖土和人工费用较低的地区，当上部结构层数不多时，采用梁板式筏形基础有可能较经济。

4.3.1.3 梁板式筏形基础应在墙洞下和柱下设置基础梁。主基础梁在跨中与其他方向基础梁相交处，附加横向钢筋宜采用箍筋。

【释】基础梁布置应使柱荷载以最短的路径传递扩散至地基上，不宜为减少基础底板跨度而设置基础次梁。当因柱网布置不规则造成基础梁在跨中与其他方向基础梁相交，不应因板跨减小而局部减小基础底板厚度。当相交基础梁主次不确定时，基础梁相交处的附加横向钢筋不宜采用吊筋。

4.3.1.4 框架-剪力墙结构采用独立柱基和墙下条基时，应避免因考虑地震作用而使墙下基础底面积增大较多，与独立柱基间产生较大不均匀沉降。

【释】墙下地基基础抗震计算时，应采用合理的计算模型，如墙下条形基础两端有柱基时，应采用组合截面；考虑地震时，地基承载力可适当提高。

4.3.1.5 采用独立柱基和直接搁置在地基上、实际无水浮力仅设厚度不大于300mm防水板时，若按独立柱基计算满足地基承载力和变形要求，防水板截面设计时其下的地基反力可忽略不计。

【释】压缩性较低、承载力较高的地基上采用独立柱基，防水板的刚度比柱基础小，其变形值大于基础，建筑物荷载主要通过基础传至地基，此时防水板下地基反力很小，对防水板和独立基础影响可忽略不计。

直接搁置在地基上的防水板与柱基础构成带柱墩的平板式筏板基础，当地基压缩性较大时，应考虑地基反力向防水板下扩散的不利影响。

4.3.1.6 基础间拉梁位于基础顶面以下时，不必设置满足抗震构造要求的箍筋加密区，位于基础顶面以上的柱间拉梁应按相应抗震等级的框架梁进行抗震设计，设置箍筋加密区。

4.3.1.7 无地下室的首层高度不超过4m的内轻隔墙基础可采用素混凝土，并应对基础下回填土相应评估，详下图。

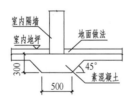

图4.3.1.7　内隔墙基础做法

4.3.2 规范关注

规范关注　　　　　　　　　　　　　　表4.3.2

序	规范		关注点
	名称	条目	
1	【地基规】	5.1.9-5	独立基础连系梁下留有冻胀空间
2		8.2.6	条形基础不应重复计入相交处的面积
3		8.2.11	柱下矩形独立基础底板弯矩计算【释】
4		8.2.13	独立柱基面长短边之比为2~3时柱下短向钢筋布置
5		8.3.2，8.4.14，8.4.15	柱下条基和筏基按直线分布基底反力计算的条件及基础梁边跨弯矩放大

建筑结构专业技术措施

前言 | 1 总则 | 2 概念体系 | 3 结构荷载 | 4 地基基础 | 5 混凝土结构 | 6 钢结构 | 7 大跨结构 | 8 混合结构 | 9 加固改造 | 10 隔震减震 | 11 装配结构 | 12 砌体结构 | 13 超限高层 | 14 程序使用 | 15 人防结构 | 附录

续表

序	规范		关注点
	名称	条目	
6		8.1.3	基础选型
7		8.1.15	基础结构构件不验算混凝土裂缝宽度
8		8.1.9	掺入粉煤灰的基础可考虑混凝土后期强度
9	【京勘设规】	8.4.4	常用联合基础形式
10		8.5.3-1	柱下条形基础的基础梁内力可取净跨
11		8.6.8	配置抗冲切钢筋提高筏板抗冲切能力
12		10.4.5, 10.4.6	挡土结构排水系统和伸缩缝、沉降缝的设置
13	【抗规】	6.1.11	需设置基础系梁的情况

【释】【地基规】公式（5.2.2）和公式（8.2.11）的基本假定是地基反力直线分布。当柱下矩形独立基础底板的宽高比不大于 2.5 时，试验表明可按上述规范公式验算最大基底反力和计算基础底板弯矩。

4.3.3　常见问题

4.3.3.1　基础与地下室外墙相连时，基础边缘的实际抗弯能力不应小于外墙根部的弯矩，且基础与外墙的钢筋应满足搭接长度的要求。

4.3.3.2　大面积填方场地宜在基础施工前 3~6 个月完成，软土地基更应提前。

【释】基础施工完成后的填土，对于建筑来说属于外荷载，会产生附加沉降和差异沉降。使用回填土来提高场地标高，特别是一些软土地区，对建筑物的安全有很大影响。

4.4　桩　基　础

4.4.1　措施标准

4.4.1.1　桩位布置

1. 群桩布置宜使群桩中心与竖向荷载中心重合，并宜使在主要水平力方向或竖向力偏心方向，群桩有更大的抵抗矩。

2. 柱下单桩或墙下单排桩时，墙、柱和桩的中心线应重合，柱底弯矩宜由承台间系梁承担，但柱底弯矩较大时，应布置双桩或多桩。墙下条形承台需要承受墙底的面外弯矩时，应设置双排桩。

3. 桩应布置在柱和承重墙肢下，邻桩顶的墙洞口范围内宜避免布桩。砌体结构和剪力墙结构采用条形承台时，在建筑物平面转角处应布桩。

4. 当框架-剪力墙结构采用条形基础或单独柱基时，在抗震设计中，应注意剪力墙下的桩数不能因考虑地震作用而布置过多，以免导致沉降不均。

5. 室内外管沟和室内设备池、坑等不宜贴桩设置。如平面受限制而不能避免时，局部区段的桩（特别是灌注桩）必须相应加深或采取其他可靠措施解决（如有管沟时承台可做在管沟底等）。

4.4.1.2　大直径灌注桩

1. 首选后注浆、扩底等措施提高单桩承载力，并注意验算桩身承载力。桩型选择应考虑地质水文条件和成桩施工条件。

2. 扩底桩桩距较密时，不应顺序而应跳花施工，待第一批桩混凝土强度达到 5N/mm² 后，再挖扩相邻桩。

3. 人工挖孔扩底灌注桩的纵筋宜全部伸至桩端。应在设计图纸上说明，要求施工特别注意防护措施，包括设护圈、桩孔下通风换气、地面专人巡视监控等。

4. 人工挖孔桩应在地下水位以上进行施工。

5. 当框架或框架-剪力墙结构采用一柱一桩时，为加强基础的整体性，桩顶上宜设置双向连系梁。

【释】当大直径桩单桩承载力不足时，宜从扩大底面积或后注浆等入手，提高其承载力，维持一柱一桩。当桩长较短时可忽略桩侧摩擦力的作用。人工挖孔桩具有施工便利、设施简单、桩底易清、场地要求低等优点，不适宜桩身较长，选用时应了解地方上法定实施可能性。

4.4.1.3 抗拔桩

1. 应据所处腐蚀环境类别，验算桩身裂缝宽度；

2. 预应力混凝土管桩（PC/PHC 管桩）作为抗拔桩时，桩顶不小于 3m 范围应用不低于 C30 的微膨胀混凝土填芯，并振捣密实；桩段接驳处连接做法除满足所需承载能力外，尚应注意施工可靠性及防腐涂装。

3. 用于试桩的抗拔桩配筋应能承担试桩所施加的最大荷载值。

【释】预应力高强混凝土薄壁管桩（PTC 桩）不同于 PC 管桩，由于其壁薄，钢筋混凝土保护层厚度不满足要求，不宜作为抗拔桩。

4.4.1.4 在岩溶区域、场地存有较多块（漂）石区域，不应采用预制桩。

4.4.1.5 基坑较深时，宜避免在地面施工工程桩。当不可避免时，设计时应考虑基坑开挖后地基土回弹对桩身产生的向上拉力影响，另如在地面试桩，应要求试桩单位提供的试桩报告，扣除地面至基底间土的影响给出单桩承载力。

4.4.2 规范关注

规范关注 表 4.4.2

序	规范		关注点
	名称	条目	
1	【地基规】	8.5.2	桩端持力层选用
2		8.5.3	桩端进入持力层深度；桩配筋长度
3		8.5.6-6	嵌岩灌注桩桩端持力层要求
4		8.5.12	预应力管桩桩身混凝土抗裂验算要求
5	【桩规】	3.1.2	建筑桩基设计等级
6		3.1.3～3.1.6	桩基础主要计算内容
7		3.1.8，3.3.3-4 5.2.4-3	变刚度调平设计【释3】
8		3.3.2	桩型与成桩工艺选择，8、9度区不宜用 PC 桩和 PS 桩
9		3.3.3	基桩的布置

序	规范		关注点
	名称	条目	
10	【桩规】	3.4.1	软土地基的桩基设计原则
11		3.4.5	坡地岸边桩基设计原则
12		3.4.6	抗震设防区桩基设计原则
13		3.4.7、5.4.2	可能出现负摩阻力桩基设计原则，计入桩基负摩阻力
14		3.4.8	抗拔桩基设计原则
15		4.1.1	灌注桩配筋构造要求
16		4.1.12、4.1.13	预应力混凝土桩连接和桩端做法要求
17		4.2.6	承台之间连系梁设置
18		5.5.4	桩基沉降变形允许值
19		5.2.4~5.2.5	考虑承台效应的复合基桩设计
20		5.3.1、5.3.10、5.4.6、5.7.2	甲级、乙级桩基，后注浆灌注桩，单桩极限承载力应通过静载试验确定【释1】【释2】
21		5.7.3	群桩效应
22	【桩检测规】	3.3.1	通过静载试验确定单桩承载力时的试桩数量【释1】
23		3.3.4	应采用静载试验验桩的情况和验桩数量
24	【京勘设规】	9.2.1、9.2.7、9.4.8	一级桩基，后注浆灌注桩，单桩承载力应通过静载荷试验确定及试桩数量【释1】
25		9.4.3	桩基础主要计算内容
26	【抗规】	4.4.2-1	单桩抗震承载力调整系数【释4】
27		4.4.4	处于液化土中的桩承台周围夯填土质量要求
28		4.4.5	液化土和震陷软土中桩的配筋范围

【释1】【京勘设规】第9.2.1条对北京地区仅要求一级桩基应通过静载荷试验确定单桩竖向承载力，不同于【地基规】第8.5.6条和【桩规】第5.3.1条对甲级和乙级桩基均有此要求。【京勘设规】第9.2.7条和【桩规】第5.3.10条均规定，后注浆灌注桩的单桩极限承载力应通过静载试验确定。注意，对北京地区，二级后注浆灌注桩亦应满足此要求。

【地基规】第8.5.6-2款和【桩规】第5.3.2-2款，对单桩竖向承载力很高的大直径端承型桩，可采用深层平板载荷试验确定桩端土的承载力特征值。

单桩承载力的试桩数量，应按【京勘设规】第9.2.1条、【地基规】第8.5.6条在同一条件下的试桩数量不宜少于总桩数1%的要求。如因条件所限主体施工前不能达此要求时，应对工程桩按【桩检测规】第3.3.4条要求的检验数量，以静载荷试验进行承载力检验。

【释2】对【桩规】第5.3.2-4款，皆因仅凭桩侧阻力和端阻力的经验值，不能保证安全可靠、经济合理。因成桩工艺：预制桩沉桩方式（静压、锤击、先引孔再沉桩等）、灌注桩成孔工艺（旋挖或螺旋钻孔、冲孔、挖孔、正循环、反循环等），施工质量控制非常关键。

钻孔灌注桩的缺点为：①桩端虚土无法清除干净导致沉降较大；②由于在水下浇灌混凝土，须采用泥浆护壁等技术，造成桩侧摩阻力减小。通过实测试验桩桩身轴力的变化规律，更有利于科学合理地把握单桩承载性状。

【释3】 以桩-土-承台（或筏板）-上部结构共同工作的变刚度调平设计，可优化桩基设计。

【桩规】 3.1.8条条文说明详细解释了该思路。调平着眼于荷载与抗力的整体和局部平衡、减小差异变形，降低基础和上部结构次内力。方法上以局部的桩位和桩长、桩支承刚度的调整，使建筑物沉降趋于均匀。例如：对框架-核心筒和框架-剪力墙结构，对荷载相对较大的核心筒，可通过筒下桩局部加大桩长、减小桩距增强桩基刚度。

此外，核心筒与外围框架柱下桩长不同时，均应选择稳定的桩端持力层。当采用非挤土成桩工艺时，核心筒下基桩中心距可按2.5倍桩径，但对非端承桩应考虑群桩效应。

【释4】 对【京勘设规】第12.4.2条条文说明，为减小变形控制的复合桩基可参照天然地基和桩基承载力抗震调整方法对土和桩的承载力予提高。

4.4.3 常见问题

4.4.3.1 桩基础设计的两个误区：凡嵌岩桩必为端承桩；凡扩底均提高竖向抗压承载力。

嵌岩桩可视实际土层考虑桩侧摩擦贡献，否则会导致嵌岩深度无谓加大，工期加长，费用增加。

桩扩底用于持力层较好、桩长较短的端承型灌注桩，具较好的技术经济效益。但扩底有其适用性：在饱和单轴抗压强度高于桩身混凝土强度的基岩中扩底，是不必要的；将扩底端放置于有软弱下卧层的薄硬土层上，可能既没有增强，还可能留下隐患。在桩侧土层较好、桩身较长的情况下扩底或扩径，会损失扩底端以上部分侧阻力。故扩底应研究后实施。

4.4.3.2 忽视人工挖孔桩成桩安全风险

人工挖孔桩在低水位非饱和土中成孔，可实施彻底清孔，直观检查持力层，稳定性较高。但对于高水位条件下成桩安全风险应予重视：为成孔作业而抽排地下水，可能将桩侧土细颗粒流失淘空，引起地面下沉，甚至导致护壁整体滑脱；将相邻桩新灌注混凝土的水泥颗粒带走，造成桩身混凝土离析；在软弱土中强行挖孔，引起土体滑移导致桩体推歪推断等。

4.4.3.3 忽视预制桩沉桩挤土效应

沉桩过程的挤土效应在松散土和非饱和填土中是正面的，会起到加密、提高承载力的作用，但是在饱和黏性土中则是负面的，对于挤土预制混凝土桩和钢桩会导致桩体倾斜、上浮，降低承载力，增大沉降。沉桩挤土效应还会造成周边建筑物、构筑物、市政设施受损。施工时应注意成桩顺序和数量，减少挤土效应的不利影响，并应提出施工后随机抽取验桩的要求。

4.4.3.4 忽视桩端持力层选择

桩端持力层是影响桩承载力的关键因素，选择较硬地层为桩端持力层至关重要。另，预制桩为避免穿硬夹层，选持力层不理想，造成桩长过短，致沉降过大。

4.4.3.5 忽视计入桩侧负摩阻力

桩穿越较厚松散填土、自重湿陷性黄土、欠固结土、液化土层而进入相对较硬地层时；桩周存在软弱土层，邻近桩侧地面大面积堆载（包括大面积填土）、由于地下水位下降使桩周土产生显著沉降，当桩周土层产生的沉降超过基桩的沉降时，在计算基桩承载力时应计入桩侧负摩阻力。

4.4.3.6 灌注桩桩身完整性检测方法单一

过去常用低应变（小应变）方法检测桩身质量，但当桩身重量较大时，该方法就可能不准确。

当大直径灌注桩采用后压浆技术，特别是长桩和超长桩，可以利用后压浆的预留管检查桩身混凝土的浇筑质量。此时可采用声波透射法，即利用预留后注浆管放入超声波探头，以检测桩身质量。当桩直径为 800mm 左右时，预留 2 个注浆管，桩径大于 1m 时，宜预留 3～4 个注浆管，以备检查。

4.4.3.7 正确使用试桩结果

1. 应了解桩基试验加载方式、测量系统、周边状况等，判断试验结果与工程桩实际承载力值是否存在误差，以合理取用试验结果。

2. 影响堆载法试桩结果的可能因素有：1）堆载荷重引起地面的变形对基准点的影响，以致影响试验桩变形值的精确性；2）堆载荷重对桩侧摩阻力的影响；3）堆载荷重对桩产生的负摩阻力。

3. 对于深基坑，影响地面锚桩法试桩结果的可能因素有：1）基坑范围套筒等方法对桩身摩擦力的影响；2）基坑开挖前后桩侧与桩端阻力的变化；3）锚桩与试验桩相向运动对侧摩阻力的影响。

4. 对深基坑中非端承桩，在自然地面试桩确定竖向承载力时，不仅应扣除基坑深度范围内桩侧摩阻力对桩承载力的贡献，因开挖前的基坑底土压力可能大于建筑物对基底桩间土的压力，尚应考虑基坑底面以下一定范围桩侧摩阻力因基坑开挖卸荷而降低，此降低值与开挖后基坑深度和宽度，以及建筑物基底荷载对桩间土实际产生的土压力有关。

4.4.3.8 预制混凝土桩的使用

1. 混凝土预制桩的选型，应综合岩土工程条件、地方经验等因素，因地制宜，确保施工可行性，优先采用静压沉桩施工工艺；

2. 混凝土预制桩地方性标准、规定或图集较多较杂，设计前应收集齐全并应参考执行；

3. 混凝土预制桩配筋较少，其水平承载力较低，且脆性破坏，在水平受荷、高承台等设计条件下，设计前应充分论证；

4. 注意地下水土对混凝土的腐蚀性，必要时采取有效措施，尤其是沿海地区；

5. 桩端持力层受水浸泡软化时，应采用桩端封口或施工过程中采取相应措施；

6. 作为抗拔桩使用时，其单桩竖向极限承载力应通过单桩静载试验确定，如无试验桩，其抗拔承载力值宜取单节预制桩抗拔侧阻力；抗拔检测时，应对灌芯芯体主筋进行上拔试验；

7. 选用预制桩时注意是否有其不易穿透的粉土或砂土层等硬夹层；预制桩施工时注意其挤土效应引起桩端上浮及对周边设施的不利影响；

8. 预制桩接头处易发生断桩，应注意检验。

4.4.3.9 预应力管桩采用锤击法施工时收锤标准

1. 应由勘察、设计、施工、监理协商，结合试打工艺确定；

2. 摩擦桩按桩长和标高控制；

3. 端承摩擦桩，最后三阵（每阵 10 击）平均贯入度不大于 25mm；

4. 防止桩身损坏，任一单桩的总锤击数对 PHC 桩、PC 桩及 PTC 桩分别不宜超过 2500、2000、1500，最后 1.0m 的锤击数分别不宜超过 300、250、200。

4.5 地 基 处 理

4.5.1 措施标准

4.5.1.1 常用方法（表 4.5.1.1）

地基处理常用方法 　　　　　　　　　　　　　　表 4.5.1.1

| 处理方法 | 对各类地基土的适应情况 | | | | | | | 常规处理深度（m） | 适用于处理 |
| | 人工填土 | | | 黏性土 | | 粉土 | 砂土 | | |
	素填土	杂填土	炉灰	饱和黏性土	淤泥及淤泥质土				
换填垫层	o	o	o	o	/	o	o	0.5~3.0	浅层软弱土层或不均匀地基
强夯	o	o	o	△	/	o	o	4.0~9.0	碎石土、砂土、低饱和度的粉土与粉质黏性土、湿陷性黄土、素填土、杂填土、炉灰以及非淤泥质的新近沉积土。用于多层或变形要求不严格的建筑物
水泥粉煤灰碎石桩（CFG 桩）	o	△	△	o	/	o	o	4.0~24.0	对承载力和变形要求比较高的黏性土、粉土、砂土和已完成自重固结的素填土、炉灰土地基
夯实水泥土桩	o	o	o	o	/	o	/	3.0~10.2	地下水位以上的粉土、素填土、杂填土、黏性土地基和新近沉积土地基。用于多层建筑物
灰土或土挤密桩	o	o	o	△	/	o	o	4.0~10.0	地下水位以上的素填土、杂填土、炉灰、粉土、黏性土、湿陷性黄土等地基

【释】表中：o 适用；△ 有条件用，/ 不适用。

水泥粉煤灰碎石（CFG）桩复合地基是北京地区常用的桩体复合地基。北京常规 CFG 桩施工工艺是指长螺旋钻机成孔、孔内压灌低强度等级商品混凝土的成套工艺。

4.5.1.2 CFG 桩复合地基

1. CFG 桩复合地基应按地基承载力和变形双控原则进行设计。CFG 桩复合地基承载力应通过现场静载荷试验结果确定，或采用增强体单桩载荷试验结果和其周边土的承载力结合经验确定，初步设计时其地基承载力 f_{spk} 可按下列公式估算，两者取大值。

1) 基于承载力控制原则确定 f_{spk}

$$f_{spk} = m \frac{\lambda R_a}{A_p} + \beta(1-m)f_{sk}$$ (4.5.1.2-1)

式中符号说明和取值详见【地基处规】7.1.5 条。

2) 基于变形控制原则确定 f_{spk}

$$f_{spk} = \frac{\overline{E}_{sp}}{\overline{E}_s} f_{ak}$$ (4.5.1.2-2)

式中：f_{ak}——基础底面下天然地基承载力特征值（标准值）（kPa）；

$\overline{E}_{sp}$——基底以下 CFG 桩复合土层的压缩模量（多层土时当量值），根据地基变形控制值估算；

$\overline{E}_s$——基底以下 CFG 桩复合土层深度范围内天然地基压缩模量（多层土时当量值），根据天然地基变形计算值反算。

2. 独立基础的 CFG 桩复合地基，其下布设的 CFG 桩往往数量有限，此时计算面积置换率不能按满堂布桩方式，应按实际 CFG 桩总横截面面积除以独立基础底面积计算得出 m 值。

3. 当复合地基承载力进行深度修正时，CFG 桩身强度应注意按基底压力进行复核验算。当 CFG 桩复合地基由其他设计单位设计时，在施工图中应明确地基变形要求并根据基底压力提出复合地基承载力特征值（标准值）的要求。

4. 褥垫层厚度宜为桩径的 40%～60%，可取 100～300mm，桩径大或桩距大时取高值；当需要严格控制差异沉降时，宜取较低值，一般情况下，可取 200mm。褥垫层材料宜用中砂、粗砂、级配良好的砂石或碎石、灰土等，最大砂石粒径不宜大于 30mm。

5. 当荷载集度差异大或地基不均匀时，应根据承载力和地基变形要求进行增强体桩位布置，减少基础间沉降差和整体基础次内力。

6. CFG 桩复合地基承载力的验收检验应采用增强体单桩静载荷试验和复合地基静载荷试验。增强体单桩承载力检验作为施工质量检验的主控项目，检测数量不少于同条件下总桩数的 1%，且不得少于 3 根。

【释】复合地基变形计算时，计算深度应大于复合土层厚度并考虑复合层以下土层变形量。

1) 对复合地基承载力 f_{spk} 进行深度修正，将会增加地基土负担的荷载，有可能使得总沉降量和差异沉降量增大，应按控制沉降及差异沉降双控进行复合地基设计。

2) 对承载力提高幅度较大的 CFG 桩复合地基，宜从严控制高层建筑物的最终最大沉降量，当为独立建筑时不宜大于 80mm，当有裙房或地下车库相连时不宜大于 50mm。

3) 对设有沉降缝或防震缝的建筑物进行 CFG 桩复合地基设计时，在沉降缝或防震缝部位，宜采取减小桩距、增加桩长或加大桩径等措施，以防止建筑物发生较大的相向倾斜。

4) 当 CFG 桩复合地基由其他设计单位设计，在施工图中提出 CFG 桩复合地基承载力 f_{spk} 要求时，地基承载力验算不应对该 f_{spk} 值再进行深度修正。

5) CFG 桩施工过程中存在下列问题：长螺旋钻孔并管内泵压混合料灌注成桩时，施工设备不具备排气装置，钻孔到预定标高后开始向管内泵料，钻杆中的空气排不出，导致桩体产生孔洞；钻孔到预定标高后，怕钻头活门打不开，先提 300～500mm 再灌混凝土，导致桩端有虚土、承载力偏低等。另当桩端持力层赋存地下水且具承压性，容易导致桩端部混凝土浇筑不密实或因扰动而形成桩底虚土，该类事故已成为 CFG 桩的质量顽症。

4.5.1.3　设计成果中应明确复合地基的承载力及变形控制要求，供业主另行委托的、具有相应岩土工程资质单位接手后续工作。

【释】 CFG 桩复合地基和其他地基处理设计属岩土工程设计范围。

4.5.1.4　填方地基

1. 应分层填筑、分层压（夯）实，满足密实、均匀和稳定性要求。

2. 应分层检验，检测合格方可进行下一步填筑施工。未经检验或检测不合格者，不得进行下一步填筑施工。

3. 检测方法应采用原位测试与物探方法相结合，以减少对填方地基的损伤、扰动。

4. 垫层的承载力宜通过现场载荷试验确定，并应注意下卧层承载力验算。

4.5.2　规范关注

规范关注　　　　　　　　　　　　　　　　　　表 4.5.2

序	规范		关注点
	名称	条目	
1	【地基规】	6.3.1	压实填土地基检验要求
2		7.2.3，7.2.8	通过试验确定处理后的地基承载力
3		7.2.7	复合地基设计应满足承载力和变形要求
4		10.3.8	沉降变形观测
5	【地基处规】	3.0.3-3	现场试验或试验性施工用以检验处理效果和设计参数
6		3.0.5	地基处理主要验算内容
7		3.0.8	刚度差异大的地基考虑上部结构、整体基础共同作用
8		3.0.10	多种地基处理方法时应进行大尺寸承压板载荷试验
9		3.0.11	地基处理材料满足耐久性设计要求
10		4.4.2	换填垫层施工质量分层检验【释】
11		7.1.2	复合地基载荷试验；散体材料增强体的密实度检验；有粘结强度增强体的强度及桩身完整性试验、单桩载荷试验
		7.1.3	
12		7.1.6	CFG 桩等有粘结强度复合地基增强体桩身强度验算
13		7.7.2	CFG 桩布桩及褥垫层厚度
14		7.9.1	多桩型复合地基适用范围
15	【京勘设规】	7.6.3	人工填土地基时设计措施，防浸水湿陷、加强整体性
16		11.1.4	综合处理措施
17		11.2.3	垫层的压实标准及承载力
18		11.5.4	褥垫层厚度；CFG 桩复合地基处理的深度；桩土承载力发挥系数

【释】 此条为强制性条文，容易忽略，应在施工图总说明中明确提出。

4.5.3　常见问题

4.5.3.1　长期沉降观测尚未得到充分重视。

4.5.3.2　CFG 桩复合地基变形计算模型与实际应力状态不符。

【释】 CFG 桩的桩径、桩长、桩间距、桩端持力层、基底持力层及主要受力层范围内土层的压变性状、褥垫层厚度均影响复合地基承载力和地基变形量。

据收集到的现有资料，CFG桩复合地基目前的沉降计算值往往偏小，后期沉降量不容忽视，其沉降变形特征仍需深入研究。

由图4.5.3.2可知，某工程CFG桩复合地基的后期某个时段沉降速率明显较前期加快，而且实测平均沉降量已经超过了设计要求的限值（$s \leqslant 50\text{mm}$）。

采用CFG桩法处理后的地基，附加应力分布不符合布氏解理论，应力分布条件以及沉降变形规律均需进一步深入研究。

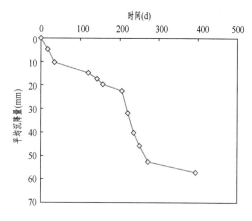

图4.5.3.2 某工程CFG桩复合地基实测沉降-时间曲线

4.5.3.3 多层建筑可不进行CFG桩复合地基抗震承载力验算，高层建筑下CFG桩复合地基抗震设计方法尚需进一步研究。

【释】目前没有针对地震荷载组合条件下复合地基承载力的研究成果，因此【抗规】未提供复合地基承载力抗震承载力调整系数。

汶川地震调查资料结果表明，对基础埋深不大的多层建筑，碎石桩复合地基震害中等或严重，CFG桩复合地基震害轻微。散体材料复合地基应注意进行抗震承载力验算。CFG桩复合地基承载力一般都高于120kPa，【抗规】第4.2.1条所列建筑，可不进行CFG桩复合地基抗震承载力验算。

当没有设计依据但需要考虑CFG桩复合地基抗震承载力提高时，可对桩间土发挥的地基承载力 f_{sk} 进行抗震承载力调整，即CFG桩复合地基抗震承载力 f_{spE} 可按下列公式计算：

非北京地区
$$f_{spE} = \lambda m \frac{R_a}{A_p} + \zeta_a \beta (1-m) f_{sk} + \zeta_a \gamma_m (d-0.5) \qquad (4.5.3.3\text{-}1)$$

北京地区
$$f_{spE} = \lambda m \frac{R_a}{A_p} + \zeta_a \beta (1-m) f_{sk} + \zeta_a \gamma_m (d-1.5) \qquad (4.5.3.3\text{-}2)$$

公式中的符号和取值详见【地基规】第5.2.4条、【京勘设规】第7.3.7条和【地基处规】第7.1.5条，其中地基抗震承载力调整系数根据桩间土性状按【抗规】表4.2.3取值。

当偏心基底压力主要由活荷载产生时，复合地基承载力 f_{sp} 或 f_{spE} 可提高20%。

另据【地基处规】第3.0.6条条文说明，对于CFG桩等有一定粘结强度增强体复合地基，在偏心荷载作用下，应考虑分担到增强体上的荷载应满足承载力要求。

4.6 沉 降 控 制

4.6.1 措施标准

4.6.1.1 当复杂或不良地质条件、建筑层数差异、荷载差异和紧邻既有建筑等因素引起的地基变形可能对基础和上部结构产生不利影响时，应进行沉降控制设计，内容如下表：

涉及	序	相关内容
沉降需求	1	存在复杂或不良地质条件
	2	较高的高层建筑
	3	基础附近有大面积填方土或堆载
	4	相邻基础荷载差异较大
	5	相连建筑的高度和层数相差较大，如主裙楼间和多塔楼大底盘建筑等
	6	紧邻既有建筑
	7	既有建筑加层
	8	对沉降有特殊要求的建筑
沉降设计	1	建筑物长期最大沉降量
	2	沉降差：相邻基础间沉降差；带裙房的高层建筑基础与相邻裙房柱下基础间沉降差；分区按不同顺序施工时应控制结构合拢后的后期沉降差
	3	整体倾斜：重点关注高层建筑和高耸结构
	4	砌体承重结构局部倾斜
	5	为避免带裙房的高层建筑下整体筏形基础因挠曲变形过大引起筏板裂缝较大和底层柱开裂，【地基规】第 8.4.22 条尚要求控制主楼下筏板整体挠度值和主楼与相邻裙房柱间差异沉降
沉降控制	1	选用适宜的持力层
	2	对湿陷性土、膨胀土等特殊地基土控制地下水和地表水影响
	3	调整基础底面积或桩根数、桩长：变刚度调平设计，高低建筑均采用桩基时，裙房桩端持力层可选用埋深较小、压缩性相对高的土层，减小桩数量，加大裙房沉降
	4	采用地基处理、桩基、褥垫等调整地基刚度的方法
	5	采用基础或上部结构构件跨越局部软弱地基
	6	加强基础、上部结构整体刚度及相应构件承载力，高层建筑与相连裙房下采用刚度大的整体筏形基础或加大地下结构整体刚度
	7	允许时，也可先施工高层建筑，后施工低层建筑，或设置沉降后浇带：在高层建筑紧邻裙房的一或二跨间设置施工后浇带，待高层建筑封顶或达到设计沉降控制要求时浇筑
	8	设置沉降缝：高层与裙房之间不宜设置永久沉降缝，必须设缝时应注意采取措施保证高层建筑的侧向约束（见【京勘设规】第 8.7.4 条）
	9	减小高层建筑沉降，加大相连低层建筑沉降：对高层建筑，选用压缩性较低的持力层，可扩大整体基础面积，采用地基处理或桩基。对低层建筑，可通过多种方法（参见【京勘设规】第 7.3.3 条和公式（8.7.1）) 计算比较采用较高的地基承载力，尽可能减小基础面积增加基础沉降
	10	匹配地基基础形式：相连的多层裙房宜避免采用处理地基或桩基，裙房抗浮不满足要求时，应优先采用配重和抗浮锚杆等不增加地基刚度的抗浮方案，如采用抗拔桩宜用短桩，并注意复核其对高低层建筑差异沉降的影响。高层建筑采用筏形基础时，多层裙房可采用独立柱或条基

4.6.1.2　沉降控制设计考虑上部结构和基础整体刚度贡献时，应按上部结构、基础和地基共同作用进行地基变形、基底反力和结构构件内力分析。

【释】当沉降控制设计需考虑底部几层结构整体刚度贡献时，相应构件截面设计应基于其与地基基础共同作用分析结果。

4.6.1.3 高层建筑与相连裙房的差异沉降满足下列要求时，紧邻主楼的裙房一侧可不设置沉降后浇带。

1. 高层建筑与相连裙房为整体筏形基础时，主楼与相邻裙房柱的沉降差不大于其跨度的 0.1%；

2. 与高层主楼相邻的裙房柱采用独立基础（承台）时，主楼与相邻裙房柱的沉降差不大于其跨度的 0.15%。

4.6.2 规范关注

规范关注

表 4.6.2

序	规范		关注点
	名称	条目	
1	【地基规】	3.0.2, 6.5.1, 7.2.7, 8.5.13	应进行沉降计算的地基基础
2		5.3.3-2	施工和使用期间地基变形值预估及占比（条文说明）
3		5.3.12	整体基础上多栋高、低楼宜与地基基础考虑共同工作
4		6.2.7, 7.3.1, 7.3.2	山区地基、软弱地基上建筑物沉降缝的设置要求
5		7.4.1~7.4.3	软土地基沉降控制措施
6		8.4.20~8.4.23	减少带裙房高层建筑筏基沉降差异影响措施【释2】
7		8.5.16	以控制沉降为目的的桩基设计要求
8		10.3.8	应进行沉降变形观测的建筑物
9		附录 N	大面积地面荷载作用下地基附加沉降量计算
10	【京勘设规】	2.1.10	协同作用分析术语解释
11		3.0.3, 7.1.3, 9.4.3	应进行沉降计算的地基基础
12		3.0.10	应进行沉降变形观测的建筑物
13		7.4.5	主体结构完工时沉降量占最终沉降量的比值
14		7.6.3	人工填土地基沉降控制措施
15		8.7.1~8.7.3	带裙房高层的差异沉降控制措施【释1】【释2】
16		9.1.6	按沉降控制原则桩基设计考虑承台、桩与土协同作用
17		13.5.1	沉降基本稳定标准（≤1mm/100d）
18	【桩规】	3.1.4	应进行沉降计算的建筑桩基
19		3.1.10	应进行沉降变形观测的建筑物

【释1】裙房采用有防水板相连的独立基础或条形基础时，地基承载力深度修正所采用基础埋置深度的取值，不同于【地基规】自室内地面标高算起，【京勘设规】按下式计算，以期采用较高的地基承载力。

$$d = \frac{d_1 + d_2}{2} \tag{4.6.2}$$

式中　d_1——自地下室室内地面起算的基础埋置深度，d_1 不小于 1.0m；

　　　d_2——自室外设计地面起算的基础埋置深度。

【释2】 主裙间后浇带不必紧邻主楼，【京勘设规】8.7.2条和【地基规】8.4.20条中在第一、二跨内均可（图4.6.2-1），沉降后浇带应通高设置，其封闭时间可通过沉降分析并结合沉降观测确定。

设置后浇带时应关注图4.6.2-2情况：右侧裙房挡土墙的侧压力如不能传递至左侧，可能导致施工事故。

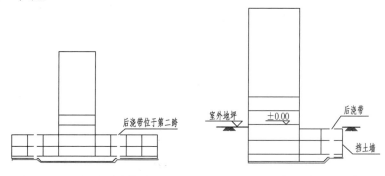

图4.6.2-1　沉降后浇带设置于　　　　图4.6.2-2　裙房边跨设置后浇带的
　　　　　　第二跨示意　　　　　　　　　　　　　　示意图

后浇带做法：宜设置在梁（板）跨的1/3部位或剪力墙洞口处，带宽800～1000mm左右，带内钢筋宜采用搭接接头或后连接接头、混凝土后浇。后浇混凝土应采用无收缩或微膨胀混凝土，且强度应提高一级。

图4.6.2-3中混凝土垫层中的"加强层"，只适用于施工过程中需要提前停止降低地下水位时的做法，其所配钢筋及混凝土厚度h，应按地下水位的上浮力计算，且后浇带两侧基础底板应按悬臂构件核算施工期间承载力。

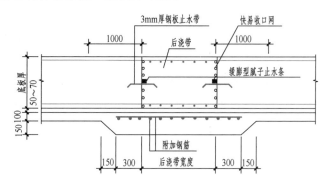

图4.6.2-3　垫层内另设加强层的后浇带做法

由于高层建筑施工周期较长，因此，后浇带存在的时间也较长。在此期间，施工垃圾掉入带内在所难免，所以，须与施工单位研究清理垃圾之方法。

4.6.3　常见问题

4.6.3.1　主裙楼沉降不协调

【释】 对使裙楼基础沉降变形不致过小的措施考虑不周，使主裙楼沉降差较大致结构开裂。如：裙楼地基承载力f_a值计算方法单一、设计取值偏小，使得裙房基础底面积加大而沉降减小；主裙楼基桩的竖向支承刚度不协调而造成沉降差过大；沉降后浇带浇筑时间过

前言 1总则 2概念体系 3结构荷载 4地基基础 5混凝土结构 6钢结构 7大跨结构 8混合结构 9加固改造 10隔震减震 11装配结构 12砌体结构 13超限高层 14程序使用 15人防结构 附录

早等。

4.6.3.2 平板式筏基的板厚不满足要求

【释】当柱荷载较大，等厚度筏板的受冲切承载力不能满足要求时，可在局部增加筏板厚度（或采用抗冲切钢筋等措施）来满足要求。

4.6.3.3 沉降变形计算方法不适用

【释】沉降变形计算不可过于依赖分层总和法。在充分积累沉降观测资料的基础上，总结分析能够得出可信的沉降修正经验系数时，分层总和法可用以预估总沉降量、分析判断沉降变形特征进而比选地基基础方案，但是对于差异沉降的计算分析，并不完全适用。

按变形控制是地基基础设计的重要原则，特别对于复杂结构的多高层建筑，高低层建筑大底盘基础的结构型式，荷载集度差异悬殊，与相邻建筑地基基础相互影响，与邻近深基坑开挖相互影响等复杂情况，地基与结构相互作用精细化计算是必要的，其沉降分析结果可作为工程判断的重要依据，模型参数确定是数值分析计算的关键环节。

4.6.3.4 沉降观测不连续不长期。

【释】强调应按【京勘设规】13.5节要求进行观测。初始沉降观测点应埋设在基础底板上，随施工逐层向上引测至地面以上，引测点在基础底板上的投影位置宜与初始观测点重合。

对于深大基坑，工程沉降变形控制设计需要时，尚应进行基底土体回弹变形观测，观测装置需在基坑土方开挖前完成安置。

4.7 抗 浮 设 计

4.7.1 措施标准

4.7.1.1 结构应按岩土工程勘察报告或水文地质勘察专项报告提供的抗浮设防水位计算浮力。

4.7.1.2 抗浮设防水位对结构安全性或造价影响较大时，需对勘察报告提供的抗浮设防水位进行技术性核查，可建议建设方进行专门的水文地质勘察分析，确保抗浮设防水位取值安全可靠、科学合理。

【释】抗浮设防水位分析时，应分析场区地下水位的动态和影响动态的多种因素，有渗流时，地下水的水头和作用宜通过渗流计算进行分析评价，并预测各因素对场区未来地下水位变化的影响。

随着建筑地下室的不断加深，地下室在地下水作用下的抗浮评价愈显重要。确定抗浮设计水位是一个十分复杂的问题，既与场地的工程地质、水文地质的背景条件有关，更取决于建筑整个运营期间内地下水位的变化趋势，而后者受人为因素和政府水资源的政策影响。

4.7.1.3 结构抗浮措施包括：增加建筑物自重及压重；采用抗拔桩、抗浮锚杆等抗拔构件；增加局部结构刚度和构件强度。

【释】当局部抗浮验算不满足要求，若需考虑该局部与周边结构整体进行抗浮验算时，应保证该相关部位结构的承载力和刚度满足要求。

4.7.2 规范关注

规范关注 表 4.7.2

序	规范		关注点
	名称	条目	
1	【地基规】	3.0.4	勘察报告应提供用于计算地下水浮力的设防水位
2		5.4.3	抗浮措施和抗浮稳定验算
3	【京勘设规】	3.0.12，5.1.2	专门水文地质勘察确定抗浮水位
4		5.5.6	抽降地下水应分析对周边环境的影响
5		8.1.4	肥槽回填要求
6		8.8.2	抗浮验算
7		8.8.3	抗浮措施
8		8.8.5	抗浮锚杆设计原则要求
9		9.4.3	抗浮桩设计原则要求

4.7.3 常见问题

4.7.3.1 基坑肥槽回填不合格致地表水入渗而导致抗浮问题

近期发生多起建筑物上浮或结构破坏的事故，究其原因，肥槽回填不合格，形成"漏斗"而引起雨水大量渗入，形成"水盆"效应。合格的肥槽回填，既可保证结构侧限，又可防止地下水入渗。

4.7.3.2 抗浮桩或抗浮锚杆因布设位置不合理而不利于沉降控制

相对于配重、压重等主动抗浮措施，抗浮桩、抗浮锚杆均为被动抗浮措施。但是对于建筑地基而言，抗浮桩和抗浮锚杆兼备竖向支承刚度，客观形成了对地基刚度的人为改变。为有利于荷载集度不同的区域之间变形控制，应合理布设抗浮桩或抗浮锚杆，详见"4.6 沉降控制"。

4.7.3.3 抗浮桩或抗浮锚杆间距不合理，疏于验算群锚承载力

由于间距过小而形成群锚效应，呈整体破坏，抗浮承载力不再是单个抗浮构件上拔承载力的累加，需进行群锚（群桩）承载力的验算。

4.8 施 工 验 槽

4.8.1 措施标准

4.8.1.1 建（构）筑物地基均应经过施工验槽，检验合格并经责任主体各方签验之后，方可进行下一步施工工序。

4.8.1.2 施工验槽系指验明施工开挖基槽的实际位置、范围，查明槽底土质、岩土性状，施工验槽包含验桩。验桩包括验明基桩的位置、桩身尺寸、成桩深度、桩端持力层岩土性状。

4.8.1.3 若实际的地基条件与原详勘报告不符时，应进行施工阶段的补充勘察。

4.8.1.4 当需要评价基槽局部地基岩土性状变化时，评价方法应以原位测试为主，必要时辅以钻探取样、室内土工试验。

4.8.1.5 当基槽局部地基存在岩土性状劣化时，应首选地基处理措施，必要时辅以结构措施。

4.8.2 规范关注

规范关注　　　　表 4.8.2

序	规范		关注点
	名称	条目	
1		3.0.4	验槽要求，必要补勘
2		4.2.1	工程特性指标与原位测试方法
3		5.1.5	地基土不受扰动的措施
4		5.1.9	地基防冻害措施
5		6.1.1	山区地基
6		6.2.1	土岩组合地基
7		6.2.2	下卧基岩表面允许坡度值
8		6.2.3	石芽密布并有出露的地基
9		6.2.4	大块孤石或个别石芽出露的地基
10		6.2.5	褥垫的厚度及夯填度
11		6.3.1	填土地基质量要求
12		6.3.2	未经填方设计处理形成的填土的地基评价
13		6.5.1	岩石地基
14	【地基规】	6.5.2	软弱岩石的保护
15		6.6.1，6.6.7	岩溶（溶洞）、土洞对地基稳定性影响
16		6.6.8，6.6.9	土洞对地基的影响及处理措施
17		7.1.4	软弱土基槽底面的保护
18		7.2.2	局部软弱土层的处理方法
19		7.2.6	换填垫层
20		7.2.7，7.2.8	复合地基质量要求
21		10.1.2	验收检验静载试验最大加载量的要求
22		10.2.1	基槽检验的要求
23		10.2.2	地基处理效果检验的规定
24		10.2.10	复合地基增强体桩身完整性检验 复合地基增强体单桩承载力检验 单桩或多桩复合地基承载力检验 复合地基间土承载力检验
25		10.2.13	人工挖孔桩桩端持力层检验

续表

序	规范		关注点
	名称	条目	
26	【地基规】	10.2.14	工程桩桩身完整性检验 工程桩抗压承载力检验 工程桩水平承载力检验 工程桩抗拔承载力检验
27		10.2.16	竖向承载力检验的方法和数量
28		10.2.17	水平承载力检验的方法和数量 抗拔承载力检验的方法和数量
29		10.2.18	地下连续墙墙体质量检验方法和数量
30		10.2.19	岩石锚杆抗拔承载力检验方法和数量
31		10.2.20	检验发现不合格，扩大检验数量
32	【京勘设规】	1.0.3	勘察工作包括验槽
33		3.0.2	依据邻近地区资料写出勘察报告，勘察单位应进行基槽检验
34		13.1.1	现场检验的内容
35		13.1.2	现场监测的内容
36		13.1.3	设计文件应明确现场检验与监测的要求、内容
37		13.1.4	应明确现场检验与监测的时间、周期
38		13.2.1	基槽检验的规定
39		13.2.2	基槽检验的内容
40		13.3.1	桩基符合性检验的内容
41		13.3.3	预制桩检验内容
42		13.3.4	灌注桩检验内容
43		13.3.5	人工挖孔桩终孔时检验内容
44		13.3.8	抗浮桩检验数量，不得少于 3 根 抗浮锚杆检验数量，不得少于 6 根
45		13.4.1	换填垫层分层检验
46		附录 Q	基槽检验与处理方法

4.8.3 常见问题

4.8.3.1 基槽底面清理不到位

近些年，随着用工成本不断增加，工地施工作业人员人手紧张，特别是开槽施工相对集中时，问题更为突出，造成人工清理不到位，影响槽底土质的鉴别、岩土性质的检验。验槽记录中应督请建设单位、监理单位现场把握，责任到位，免留隐患。

4.8.3.2 仅关注检测结论而检测资料不齐全

　　验槽（验桩）过程中，仅关注检测结论而忽视检测资料的完整性和可追溯性，常出现已经验收签字，而尚无正式的检验报告（检测报告），如天然地基持力层承载力检测报告、换填垫层承载力检测报告、工程桩承载力检测报告、桩间土检验报告等，若正式报告的结论与原结论不符，则造成工程被动。

　　故强调不仅需要加强数据分析，而且在验槽（验桩）验收签字前，须取得正式的检验报告，且应及时归档备查。

第 5 章　混 凝 土 结 构

5.1 一 般 规 定

5.1.1　措施标准

5.1.1.1　体系概述

对于现浇钢筋混凝土结构体系，常用有：框架、剪力墙、框架-剪力墙（简称"框剪"）、部分框支剪力墙、板柱、板柱-剪力墙、筒体（含框架-核心筒、框筒、筒中筒等）等结构体系。少用有：少墙框架、框架-支撑（钢）、异形柱框架、异形柱框架-剪力墙等结构体系。

【释】本章面对钢筋混凝土结构，按习惯，统一称抗侧力体系中的钢筋混凝土墙（抗震墙）为"剪力墙"。

筒体结构中的框架-核心筒结构是框剪结构的特殊情况，因其有一些特殊要求和特点，应用广泛，故单独列出。

5.1.1.2　应综合结构类型、抗震设防烈度及设防分类、房屋高度、场地土类别等，综合确定结构体系下的抗震等级，详见附录 05-1a、附录 05-1b。抗震结构应具有多道防线，设计中宜设置多重抗侧体系。

【释】结构在较大地震时，是以牺牲局部以保证整体安全，设计中应有建立耗能机制意识。如：框架应为延性框架，使梁端先形成塑性铰；剪力墙应使连梁先屈服；框剪结构中剪力墙、框架构成明确的两道防线。

5.1.1.3　合理加强空旷大跨结构的抗侧刚度。

【释】诸如剧场及体育馆等建筑，体型复杂、容纳人多，应特别注意加强整体性与构造，应适当设置抗侧力构件（剪力墙、钢支撑），以加强其抗侧刚度，不宜采用框架结构。并着重加强围护结构与主体结构的拉结，关注其安全。

5.1.1.4　当构件配筋由受力计算确定时，应首选强度等级较高的钢筋。

【释】构件配筋的控制内力组合包含地震作用的，配置高强度等级钢筋，通常同时能满足正常使用极限状态的要求，经济性好。

5.1.1.5　用于有抗震要求构件中的钢筋应采用带"E"的热轧钢筋。

【释】【混施】5.2.3 条，设计文件中易疏忽。实际工程中，常出现施工单位以设计文件中没有标明采用"E"牌号钢筋，按施工规范需要替换，而市场上"E"牌号钢筋售价较高，需要设计变更，造成工作被动。

5.1.1.6　当梁、柱（含暗柱）配筋密集时，可采用并筋，详见【混规】4.2.7 条及条文说明。

【释】用于受力的并筋，其截面积是简单相加，但用于构造的并筋等效直径应详该条的条文说明。并筋搭接连接要求详【混规】8.4.3 条。

5.1.1.7 钢筋作为钢筋混凝土构件重要的组成部分，其保护层、锚固、连接是其充分发挥作用的重要环节，规范中均有详细要求，总结如下表：

项		规范及条目	涉及影响项【释1】					
			筋d	筋外形	混凝土强度	构件类	保护层	抗震
保护层		【混规】8.2	✓	—	✓	✓	—	—
锚固	基本锚固长度 l_{ab}	【混规】8.3.1-1	✓	✓	✓	—	—	—
	受拉锚固长度 l_a	【混规】8.3.1-2 【高规】6.5.2	✓	✓	✓	—	—	—
		【混规】8.3.2	✓	✓	—	—	✓	✓
	弯钩/机械	【混规】8.3.3	✓	✓	✓	—	—	—
	受压筋	【混规】8.3.4	✓	✓	✓	—	—	—
	梁柱节点【释2】	【混规】9.3（Ⅱ）	✓	✓	✓	—	—	—
		【高规】6.5.4	✓	✓	✓	—	—	—
	l_{aE}	【高规】6.5.5	✓	✓	✓	—	—	✓
		【混规】11.1.7-1 【高规】6.5.3-1	✓	✓	✓	—	✓	✓
连接	搭接 受拉	【混规】8.4.2	✓	×	×	×	×	—
		【混规】8.4.3	✓	✓	✓	✓	—	—
		【混规】8.4.4	✓	✓	✓	—	—	—
		【混规】11.1.7-2 【高规】6.5.3-2	✓	✓	✓	—	—	✓
		【高规】6.5.3-3	✓	×	×	×	—	✓
	搭接 受压	【混规】8.4.5	✓	✓	✓	—	—	—
		【高规】6.5.3-3	✓	×	×	×	—	✓
	梁柱节点	【混规】9.3.7	✓	✓	✓	✓	—	—
	机械【释3】	【混规】8.4.7	✓	—	—	✓	—	—
		【高规】6.5.3-4	—	—	—	—	—	✓
	焊接【释3】	【混规】8.4.8	✓	✓	—	✓	—	—

【释1】 表中仅示该条表述的直接关联："✓"有关联、"—"无关联、"×"不得或不宜。

【释2】 抗震与否对钢筋锚固长度而言，【混规】中对应要求均是将 l_{a*} 调整为 l_{a*E}，如：直线段长度【混规】图9.3.4中 $0.4l_{ab}$ 调为 $0.4l_{abE}$、图9.3.6中 $0.5l_{ab}$ 调为 $0.5l_{abE}$。

【释3】 机械连接技术，特别直螺纹方法已比较成熟，质量和性能稳定，经济性较好。除加固等特定需求外，避免工地焊接。

5.1.1.8 特定情况下，钢筋连接可采用搭接焊：满足搭接长度并双面焊 $5d$，或单面焊 $10d$。

【释】 尤在既有建筑的改造加固中，搭接焊是一种简便可行方式。

5.1.1.9 超长和大体积现浇混凝土裂缝的控制措施详见下表：

项	细分	序	具体措施要点	干缩【释1】	温度【释1】
设计	减小影响因素	1	屋顶设置保温隔热层（含架空层），外墙采用外保温做法		√
		2	混凝土强度不宜过高，可采用60d或90d强度要求	√	
		3	设置后浇带、膨胀加强带	√	√
	释放约束	4	设置局部伸缩缝、控制缝（诱导缝）	√	√
		5	滑动措施	√	√
		6	对于平面较长的框剪结构，不宜在建筑两端设置纵向剪力墙	√	√
	加强抵抗能力	7	在温度、收缩应力较大区域和结构薄弱环节，配限裂普通钢筋	√	√
		8	配置预应力		√
		9	采用补偿收缩混凝土	√	√
		10	采用纤维混凝土	√	√
施工	材料	11	控制水泥品种、适量用矿物掺合料如粉煤灰等替代	√	
		12	骨料外形、级配良好、控制含泥量	√	
		13	控制外加剂的质量、品种、掺量	√	
	手段	14	跳仓浇筑	√	
		15	保湿养护（覆膜等）	√	
		16	控制入模温度及内外温差	√	

【释1】表中"干缩"、"温度"分别指对混凝土干缩和温度作用下的裂缝，"√"有效项。以下编号分别对应表中序号。

2. 混凝土强度等级宜采用C30～C35，不宜超过C40。

3. 施工后浇带的数量不宜过多，特别是基础底板、地下室外墙等有防水要求处。后浇带应从受力影响小的部位通过（如梁、板1/3跨度处，连梁跨中等部位），不必在同一直线上，可曲折而行。

施工后浇带宜每间隔约30～60m设置，宽0.8～1.0m，封闭时间宜大于两侧混凝土浇筑后两个月。掺微膨胀剂的加强带每间隔约30m设一道，宽2～3m，膨胀加强带的设置、尺度、微膨胀剂掺量、钢筋等，应与专业人员协定。

6. 对于平面纵向较长的框剪结构，不宜在建筑两端，设置纵向剪力墙，如图5.1.1.9。

7. 限裂钢筋宜采用小直径密间距的配筋方式。配筋率控制在0.1%～0.15%，间距宜取100～150mm。

8. 无粘结预应力钢筋，可控制板内预应力1～1.5MPa、梁内1.5～2MPa。

11. 水泥宜采用水化热低且凝结时间长的水泥种类，如硅酸盐水泥、普通硅酸盐水泥

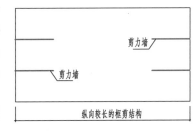

图5.1.1.9　建筑物两端不宜设置纵向剪力墙示意

或矿渣硅酸盐水泥。并可掺入一定量的矿物掺合料（如粉煤灰和高磨细度矿渣粉）替代部分水泥用量。

附：受温度、收缩应力较大区域和结构薄弱环节：

1）跨度较大并与混凝土梁及墙整浇的双向板的角部和中部区域，当垂直于现浇单向板跨度方向的长度大于 8m 时，板长度的中部区域等；

2）当房屋平面形状有较大凹凸时，在房屋凹角处的楼板；

3）房屋两端阳角及山墙处的楼板；

4）房屋南面外墙设大面积玻璃窗时，与南向外墙相邻的楼板；

5）与周围梁、柱、墙等构件整浇且约束较强的楼板；

6）楼板内埋置较多管线，且楼板较薄时；

7）楼板开洞处的洞边；

8）房屋顶层的屋面板和超长结构的地下一层顶楼板；

9）屋顶层纵向梁及各层外边梁；

10）框架结构超长时，区段端部的框架柱；

11）靠近室外地面的地下室外墙；

12）对现浇剪力墙结构的端山墙、端开间内纵墙、顶层和首层墙体。

5.1.1.10　挡土墙、常规建筑的梁、楼板的混凝土强度等级不宜超过 C35（有耐久性及受力要求的除外）。

5.1.1.11　混凝土结构的裂缝控制等级及最大裂缝宽度限值应满足【混规】3.4.5，并应按照构件受力，如受拉、受弯、受压弯等状态计算裂缝宽度。对挡土墙宜按压弯计算，并按【混规】8.2.1 最小保护层位置处，评估裂缝宽度，详图 5.1.1.11。

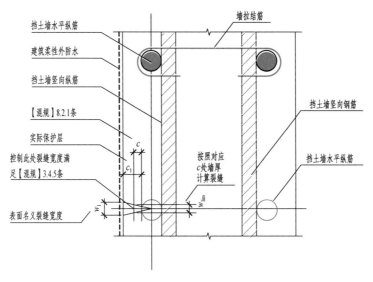

图 5.1.1.11　挡土墙裂缝控制位置

【释】民用建筑地下室防水通常设置多道防线，故地下挡土墙的裂缝评估，可压弯计算外侧纵筋【混规】最小保护层 c 处对应的裂缝宽度来评估。当有地方规定时，应协定。

5.1.2　规范关注

规范关注　　　　　　　　　　　　　　　　　　　表 5.1.2

序	规范		关注点
	名称	条目	
1	【混规】	3.4.4	裂缝控制等级、宽度限值
2		3.4.5	
3		8.5.3	次要受弯构件最小配筋率
4		9.1.8	楼板内配置温度筋的规定
5		11.1.3	抗震等级
6		11.2.2	"E" 牌号钢筋的使用
7	【抗规】	3.5.3	抗震结构多道设防
8		3.9.4	施工时钢筋替代的原则
9		3.9.6	砌体中混凝土构件的施工顺序要求
10		6.1.1	最大适用高度
11		6.1.2	抗震等级【释 1】
12		6.1.3	
13		14.1.4	
14		6.1.4	防震缝设置
15	【高规】	3.3.1	最大适用高度【释 2】
16		3.3.2	高宽比
17		3.9.1	抗震等级
18		3.9.3	
19		3.9.4	
20		13.9	大体积混凝土施工

【释 1】【高规】第 1.0.2 条高度大于 28m 的住宅建筑适用，而【抗规】确定抗震等级以 24m 为界限，因此注意住宅建筑高度在 24~28m 时，抗震等级执行【抗规】；

【释 2】最大适用高度不应理解为"限制高度"。高度超过后以【超限要点】来控制。

5.2　框 架 结 构

5.2.1　措施标准

5.2.1.1　框架结构最大适宜高度宜符合表 5.2.1.1 要求。

框架结构房屋最大适宜高度（m）　　　　　　　　表 5.2.1.1

设防烈度	6	7	8	9
最大适宜高度	30	24	20	不宜采用

【释】框架抗侧刚度弱：

1）房屋较高时其侧移较大，二次结构的损伤和灾害严重；

2) 较高结构满足规范限值，则肥梁胖柱，配筋量较大，经济性差。

5.2.1.2 不宜采用异形柱框架。如采用宜适当设置剪力墙，形成异形柱框架-剪力墙结构。异形柱间框架梁应取合理截面，避免强梁弱柱。

【释】异形柱宽度小，承压能力差，受弯时窄边受压不利。2008 年汶川地震中江油市有表现较好的异形柱框架结构，原因是：异形柱间梁跨度不大，截面高度控制较小，因此地震中延性较好。

5.2.1.3 应注意楼梯对框架抗震的影响，关注：

1. 采用起步处滑动的方式消除楼梯斜撑作用，否则应计入其在地震作用中的影响；
2. 梯板应采用双排配筋；
3. 支承梯梁的框架柱应考虑其影响。

【释】汶川地震震害中发现，框架结构中的楼梯间很多都遭到较严重破坏，主要表现在：楼梯板被拉断、楼梯间柱子剪坏、围护用的砌体填充墙开裂甚至倒塌。震后提出了平台板滑动支承于休息板的方式：每跑楼梯的起步处滑动支承于楼层或层间休息板处，水平滑动缝处钢筋不贯通，直接将水平缝设置为施工的冷缝（可采用干铺油毡做隔离层），基本可以消除楼梯的支撑作用，从而保证震时楼梯疏散功能。

5.2.1.4 电梯可采用砌体围护墙（当为消防电梯时，应满足防火要求），在固定电梯导轨标高处设置圈梁和埋件。

5.2.1.5 局部大跨度框架抗震等级应根据大跨框架负荷面积的比例来判断。

【释】【抗规】6.1.2 条对大跨度框架抗震等级的要求，应区分主要、整体还是部分或局部，若仅是部分或局部范围内有大跨度框架，则没有必要对整个结构提高抗震等级，只需对大跨度框架梁及相连、周边的构件适当提高抗震等级即可。

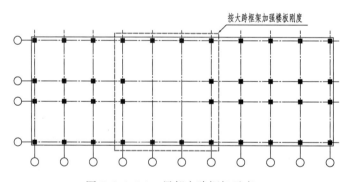

图 5.2.1.5-1　局部大跨框架示意一

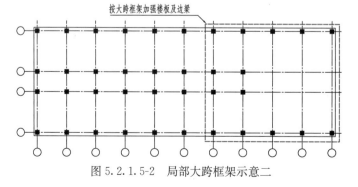

图 5.2.1.5-2　局部大跨框架示意二

5.2.1.6 设计中应注意区分单跨框架和单跨框架结构的不同，并根据其在平面中的位置、负荷面积、抗侧刚度等因素综合界定。

【释】 应区分单跨框架是整体还是部分，若仅存在部分单跨，且单跨部分与其他多跨部分形成有效抗侧结构，则应不属于此限。对于建筑顶层的单跨框架，应适当区别放松。但对于位于建筑一侧的跨度较大、范围也较大的单跨框架，或平面内开洞很大，使单跨部分与其他多跨框架的变形不易协同者，应采取加强措施，如提高抗震等级，进行抗震性能化设计等。

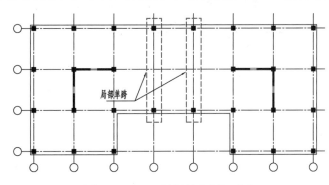

图 5.2.1.6-1　局部单跨框架示意

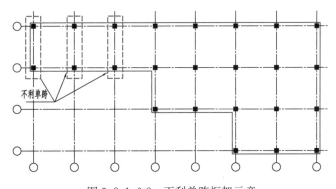

图 5.2.1.6-2　不利单跨框架示意

5.2.1.7 钢支撑-框架结构中支撑采用钢支撑或屈曲约束支撑，其设计方法及要求如表 5.2.1.7。

支撑-框架设计方法及要求　　　　　　　　　　　　表 5.2.1.7

序	项目	控制指标
1	倾覆力矩百分比	底层的钢支撑框架占比不小于 50%
2	最大适用高度/位移角限值	取框架结构与框剪结构的平均值
3	分析方法/阻尼比	1）承载力设计按框架结构和框架支撑结构分别计算取包络； 2）阻尼比不应大于 0.045，可按混凝土框架与钢支撑在结构总变形能所占比例折算等效阻尼比
4	抗震等级	钢支撑框架比其他框架提高一级，其他框架按框架结构取
5	支撑布置要点	1）钢支撑框架应在结构的两个主轴方向同时设置； 2）采用单斜撑时，不同倾斜方向的支撑宜对称布置； 3）楼梯间宜布置支撑

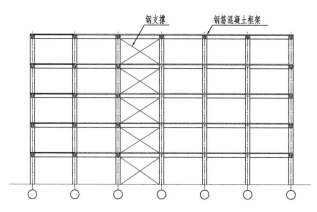

图 5.2.1.7 钢支撑-框架结构示意

【释】设防烈度为 6～8 度且房屋高度超过表 5.2.1.1 框架结构最大适宜高度时，可采用混凝土框架-钢支撑结构体系。框架结构设置屈曲约束支撑时可按【抗规】第 12 章，不需要满足表 5.2.1.7 中序 1、3〈1 款〉、5〈2 款〉的要求。

5.2.2 规范关注

规范关注   表 5.2.2

序	规范		关注点
	名称	条目	
1	【混规】	11.6.7（d）	中间层中间节点梁筋在节点外搭接【释1】
2	【抗规】	6.1.5	框架梁柱偏心的规定及单跨框架的适用范围
3		6.1.15	楼梯对框架体系的影响及抗震设计要求
4		6.2.14	框架梁柱节点核芯区的抗震验算要求
5		6.3.2	框架扁梁结构的适用范围及规定
6		6.3.3、6.3.4	框架梁配筋的抗震构造
7		6.3.6	框架柱轴压比限值的规定
8		6.3.7、6.3.9	框架柱配筋的抗震构造【释2】
9		6.3.8-3、6.3.8-4	柱配筋率的控制规定
10		6.3.10	框架节点核芯区箍筋的要求
11		附录 B.0.3	高强混凝土框架相关抗震构造措施要求
12		附录 G	钢支撑-混凝土框架结构抗震设计要求
13	【高规】	3.10.2、3.10.3	特一级框架柱、梁的规定
14		5.2.3	框架梁塑性内力重分布的规定
15		6.1.1	梁柱抗侧力体系的布置要求
16		6.1.3	填充墙对结构抗震的不利影响及布置规定
17		6.1.6	框架结构中不应采用砌体墙承重
18		6.1.7	柱、梁偏心对节点核心区及柱受力的影响及构造要求
19		6.3.7	框架梁的开洞构造

续表

序	规范		关注点
	名称	条目	
20		6.4.7	柱箍筋体积配箍率规定，条文说明中附箍筋形式示例图
21	【高规】	6.4.8	抗震箍筋设置规定【释2】
22		6.4.11	柱箍筋形式考虑施工工艺的要求
23		3.1.2	异形柱结构房屋最大适用高度
24		3.1.3	异形柱结构适用的最大高宽比
25		3.1.5	填充墙对异形柱框架结构的影响
26		3.3.1	异形柱结构抗震等级的规定
27	【异形柱规】	6.2.2	异形柱的轴压比限值
28		6.2.5～6.2.7， 6.2.9～6.2.13	异形柱配筋的抗震构造
29		6.2.15	异形柱肢端暗柱设置要求及构造
30		6.3.8，6.3.9	异形柱框架节点核心区的配筋构造要求

【释1】对于梁下部纵筋根数多，使柱内钢筋过于密集时，【混规】有节点外搭接做法。

【释2】【抗规】和【高规】关于柱的拉筋做法一致：宜紧靠纵筋勾住箍筋。避免了原要求勾住纵筋和箍筋的做法，详图5.2.2(a)。施工便利，也保证了核心混凝土的约束。并宜留出 $200\sim300$mm 见方的空间图 5.2.2(b)，便于泵送导管的插入。

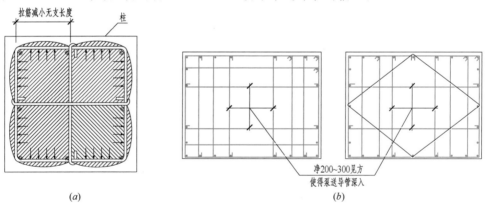

图5.2.2　柱拉筋勾住箍筋做法示意图

5.2.3　构件节点

5.2.3.1　宜避免超过3个方向框架梁交于一点，无法避免时应加强构造措施，确保梁柱节点强度与延性能满足抗震要求，具体措施如下：

1. 梁纵筋宜拉通，梁中心线夹角≥150°时，梁纵筋弯折贯通；

2. 与柱相交梁过多时，可以通过加次梁方式，错开梁柱节点；

3. 超过3个方向梁与柱相交时，可在节点设置柱帽。梁箍筋加密区长度从柱帽边起算；柱帽满足刚性节点要求，高度不小于最大梁高＋100mm，双向配筋，满足柱节点核心区配箍率要求；

4. 需考虑保护层增大的不利影响，核算各梁配筋。

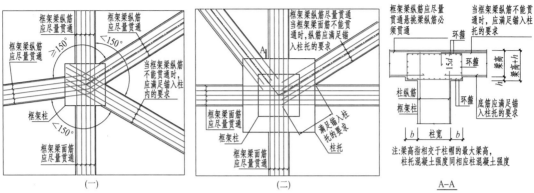

图 5.2.3.1-1　多梁交汇处节点
构造（一）

图 5.2.3.1-2　多梁交汇处节点构造（二）

【释】 多梁与柱斜交，梁柱节点存在的问题：

1）多根梁与柱斜交，梁筋在柱头叠合，纵筋保护层变大，梁有效高度减小；

2）梁纵筋柱内水平段锚固长度多不足，水平弯折施工困难；

3）钢筋密集，混凝土浇筑不易密实，削弱节点强度；

4）梁与柱斜交时，梁邻柱起始箍筋斜向布置或减少宽度，绑扎困难。

5.2.3.2 托柱梁在托柱处应双向布梁，并应按框架梁设计。

【释】 托柱梁在托柱处应双向布梁，以平衡柱底双向弯距，且应按框架梁设计。另柱底节点处钢筋交错密集，宜柱两侧设托柱次梁以使其纵筋贯通。

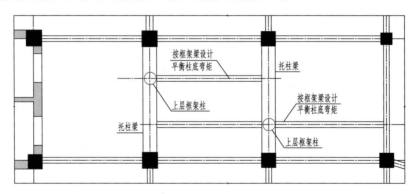

图 5.2.3.2　托柱梁在托柱处双向布梁示意

5.2.3.3 穿层柱、斜柱、短柱设计时，应注意以下环节：

1. 穿层柱：应核查柱计算长度是否正确。对局部范围的穿层柱，可偏安全地按本层同截面的一般框架柱的剪力及按穿层柱计算长度计算的弯矩进行核算。

【释】 应据其范围和对结构整体抗侧刚度的影响评估，通常如大堂处，按局部构件处理即可。

2. 斜柱：与斜柱相连的楼盖应设为弹性楼板，真实考虑其平面内刚度，并按分析结果适当加强配筋，双层双向布置，保证楼板可靠传递轴力；斜柱及与其相连的框架梁均宜补充不考虑楼板作用的模型分析，按压（拉）弯构件进行包络设计，梁纵筋采用机械连接并贯通。

【释】斜柱相连上下层楼板如按刚性假定，则无法计算出楼板和梁的轴力。另有些计算程序设定斜柱后，默认按两端铰接计算，不传递弯矩，计算失真，注意核查。

3. 短柱：可适当设置剪力墙；采用高强混凝土、配型钢，减少柱截面；适当减小相连梁的刚度；柱可使用复合螺旋箍筋并控制肢距、箍筋全高加密、设置芯柱、柱纵筋间距宜≤200mm等方式处理。

【释】短柱与剪力墙协同受力时，危险性相对较小。

采用芯柱：能有效改善短柱在高轴压比下的抗震性能，且构造相对简单、施工便利。

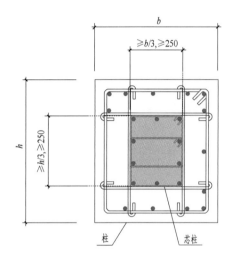
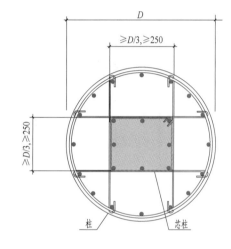

芯柱的纵筋及箍筋应由设计师确定。

芯柱纵筋的连接及根部锚固均同框架柱，并按照需要通至芯柱柱顶标高。

图 5.2.3.3　芯柱配筋示意

5.2.3.4　弧梁、折梁、支承次梁的边框架梁、单侧挑板梁应在考虑现浇楼板的抗扭有利作用后，按梁承担的扭矩要求配置纵筋、腰筋和箍筋。

【释】支承单侧挑板梁，如雨篷梁，其扭矩由静力平衡条件求得，与构件扭转刚度无关，因此应注意对扭矩不能进行折减，电算时应注意核查。

5.2.3.5　现浇反梁应按矩形截面进行配筋计算，且由于板挂在梁底面，板筋向上加强锚固。

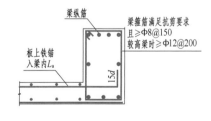
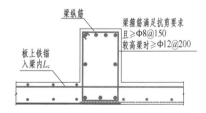

图 5.2.3.5　反梁配筋示意

5.2.3.6　两侧次梁荷载和跨度相差较大的错位次梁，会导致支承次梁的主梁受扭严重，主梁应在考虑现浇楼板的抗扭有利作用后，按其承担的扭矩进行设计和构造。

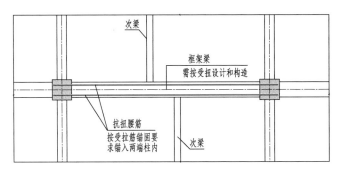

图 5.2.3.6　主梁受扭构造

【释】当次梁间错位较小时，可水平加腋过渡。

5.2.3.7　次梁、挑梁不需要考虑抗震构造。

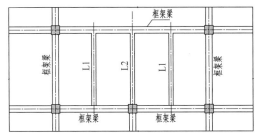

图 5.2.3.7　结构平面中次梁示意

【释】次梁和挑梁不存在地震作用下出现塑性铰的可能性，故梁端箍筋不需构造加密，满足抗剪承载力要求即可；纵筋锚固、搭接等都可按非抗震构造。图 5.2.3.7 为框架平面的一个区格：梁 L1 两端、梁 L2 的上侧端，即属此例。

5.2.3.8　错层，特别位于建筑物根部室内外高差较大时形成者，对抵抗水平荷载不利，应慎重处理。常用处理方法建议：梁加腋或局部增加墙肢。

【释】相邻楼盖结构高度超过梁高范围，则在净高差范围内形成超短柱，加腋可有效改善超短柱的受剪。加腋处理适用于室内外高差不大情况，如图 5.2.3.8-1。

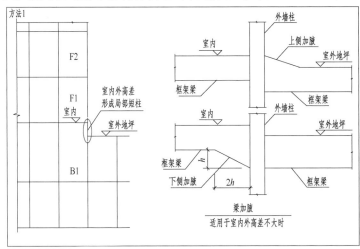

图 5.2.3.8-1　室内外高差较大梁加腋示意

当室内外高差较大难以加腋时，在层高较大一侧设置短墙肢相当于增大超短柱的截面，有效提高受剪承载力，如图5.2.3.8-2。

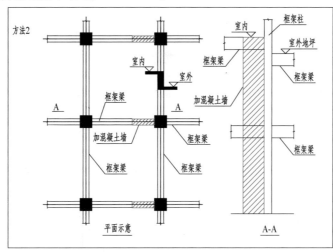

图 5.2.3.8-2　室内外高差较大局部增加墙肢示意

5.3　剪　力　墙　结　构

5.3.1　措施标准

5.3.1.1　对高层剪力墙结构，为了增加结构的扭转刚度，外墙可考虑适当加厚。

5.3.1.2　多层剪力墙结构内、外墙均为现浇混凝土墙时，墙的数量不必很多，多层剪力墙结构侧向刚度不宜过大。

5.3.1.3　板式住宅为了南北通透，往往平面长宽比较大，横墙较多、纵墙较少，且其外纵墙的墙肢长度很短，应注意：

1. 较短的外纵墙据其截面高厚比，宜按短肢墙或柱设计；但此时翼缘短墙肢仍为墙的一部分，与独立墙肢不同，详图5.3.1.3-1；当短墙肢截面高厚比不大于4（高层）或3（多层）时，除按墙计算分析外，宜补充在外纵墙肢按柱模型考虑二道防线调整进行计算，

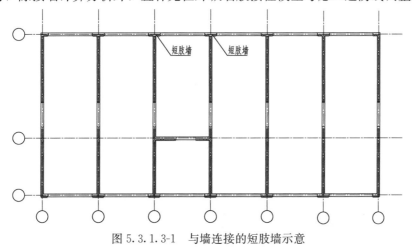

图 5.3.1.3-1　与墙连接的短肢墙示意

并包络设计。

2. 由于平面中横墙较多，应注意设置足够的较长内纵墙。

3. 较长的横墙宜开洞设连梁形成有效的联肢墙，但不宜为了减轻结构自重使大部分剪力墙均为跨高比很大的"连梁"（相当框架梁）相连的短墙肢或异形柱，详图 5.3.1.3-2，此种结构用于较高的建筑中对抗震不利，宜避免。

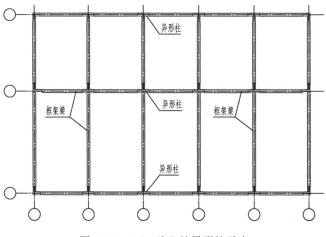

图 5.3.1.3-2　独立的异形柱示意

5.3.1.4　高层建筑中楼梯间紧邻建筑外墙时，外墙稳定验算应优先考虑楼梯平台板的贡献，如仍无法满足要求，可考虑梯跑板作为墙的水平支点，此时梯跑板应与外墙可靠连接。

5.3.2　规范关注

规范关注　　　　　　　　　　　　　　　　　　表 5.3.2

序	规范		关注点
	名称	条目	
1	【混规】	11.7.1	墙肢弯矩增大系数【释1】
2		11.7.2	墙肢强剪弱弯
3		11.7.3	剪力墙剪压比
4		11.7.4/5	偏心受压/拉时剪力墙受剪承载力
5		11.7.6	一级剪力墙水平施工缝验算
6		11.7.9	连梁剪压比
7		11.7.10	连梁交叉斜筋、对角斜筋、对角暗撑
8	【抗规】	6.1.9	剪力墙设置的要求
9		6.1.10	底部加强部位范围
10		6.2.7-1	墙肢弯矩增大系数【释1】
11		6.2.8	底部加强部位墙肢强剪弱弯
12		6.2.9	剪力墙和连梁的剪压比
13		6.4.6	长厚比不大于3的小墙肢的做法
14		6.4.7	高连梁做法

序	规范		关注点
	名称	条目	
15	【高规】	7.1.2	墙肢不宜过长/连肢墙
16		7.1.3	以跨高比（5）区别连梁和框架梁
17		7.1.4	底部加强部位范围
18		7.1.6	梁与剪力墙平面外刚接的做法
19		7.1.7	长厚比不大于 4 的小墙肢按柱设计
20		7.1.8	短肢墙定义及其应用要求
21		7.2.2	短肢墙的设计
22		7.2.3	剪力墙分布筋排数
23		7.2.12	一级剪力墙水平施工缝验算
24		7.2.15	水平分布筋可部分计入配箍率
25		7.2.21	连梁强剪弱弯
26		7.2.22	连梁剪压比
27		7.2.26	不满足连梁剪压比要求【释2】

【释 1】该系数是针对底部加强部位以上，确保墙肢的塑性铰发生在底部加强区。

【释 2】采用双连梁设计时，宜采用具有双连梁建模及分析的计算程序（PKPM 等已有此项功能，详见附录 14-1）。并可：

1）在连梁内设置型钢。

2）以连梁可以承担最大剪力（以剪压比限值确定），同时确保强剪弱弯为目标条件，从而反算出连梁箍筋及纵筋的最大值。

5.3.3　构件节点

5.3.3.1　约束边缘构件的两种配筋方法：

1. 阴影部分的以箍筋为主，非阴影部分用拉筋，但拉筋端部应做 135° 弯钩钩住水平筋。

2. 采用箍筋、拉筋与墙体水平分布筋共同工作的做法，利用在墙端封闭且有可靠锚固的水平分布筋作为部分约束边缘构件的箍筋，阴影部分在水平分布筋竖向间隔内另增设上述方法一，非阴影部分做法同上，详图 5.3.3.1。

5.3.3.2　估算墙厚：

$$b_{\mathrm{w}} \geq 3.16 l_0 \sqrt{\frac{R f_{\mathrm{c}}}{E_{\mathrm{c}}}}$$

式中：b_{w}——墙厚（mm）；

l_0——剪力墙墙肢计算长度（mm）（按【高规】附录 D 确定）；

R——墙肢轴压比限值（【抗规】6.4.2、【高规】7.2.13）。

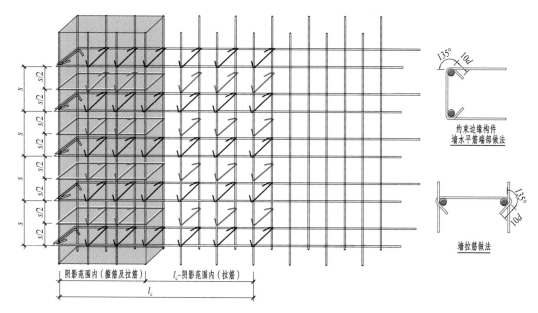

图 5.3.3.1 利用墙的水平分布筋代替约束边缘构件部分箍筋的做法

5.3.3.3 高层剪力墙设置角窗的规定，详图 5.3.3.3。

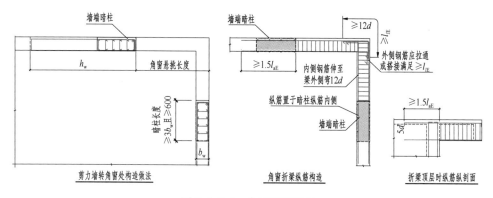

图 5.3.3.3 角窗加强做法

1. 抗震计算时应考虑扭转耦联影响；

2. 角窗两侧墙肢厚度不宜小于 180mm；

3. 角窗两侧墙肢为独立一字型墙肢时，长度应不小于 8 倍墙厚及角窗悬挑长度 1.5 倍的较大值；

4. 角窗折梁应按抗扭构造配置箍筋及腰筋；

5. 宜提高角窗两侧墙肢的抗震等级；

6. 角窗两侧应沿全高设置约束边缘构件，约束边缘构件长度不宜小于 3 倍墙厚且不小于 600mm；

7. 角窗处楼板厚度不宜小于 150mm，配筋应加强，并双层双向布置；

8. 角窗折梁上下纵筋锚入墙内长度应不小于 $1.5l_{aE}$，顶层时上部纵筋端部另加向下的直勾，长 $5d$。

5.4　框架-剪力墙结构

5.4.1　措施标准

5.4.1.1　框剪结构综合了框架、剪力墙的各自优势，是一种常用的结构体系。

【释】框剪结构体系充分发挥了剪力墙抗侧刚度大的优势，解决整体结构对变形控制的需求，避免了框架体系梁柱构件尺度过大对使用空间的影响，框架满足了灵活空间使用的需求。

框剪结构中框架与剪力墙沿高度协同分担地震作用的特点如图 5.4.1.1。水平力作用下剪力墙的变形为弯曲型，结构底部层间变形较小，顶部层间变形较大，而框架的变形为剪切型，其层间变形则相反，变形协同后，两者剪力分配调整。

因此，应根据框架与剪力墙沿高度分布的剪力情况，调整框架和剪力墙的刚度，例如对于剪力墙应随高度有规律地减薄，否则顶部墙体偏厚反而对结构整体性能不利。

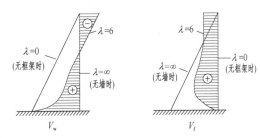

图 5.4.1.1　框架-剪力墙结构受力特点

图中：V_w—剪力墙分担的剪力；V_f—框架分担的剪力；
λ—刚度特征值，无量纲参数，与框架和剪力墙的刚度比有直接关系。

5.4.1.2　框剪结构设计思想的重点在于二道防线的实现：在地震作用下，剪力墙先于框架损伤，框架部分应具有作为二道防线的能力，及对应的能力冗余，即人为对框架部分的地震剪力进行调整。

【释】框架承担地震剪力的调整，关注以下环节：

1）规范对于框架剪力的调整公式适用于侧向刚度沿竖向基本均匀的情况；

2）当框架柱数量沿竖向有规律分段变化时，应分段进行调整。

5.4.1.3　剪力墙布置应结合建筑功能，平面布置宜对称分散，周边宜设置墙以增加抗扭刚度；竖向宜保持连续，避免刚度突变；楼盖局部较弱时应特殊处理。

【释】剪力墙的设置，不应随意，宜：

1）剪力墙布置应结合楼、电梯间，可考虑使用未来改造几近不动的位置，例如卫生间、机房等相对固定房间；应注意避开景观视野好的建筑角部、可以打通的大空间等处；

2）部分剪力墙不能贯通全高，截止位置层的上下刚度会发生突变，对抗震不利，该层楼板采用现浇楼板，板厚不宜小于 160mm；

3）部分剪力墙不能贯通全高，顶层或顶部几层如形成少墙框剪，与剪力墙截止层相邻的上层柱应采取有效的加强措施，提高其变形能力，避免柱根部过早出现塑性铰；

4）当剪力墙之间楼屋盖长宽比超过【抗规】6.1.6 条或剪力墙间距超过【高规】8.1.8 条时，墙间楼板计算时应计入楼板变形，设置为弹性板；

5）当剪力墙之间的楼板有较大开洞，洞侧各部结构抗侧刚度不同，两侧结构较难变形协同时，可考虑在两侧适当部位设墙。应补充包括整体模型（按弱弹性楼板或零楼板分析）和各分部模型的多种分析模型进行承载力包络设计（分部模型不计变形），对薄弱的连接部位应适当加大楼板厚度或增设楼面水平支撑。

5.4.1.4 梁支承在剪力墙的做法：

1. 在剪力墙平面内，与墙连接的框架梁，应按刚接考虑。当负弯矩过大时，可对竖向荷载下的梁端弯矩进行调幅，调幅系数可取 0.6～0.85，但设计时应将梁端按刚接和铰接分别计算，检查对周边构件的影响，并包络设计。

【释】对抗震结构，控制弯矩含地震作用的组合调幅系数一般情况可按恒＋活的 80% 调幅，特殊情况还可以更低，详图 5.4.1.4；当梁尺度受限时，梁端可按 2.5～2.75% 配筋率配筋，并满足强剪弱弯和正常使用阶段的要求。

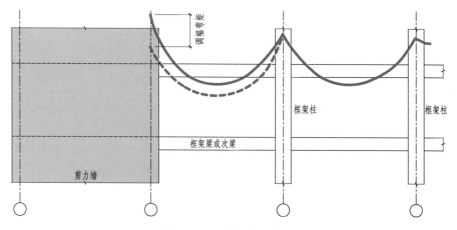

图 5.4.1.4 梁调幅示意图

2. 在剪力墙平面外，与墙连接的梁，当墙与跨度较大的梁为刚接或部分刚接时，宜按梁宽＋2 倍墙厚的暗柱复核墙平面外承载能力，当外框梁与秃头墙连接时，宜取梁宽＋1 倍墙厚作为暗柱，承担框架梁梁端弯矩。

【释】梁与剪力墙连接处，应根据梁的跨度及重要性、荷载大小、支承墙的重要性及总墙量的多少等综合考虑是否设暗柱，不必遇梁就设暗柱；对于跨度较大楼面梁与墙相交时，宜设墙垛或暗柱，暗柱竖向筋应能承担设定的梁端弯矩。

5.4.1.5 较大跨度楼面梁或柱子不宜支承在连梁上，无法避免时可采用的处理方法：

1. 连梁内设置锚固于两侧墙内的附加吊筋详图 5.4.1.5-1，吊筋应承担 100% 的楼面

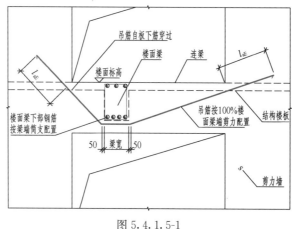

图 5.4.1.5-1

梁端剪力，并楼面梁按此端简支配置下部纵筋。

2. 连梁内配置型钢，详图5.4.1.5-2，图示中当荷载较大时配置暗柱内型钢。

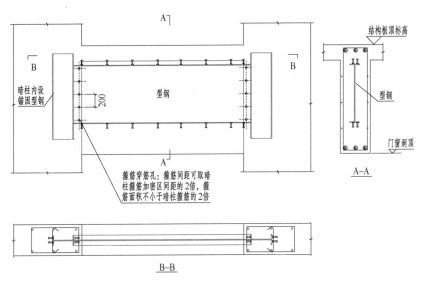

图 5.4.1.5-2

【释】较强地震时，连梁率先破坏进入耗能，其本身易发生剪切破坏。连梁破坏后楼面梁的安全受影响，可能会发生梁、板坍塌。故较大跨度的梁不宜支承在连梁上，也不宜在连梁上立柱子。不可避免时，应采取措施。

1）跨度较小（如不大于3m）的楼面次梁支承在连梁上时，次梁端部可按铰接，同时连梁箍筋宜按受扭箍筋设计，与楼面梁垂直的两侧楼板钢筋宜上下贯通；

2）跨度较大楼面梁支承在连梁上时，连梁按本条加强，对楼面梁两侧楼板钢筋双层双向贯通，并按【高规】3.12.3～3.12.5条进行楼板局部抗倒塌设计，设计时不考虑效应折减系数，竖向荷载取抗震计算的重力代表值，材料强度按【高规】3.12.5条执行。

5.4.1.6　应根据框架部分承担的地震倾覆弯矩与结构总地震倾覆弯矩的比值，对照【高规】8.1.3条采用不同的设计方法，详见表5.4.1.6。

框剪结构按框架部分承担倾覆力矩比对应的设计方法　　　　　表 5.4.1.6

$\lambda=M_f/M_0$	最大适用高度	框架要求	剪力墙要求	侧向位移控制指标	备注
$\lambda\leqslant10\%$	框剪结构（不包括底部几层裙房框架）	框剪结构	剪力墙结构	剪力墙结构	少框架剪力墙
$10\%<\lambda\leqslant50\%$	框剪结构	框剪结构	框剪结构	框剪结构	框剪结构
$50\%<\lambda\leqslant80\%$	表5.4.1.6-1	宜按框架结构	框剪结构	框剪结构	少墙框剪
$\lambda>80\%$	表5.4.1.6-1	应按框架结构	框剪结构	表5.4.1.6-2	少墙框架

【释】表中M_f—结构底层框架部分承受的地震倾覆力矩，M_0—结构总地震倾覆力矩，并关注下列环节：

1) 框筒结构的框架部分对照【高规】9.1.11 条核查；

2) 少墙框架结构中，剪力墙的抗震等级可与框架相同，剪力墙宜设计为短墙，提高延性；其框架部分承载力，按框架结构模型和框剪结构模型二者包络设计。当层间位移角不满足 1/800 的规定时，应满足表 5.4.1.6-2 的要求，且需进行性能化设计和论证。

框剪结构 $M_f/M_0 > 0.5$ 时最大适用高度（m） 表 5.4.1.6-1

$\lambda = M_f/M_0$	设防烈度		
	6 度	7 度（0.1g/0.15g）	8 度（0.2g）
0.5～0.6	110	95	80
0.6～0.7	80	75	60
0.7～0.8	70	60	50
>0.8	60	50	40

少墙框架结构侧向位移控制指标 表 5.4.1.6-2

$\lambda = M_f/M_0$	0.85	0.90	0.95
$\Delta u/h$	1/700	1/650	1/600

5.4.1.7 少墙框剪、少墙框架结构的侧向刚度较一般框剪结构低、侧向位移大，为避免其剪力墙的过早破坏及在剪力墙破坏后对结构竖向承载力的影响，宜采取以下措施：

1. 对称布置剪力墙，避免因剪力墙位置偏置产生较大刚度偏心而增大结构的扭转效应；

2. 剪力墙的截面长度不宜长，总高与截面长度之比不应小于 3，不满足时可采取墙体开竖缝、开结构洞等措施，以提高剪力墙的延性；

3. 避免剪力墙个别墙肢承受很大的楼面重力荷载，减少剪力墙破坏后对结构竖向承载力的影响，可采用加边框（暗）梁方式，配筋可参照 5.4.1.9 条。

5.4.1.8 开敞墙肢端部宜设置边框柱作为端柱，但封闭墙肢或转角墙处可不设边框柱。

【释】边框柱具以下特点及要求：

1) 可提高平面内抗弯刚度和承载力，对墙体形成有效约束，提高墙体吸收地震能量的能力；同时，还有利于框架梁的布置；

2) 是墙体的一部分，准确说是墙体边缘构件的一部分，程序计算时，边框柱的抗震等级应调整为剪力墙抗震等级，否则程序默认为框架抗震等级；

3) 柱配筋应首先满足墙体边缘构件的要求；如果在与墙垂直方向需支承梁，则同时需满足框架柱的要求。

5.4.1.9 剪力墙有端柱（边框柱）或单独墙肢宜设置暗梁（或边框梁）。该梁的截面高度可取墙厚的 1～2 倍并不宜小于 400mm，配筋应满足同层框架梁相应抗震等级的最小配筋要求，其端部不需按框架梁要求箍筋加密。对于较重要的建筑，其底部加强区及以上一至二层尚宜满足本层竖向荷载要求。地下室（嵌固层以下，不含嵌固层）不需设置该梁。

【释】暗梁设置，基于：

1) 地震时剪力墙有可能出现裂缝，剪力墙边框柱、暗梁对墙起到约束作用，限制裂缝跨层贯通，同时起承担竖向荷载的作用，防止结构垮塌；

2) 并非所有的剪力墙均需设暗梁，一般而言，承受竖向荷载较大、与框架平面重合

（带边框柱）的剪力墙，需设置暗梁；

　　3）暗梁不存在出现塑性铰的可能，不需要端部箍筋加密。

5.4.1.10　框剪结构中，楼梯周边宜设置剪力墙；当楼梯周边不能布置剪力墙时，楼梯及周边构件的抗震措施应满足框架结构中楼梯的设计要求。框剪结构的楼梯构件可不参与整体抗震计算。

5.4.2　规范关注

规范关注　　　　　　　表 5.4.2

序	规范		关注点
	名称	条目	
1	【抗规】	6.1.3-1	少墙框架设计
2		6.1.6	剪力墙之间楼盖的长宽比
3		6.1.8	剪力墙布置要求
4		6.2.13	抗震计算要求
5		6.5.1	剪力墙墙厚要求
6		6.5.2	剪力墙配筋要求
7		6.5.4附注	少墙框架中剪力墙构造要求
8	【高规】	3.9.1～3.9.4	结构抗震等级
9		8.1.3	框剪结构设计方法
10		8.1.4	框架剪力调整
11		8.1.7，8.1.8	剪力墙布置要求
12		8.2.1	剪力墙配筋要求
13		8.2.2	带边框剪力墙构造要求

5.5　部分框支剪力墙结构

5.5.1　措施标准

5.5.1.1　应正确理解部分框支剪力墙结构的适用范围：

　　1. 部分和局部的区别：对于整体结构中仅有个别结构构件需进行转换的结构，如剪力墙结构不落地墙的截面面积不大于总截面面积的 10%，只要框支部分的设计合理且不致加大扭转不规则，仍可视为剪力墙结构，其适用最大高度可按全部落地的剪力墙结构确定。如图 5.5.1.1 所示；

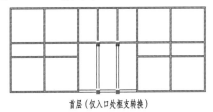
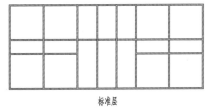

首层（仅入口处框支转换）　　　　　　　　标准层

图 5.5.1.1　含个别转换构件的剪力墙结构

2. 对嵌固部位以下转换的结构，其适用高度不必按部分框支剪力墙结构确定，但是应注意部分框支部位的两侧应有抗侧能力较强的落地剪力墙。

5.5.1.2 应避免角柱为框支柱。

5.5.1.3 准确判断是否属于转换结构构件，对于转换层相邻层楼板应适当加强。框支柱、框支梁可根据图 5.5.1.3 判断，正常情况下，图中框支柱应延伸至基础。

5.5.1.4 非落地剪力墙在转换层上一层的楼板处应设暗梁并贯通纵筋，详见图 5.5.1.4。

5.5.1.5 上部剪力墙中心线宜与转换梁中心线重合，当有偏差时，对整层高的框支梁可利用上下层拉通上下钢筋的楼板抗扭，其他应在框支梁跨中布置多道垂直方向次梁，由次梁受弯承担偏心可能引起的框支梁扭矩。

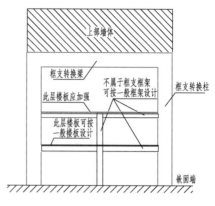

图 5.5.1.3 框支梁、柱的判断

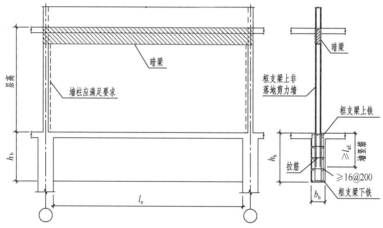

图 5.5.1.4 框支层上一层暗梁的布置

5.5.1.6 部分框支剪力墙结构的计算一般可分为 4 步：

1. 采用三维空间整体结构模型得到相关构件的内力；

2. 局部关键部位采用细分的有限元分析；

3. 判断应力分布的合理性，并取适当截面高度的构件部分求和内力；

4. 根据内力设计配筋。

【释】有限元分析的范围一般应为框支层及以上 3 至 4 层墙体，对于跨度较大或上部墙开洞较复杂的墙体高度应进一步加高。底层框支梁柱的有限单元划分宜选用高精度元，在梁柱全截面高度上可划三至五等分，上层墙体可结合洞口位置均匀划分。

5.5.1.7 框支梁高不宜小于计算跨度的 1/8。当梁高受限时，可以采用加腋梁。当荷载较小时，梁高也可适当减小。

【释】框支梁往往与其上部墙体共同承担竖向荷载，不必特别强调增大其截面。但当上部墙体有开洞且洞口临近框支梁支座时，无法形成有效的整体转换构件，首先宜避免这种情况的框支转换结构，无法避免时，框支梁需仔细评估并适当加强。

5.5.2　规范关注

序	规范		关注点
	名称	条目	
1	【混规】	11.2.1	框支梁、框支柱混凝土强度等级
2		11.4.1	框支柱与框支梁之间不必考虑强柱弱梁【释 1】
3		11.7.17	约束边缘构件
4	【抗规】	6.1.9	剪力墙设置
5		6.1.10	底部加强部位
6		6.2.2	框支柱与框支梁之间不必考虑强柱弱梁
7		6.2.7	墙肢小偏心受拉
8		6.2.10	框支柱剪力调整、轴力、弯矩放大、梁柱偏心
9		6.2.11	落地墙墙肢受剪验算、大偏心受拉
10		6.2.12	框支层楼板【释 2】
11		附录 E.1	
12		6.4.5	边缘构件
13	【高规】	3.10.4	特一级框支柱
14		3.10.5	特一级落地剪力墙
15		6.2.1	框支柱与框支梁之间不必考虑强柱弱梁【释 1】
16		7.2.14	约束边缘构件
17		10.2.2	转换层、底部加强部位
18		10.2.3	转换层、侧向刚度比
19		附录 E	
20		10.2.4	转换结构、地震作用放大、竖向地震作用
21		10.2.5	框支层位置
22		10.2.6	转换层、抗震等级提高
23		10.2.9	避免次梁转换
24		10.2.11	框支柱剪力调整、轴力、弯矩放大、配筋做法
25		10.2.13	箱形转换结构
26		10.2.14	厚板转换
27		10.2.16	框支柱、落地墙、墙洞、框支梁
28		10.2.17	框支柱剪力调整
29		10.2.18	落地墙弯矩放大、偏心受拉
30		10.2.20	约束边缘构件
31		10.2.23	框支层楼板【释 2】
32		10.2.24	

【释 1】 框支梁截面很大，难以做到强柱弱梁。对于框支转换结构最重要的是加强转换层及下部结构的整体抗侧刚度，避免形成上刚下柔的结构，其次是加强转换层楼板，使不落地剪力墙的剪力可靠地传递给下部剪力墙。

【释 2】 框支层的楼板有传递更多水平力的需求，应构造加强。应特别关注剪力的传递途径，并宜缩短传力路径。对于一层或多层高的框支梁，宜在框支梁截面上下均设置楼板。

　　如柱网区格内有十字次梁或井字梁时，板厚可减至 150mm，剪力设计值同样需要满足计算要求。与转换层相邻楼层的楼板也应适当加强，楼板厚度不宜小于 150mm，宜双层双向配筋。

5.5.3　构件节点

5.5.3.1　框支梁上部墙体的配筋加强范围详图 5.5.3.1-1，做法示意图详图 5.5.3.1-2。

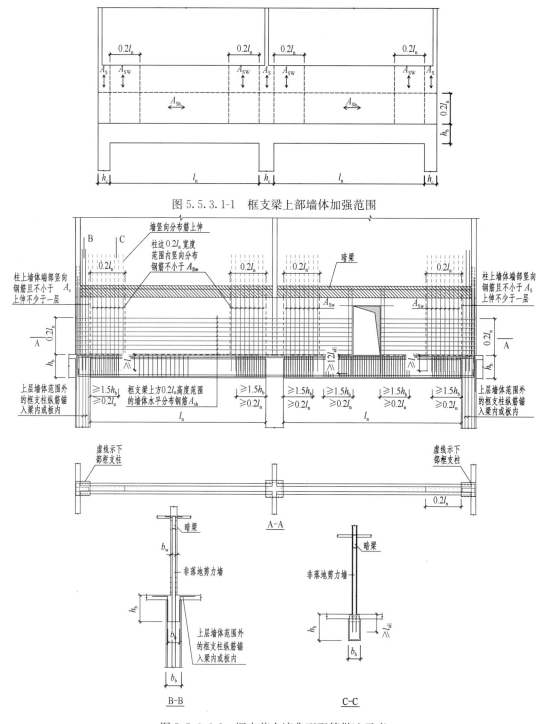

图 5.5.3.1-1　框支梁上部墙体加强范围

图 5.5.3.1-2　框支剪力墙典型配筋做法示意

5.5.3.2　框支梁抗剪承载力不满足要求时，可采用增设抗剪型钢的措施，详图 5.5.3.2。

5.5.3.3　框支梁上部的墙体开有门窗洞时，构造详图 5.5.3.3。

5.5.3.4　框支梁开洞加强构造详图 5.5.3.4。

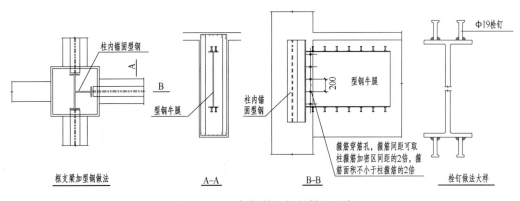

图 5.5.3.2　加抗剪型钢的做法示意

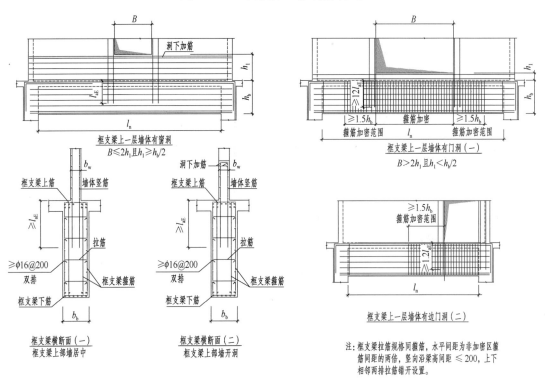

注：框支梁拉筋规格同箍筋，水平间距为非加密区箍筋间距的两倍，竖向沿梁高间距 ≤200，上下相邻两排拉筋错开设置。

图 5.5.3.3　框支梁上墙洞边加强做法示意

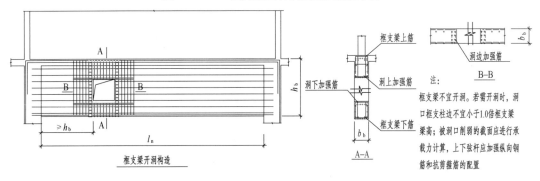

注：
框支梁不宜开洞。若需开洞时，洞口框支柱边不宜小于1.0倍框支梁高；被洞口削弱的截面应进行承载力计算，上下弦杆应加强纵向钢筋和抗剪箍筋的配置

图 5.5.3.4　框支梁开洞做法

5.6 筒 体 结 构

5.6.1 措施标准

5.6.1.1 框架-核心筒与筒中筒两种筒体结构抗侧受力性能不同，要求也不同，设计中应注意区分。框架-核心筒抗侧主要依靠内部筒体，筒中筒则外部框筒抗侧刚度较大，作用与内部筒体较接近。

【释】 筒体结构适用于较高的高层建筑。

筒中筒结构是指外围"框筒"（源自英 Framed-Tube）和内侧剪力墙核心筒组成的结构。框筒：一般指房屋周边布置了间距较密的柱子（间距常为 4m 左右），柱之间由具有较大刚度的窗间高梁与柱刚接，形成一个由框架组成的、抗侧刚度较大的筒体。

"框架-核心筒"（源自英 Frame-Corewall）结构，是指房屋周边为稀柱框架（柱间距常为 8m 左右或更大），中部有剪力墙筒体，抗侧刚度较普通单肢墙或联肢墙强较多。现规范通称为"框架-核心筒结构"，并归入"筒体结构"类。

【高规】 9.1.2 条对应的特殊类型，归入"框架-剪力墙"结构。

5.6.1.2 框架-核心筒结构设计应注意合理确定构件尺寸，减轻自重。

【释】 如对核心筒应随高度有规律地减薄，关注梁尺度、布置（特别平面角部）问题。

5.6.1.3 核心筒外围墙和内部墙宜采取不同厚度，外墙作用大应厚，内墙减薄。应注意避免外圈开洞距离角部过近，以及核心筒内墙肢过密。

5.6.1.4 筒过小、过偏的框架-核心筒结构，如图 5.6.1.4 所示，结构体系不合理，设计中应注意避免。

【释】 内筒过小过偏，双抗侧力体系的第一道防线过弱，而且内筒偏置，其质心与刚心的偏心距往往较大，导致结构在地震作用下的扭转反应增大，会出现墙肢抗剪能力不足和墙体受拉较大问题，应避免。

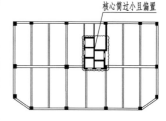

图 5.6.1.4 筒过小、过偏的框架-核心筒结构示意

5.6.1.5 外框筒柱上、下层不贯通采用桁架转换时，桁架宜采用钢结构。

【释】 桁架转换层在地震作用下，有可能受拉、压力反复作用。

5.6.1.6 对于设防烈度较高，建筑高度较高时，可在建筑设备层设置环带桁架或伸臂桁架，但环带和伸臂设置与否、数量、位置等宜做敏感性分析后确定。

5.6.1.7 对于圆形平面，内外筒间梁宜选用均匀放射状布置方案，网格划分均匀，与常规主次梁布置方案比较，可使梁高小、净高大、用钢量较小（图 5.6.1.7）。

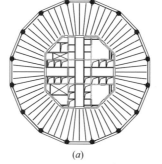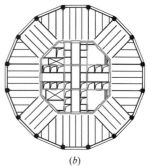

(a)   *(b)*

图 5.6.1.7 圆形平面内外筒间梁布置示意图
（a）均匀放射状布置；（b）常规主次梁布置

5.6.1.8 为加大净高，外框架（或外筒）与内筒之间的梁高取值可按计算跨度的 1/15～1/22，次梁宜平行主梁布置。一般外围边梁高度可大一些（结合层间防火阻隔的要求），角部可双向或斜向布置（图 5.6.1.8）。

5.6.1.9 对于核心筒内部楼板，不需要特别加厚。

【释】 核心筒抗侧时受力接近悬挑梁，内部楼板作为内隔板，可以起到保证墙体（肢）稳定的作用，但没必要有意加厚，徒增重量。

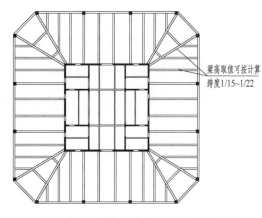

图 5.6.1.8　外框架（或外筒）与内筒之间的梁布置示意图

5.6.1.10 外框柱与筒体墙平面内连接的梁，搭墙端需按抗震延性要求设计；与核心筒墙平面外连接的梁，与墙可按铰接分析，但与外框柱相连端宜考虑抗震措施。具体做法详 5.4 框架-剪力墙。

5.6.2　规范关注

规范关注 表 5.6.2

序	规范		关 注 点
	名称	条目	
1	【抗规】	6.7.1.2	框架-核心筒结构框架部分承担的地震剪力要求【释1】
2		6.7.2.2	筒体的约束边缘构件要求【释2】
3		6.7.2.3	核心筒或内筒的开洞要求
4		附录 E.2	筒体结构转换层相关抗震设计要求
5	【高规】	9.1.2	结构高度和空间整体作用的关系
6		9.1.4	楼盖外角的配筋要求
7		9.1.11	框架-核心筒结构框架部分承担的地震剪力要求【释1】
8		9.2.2	筒体的约束边缘构件要求
9		9.2.3	框架-核心筒结构的周边柱间框架梁设置要求
10		9.2.4	核心筒连梁的受剪截面计算和构造要求
11		9.2.6	内筒偏置、长宽比大于2的框架-核心筒结构布置
12		9.2.7	框架-双筒结构的双筒间楼板开大洞计算和构造
13		9.3.1	筒中筒结构的平面形状选择
14		9.3.4	筒中筒结构三角形平面切角
15		9.3.5	外框筒柱距、开洞率、梁尺寸要求
16		9.3.6	外框筒梁和内筒连梁截面尺寸抗剪要求
17		9.3.7	外框筒梁和内筒连梁的构造配筋要求
18		10.2.8-9	托柱位置设正交方向梁
19		10.2.27	桁架托柱转换要点

【释1】 应加减法并用：若整体刚度足够时可对核心筒做减法，如减小墙量、墙厚、减小连梁刚度、做双连梁等。

【释2】 建议调整为图 5.3.3.1 做法，约束边缘构件通常需要一个沿周边的大箍，采用箍筋与拉筋相结合的配箍方法，施工简便，更好地约束周边大箍。

5.7　板柱-剪力墙结构

5.7.1　措施标准

5.7.1.1　对于板柱结构的抗震，应针对其抗侧刚度较弱的特点，设置剪力墙、支撑等抗侧构件，增强其抗震能力。并可适当设置框架梁，使结构形成板柱-框架-剪力墙体系。

【释】 增设剪力墙、框架梁是提高板柱结构抗震性能的最有效途径，不仅可以减少结构侧移和节点弯矩，还可以减少非结构构件的损坏，如图 5.7.1.1 所示。

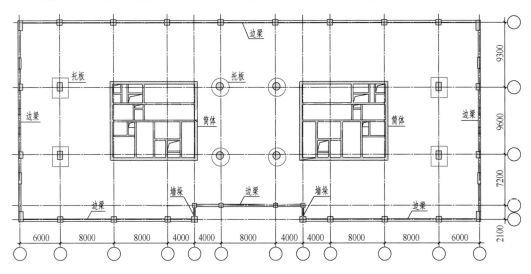

图 5.7.1.1　某大厦板柱-框架-剪力墙综合体系

5.7.1.2　地下室采用板柱体系时，应留有足够安全度，除保证设计到位外，在施工图总说明中对施工中、竣工后维护的注意事项应进行详细说明，并应提供覆土位置处楼板的承载力分布平面图，用于施工及运维，以确保全生命周期的结构安全。

【释】 无梁楼盖地下室，近来接连发生倒塌事故的共性问题：

1）均发生在有覆土的地下室顶板，施工时局部覆土厚度超载多而发生连续倒塌，是造成地下室无梁楼盖发生破坏的主要原因之一；

2）板柱节点受冲切承载力验算不满足规范要求；

3）对【抗规】6.6.4-3 款的防脱落措施认识不足、设计中未到位。

以下摘录住建部《关于加强地下室无梁楼盖工程质量安全管理的通知》中与设计相关的内容，应严格执行并写入设计总说明，落实到设计中：

"在无梁楼盖工程设计中考虑施工、使用过程的荷载并提出荷载限值要求，注重板柱节点的承载力设计，通过采取设置暗梁等构造措施，提高结构的整体安全性。要认真做好施工图设计交底，向建设、施工单位充分说明设计意图，对施工缝留设、施工荷载控制等提出施工安全保障措施建议，及时解决施工中出现的相关问题。"

"对已经投入使用的地下室无梁楼盖进行认真排查，不得随意增加顶板上部区域的使用荷载，不得随意调整地下室上部区域景观布置、行车路线、停车场标志灯，需要调整的必须经原设计单位或具有相应资质的设计单位荷载确认后依法调整。"

5.7.1.3 对于图5.7.1.3中的结构，应判别为框架-核心筒结构，而非板柱-剪力墙结构。应按框架-核心筒结构进行设计，但要注意内筒与外框架间宜采用加暗梁方式适当加强。

5.7.1.4 认真履行验收职责，尤其重点检查图示关键部位（图5.7.1.4），确保施工过程中及完成后重点冲剪截面无开裂情况。

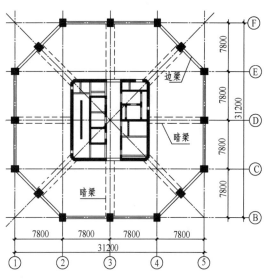

图5.7.1.3 某大厦结构体系判别示意

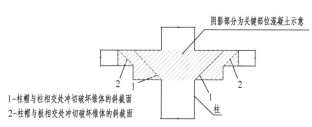

1-柱帽与柱相交处冲切破坏锥体的斜截面
2-柱帽与板相交处冲切破坏锥体的斜截面

图5.7.1.4 关键部位示意

5.7.2 规范关注

规范（图集）关注　　　　　　　　　　　　　　　　　表5.7.2

序	规范		关 注 点
	名称	条目	
1	【混规】	6.5.2	开洞时冲切承载力计算用截面周长
2		附录F	板柱节点不平衡弯矩作用下等效集中反力【释1】
3	【抗规】	6.6.2	墙、梁、托板（柱帽）的布置
4		6.6.3	抗震计算
5		6.6.4-1	无柱帽增设暗梁及其构造【释2】
6		6.6.4-3	防塌落钢筋【释3】
7	【高规】	8.1.9-1	剪力墙布置
8		8.1.9-2	框架梁布置
9		8.1.9-5	板厚与长跨的比值表
10		8.1.10	抗侧力计算中承担的剪力
11		8.2.4-3	无梁楼板开洞要求及示意图【释4】

序	规范		关 注 点
	名称	条目	
12	【升板标准】	3.3.8	升板结构的最大适用高度
13		4.3	升板结构使用阶段竖向荷载和侧向作用效应计算
14		5.3.1～5.3.5	矩形柱网的无粘结预应力混凝土板柱结构水平和垂直荷载作用下的内力计算
15		5.3.6	平板开洞要求及示意图【释4】
16	【无粘结规】	5.3.11	现浇板柱节点形式及构造设计
17		5.3.15	板柱结构计算受冲切力时临界截面周长的取值及附图
18		5.3.19	抗冲切栓钉配置规定及排列
19		附录C	等效柱的刚度计算及等代框架计算模型
20	【G329图集】	表49	无梁楼板开洞要求及示意图【释4】

【释1】 大多数通用软件计算时未考虑不平衡弯矩引起的冲切力，需设计人自行验算，详附录14-1。

【释2】 暗梁箍筋可限制上下部纵筋的剥落，使抗倒塌能力有显著提升。暗梁纵筋可利用柱上板带配筋，做法详图5.7.2-1。应注意：暗梁不存在地震时出现塑性铰的问题，无需按抗震要求箍筋加密。如需箍筋参与抗冲切者应按计算配置，不需要者仅按构造配置。

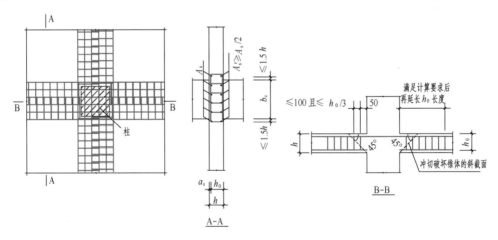

图 5.7.2-1　暗梁构造图

【释3】 此条防脱落措施无论结构抗震与否，通用于板柱楼盖，即控制沿两个主轴方向通过柱截面的板底连续钢筋的总截面面积（详图5.7.2-2）。在烈度8度及以上时，尚宜计入竖向地震作用。

【释4】 关于无梁板开洞的大小及示意图，各个规范、图集不一致。可参考【G329图集】5-2页表49及其相关要求。

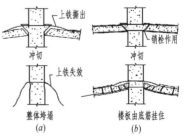

图 5.7.2-2　板柱结构防脱落示意
（a）没有连续底筋；(b) 有连续底筋

5.7.3　构造做法

5.7.3.1　板柱结构的板配筋详图 5.7.3.1，图中 $L_2 > L_1$、$L_2 > L_3$。

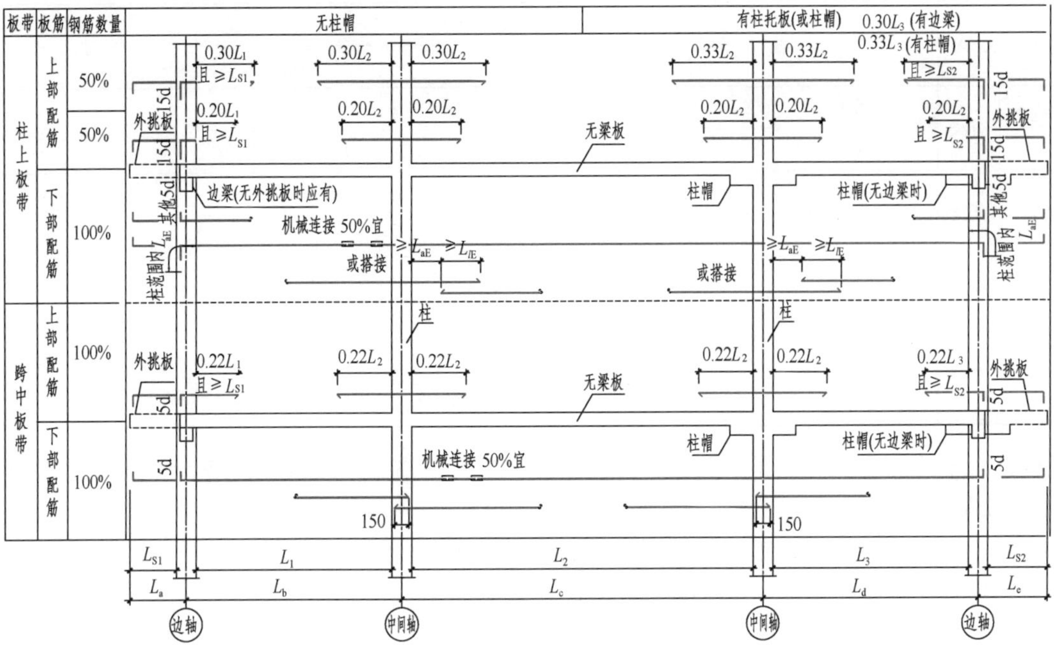

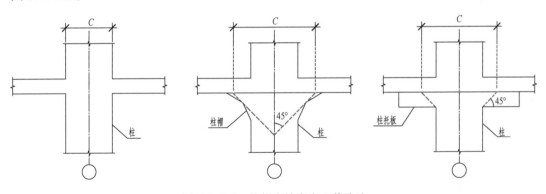

图 5.7.3.1　无梁楼板配筋构造图

5.7.3.2　柱帽配筋做法详【G329 图集】5-3、5-4 页，其有效宽度 C 是计算关键，详图 5.7.3.2。

图 5.7.3.2　柱帽有效宽度 C 值取法

5.8　屋 盖 楼 盖

5.8.1　措施标准

5.8.1.1　屋盖楼盖（简称"楼盖"）设计应关注承载力、刚度及舒适度、耐久性（【混规】3.5 节）、防火厚度（【防火规】5.1.2 及附录附表 1-五）的要求，并应具有良好的整体性，以提高结构空间协同工作能力。

5.8.1.2 混凝土楼盖以预制（含叠合类）、现浇划分，基于正常民用建筑荷载的常规跨度（$\not> 10m$）下，可不进行刚度评估的现浇梁板截面，高（厚）度取值可参照下表：

构件类型		传力性质	支承状况			备注
			悬臂	简支	连续	
板	有梁	单向	$L_0/10 \sim L_0/12$	$L_0/25 \sim L_0/30$	$L_0/30 \sim L_0/35$	L_0：短边跨度
		双向	$L_0/13 \sim L_0/15$	$L_0/40 \sim 1/45$	$L_0/45 \sim L_0/50$	
	无梁	无柱帽	—		$L/30 \sim L/35$	L：轴线跨度
		有柱帽	—		$L/32 \sim L/40$	
梁		一般	$L/5 \sim L/7$	$L/12 \sim L/16$	$L/12 \sim L/20$	L：计算跨度
		单向密置	—		$L/18 \sim L/22$	
		井字		$L_0/15 \sim L_0/20$		L_0：短边跨度
		框支		$L/6 \sim L/8$		

【释】对于特殊需求的板厚、梁高要求，可经计算对配筋、挠度及裂缝评估后确定。并可结合以下方法：

1）增设受压钢筋，可考虑梁受压区现浇板（翼缘）的有利作用；

2）适当调整梁宽度、压低高度，形成宽扁梁；

3）内置型钢；

4）增设预应力筋。

在验算挠度时，可将计算所得挠度值减去构件的起拱值。

5.8.1.3 承托防火墙的楼板，一般会要求墙下设梁且要求耐火极限同防火墙，当结构不便加梁时，可与消防审查部门沟通协商，采取在板底喷涂防火涂料或包防火板等措施。

【释】鉴于【防火规】6.1.1条要求在实际工程中，防火墙设置的不确定性，该要求结构设计、施工阶段难以实现，可在条件稳定后，与主管部门协商，采取：

1）在商定范围内采取防火措施，使结构构件的耐火极限同上托防火墙；

2）在防火墙对应板下后置钢梁，并采取防火措施，使该钢梁的耐火极限同上托防火墙。

5.8.1.4 钢筋混凝土连续梁、框架梁、连续单向板、双向板在竖向荷载作用下的内力计算，可考虑塑性内力重分布，并应关注【混规】5.4节的适用性。

5.8.1.5 双向板宜按塑性分析法设计。

【释】双向板塑性分析法是按塑性铰线理论计算，使用时沿塑性铰线并无开裂现象。塑性分析法与弹性分析法相比，经济性好。

5.8.1.6 现浇双向板的配筋方式，为便于施工，通常采用分离式配筋，弯起式配筋已很少采用。双向跨中下部钢筋合理排放位置，应短跨方向在下，长跨方向在上。双向板配筋见图5.8.1.6。需要注意：多跨板连续支座处上部钢筋长度应按相邻两块板中的大值取用。

5.8.1.7 现浇板内埋设机电暗管时，最小板厚应根据所埋暗管直径和密集程度确定且不小于110mm，管外径不应大于板厚的1/3，但管子交叉处可不受此限制。配电间所在区域板内电线暗管较为密集，楼板厚度可与电气设计人协商确定，局部出线区域不宜小于

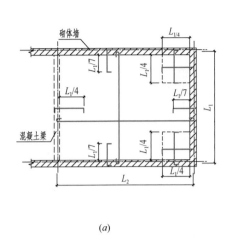 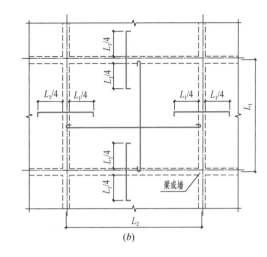

图 5.8.1.6 双向板配筋

（*a*）单跨双向板（$L_2 > L_1$）；（*b*）多跨双向板（$L_2 > L_1$）

140mm。暗管应放置在板内上下钢筋网片之间。

【释】在管子交叉处，两根管子的外径相加值可以大于 1/3 板厚，但此时管子外皮的混凝土保护层厚度应≥25mm。切忌因局部的管线交叉，带来整个楼板厚度的增加。

5.8.1.8 悬挑板在转角处应按图 5.8.1.8 配置放射状上筋，配筋量应按斜向悬挑长度计算确定，钢筋进入支座后锚固长度应不小于斜向悬挑板长度且不小于 l_a。放射状上筋标注的间距，以支座梁外皮转角处所在位置为准。

5.8.1.9 当悬挑板支座弯矩需由支承构件内侧的楼板平衡时，支座内侧的楼板厚度不宜小于支座外侧悬挑板厚度，当支座两侧板厚不一致时，应按厚度较小者计算配筋。悬挑板上部纵筋伸入支座内侧板跨内长度

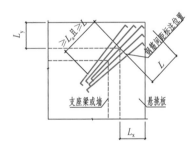

图 5.8.1.8 悬挑板转角处配筋

应以弯矩图为准，且从支承构件内侧边起算，不小于悬挑板悬挑长度、l_a 和 $L_0/4$（L_0 为支座内侧楼板短边的计算跨度）三者中较大值。悬挑板支座梁应考虑受扭，扭矩值由悬挑板支座两侧不平衡弯矩计算得出。

5.8.1.10 预制预应力圆孔板

1. 规格：2.1～4.8m 的短跨板和 4.8～7.2m 的长跨板，长度模数级差 300mm；短跨板厚度为 120mm，长跨板厚度为 180mm，板宽：600mm、900mm、1200mm 三级；

2. 当板上有集中荷载时（如沿横向布置的隔墙等），应验算预制板的允许弯矩；

3. 应按【混规】9.5.2-2、【高规】3.6.2 要求设置叠合层，板端伸出钢筋锚入端缝或预制梁叠合层内连接成整体（图 5.8.1.10）；

4. 邻潮湿房间（如浴室等）的楼板宜采用现浇板。

5.8.1.11 现浇混凝土空心楼板

1. 适用于大轴网公共建筑楼盖，但直接承受较大集中动力荷载的楼盖区域不应采用。按支承类型分为边支承和柱支承（属无梁平板楼盖）两类，见图 5.8.1.11-1。管形内孔

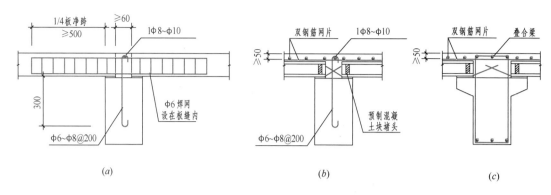

图 5.8.1.10　预制圆孔板与梁连接

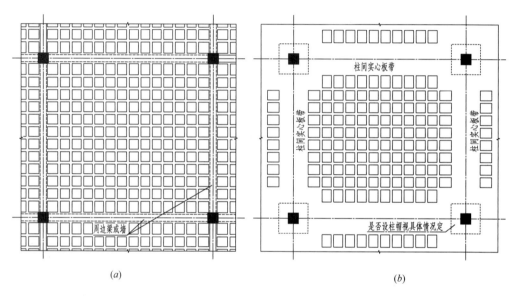

图 5.8.1.11-1　现浇空心楼板按支承类型分类示意图
（a）边支承空心楼板；（b）柱支承空心楼板

现浇空心楼板厚宜不小于 200mm，箱形内孔空心楼板厚宜不小于 250mm，构造详 5.8.1.11-2。

2. 比普通实心楼板抗剪能力差（剪力主要由板肋承担），当楼板空心率较高、楼面荷载较大、荷载分布不均、楼板开大洞等情况下，应对整体及局部板肋抗剪进行校核。

3. 配筋方式见图 5.8.1.11-3，其中图（a）用于板厚较薄；图（b）、（c）用于板厚适中；图（d）、（e）用于板厚较厚。

4. 板内线管宜在板肋内埋设，需控制拐弯数量并核查板肋抗剪承载力，不应布置在较薄整浇层内，在集中部位可减小内模板的尺寸。

5.8.2　常见问题

5.8.2.1　梁板整体浇筑的楼盖，当主梁一侧搭有较大次梁，且次梁按铰接假定时，主梁实际承受较大的扭矩，应控制次梁支座负筋，不应随意放大，并按次梁实际配筋核算主梁的受扭承载力。

5.8.2.2　采用多肢复合箍的受扭梁，常将计算的受剪、受扭箍筋均匀分到各肢，此时应

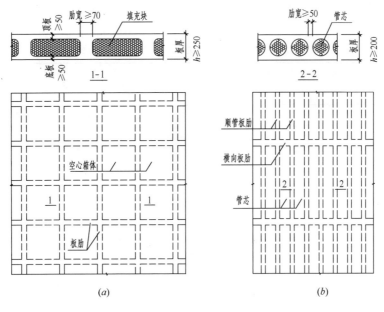

图 5.8.1.11-2 现浇空心楼板构造示意图

（a）箱形内孔空心楼板；（b）管形内孔空心楼板

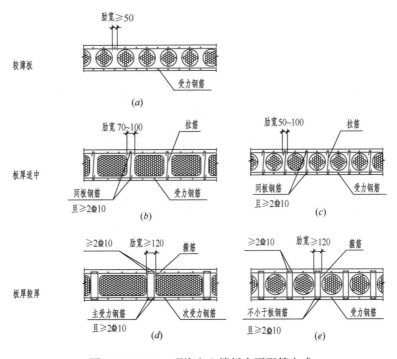

图 5.8.1.11-3 现浇空心楼板主要配筋方式

注意复核外圈封闭箍的截面积是否满足受扭箍筋计算值，外圈封闭箍应符合抗扭构造要求。

5.8.2.3 当楼面梁相交较复杂时，不应简单地按计算结果生成配筋，应注意分析梁之间的主次受力关系、钢筋重叠排布后进行配筋。

5.8.3 规范关注

表 5.8.3

序	规范		关 注 点
	名称	条目	
1	【混规】	8.5.1	纵向受力钢筋的最小配筋百分率
2		9.1.2	现浇板的最小厚度表
3		9.1.3	板中受力钢筋的最大间距
4		9.1.5	现浇空心楼板的空心率及截面的规定
5		9.1.6	现浇楼板的构造配筋
6		9.1.7	单向板分布筋
7		9.1.8	温度配筋、楼板平面削弱
8		9.2.13	梁两侧腰筋的配置要求
9	【高规】	3.6.3	地下室顶板、嵌固层、屋面板等最小板厚和构造要求
10	【防火规】	6.1.1	托防火墙构件的耐火极限
11		5.1.4	高度大于100m建筑楼板、屋面板的耐火极限
12		附录	构件的燃烧性能和耐火极限
13	【空心混规】	4.3.1	填充体材料
14		5.2、5.3、5.4	"拟板法"、"拟梁法"、"经验系数法"
15		7.1.2	现浇空心楼板适用跨度、跨厚比
16		7.1.8~7.1.10	现浇空心楼板配筋要求
17		7.3.5	无柱帽柱支承现浇空心楼板抗震设计要求

5.9 预 应 力

5.9.1 措施标准

5.9.1.1 预应力可提高混凝土构件的抗裂度和刚度，适用于跨度大、承载重的梁、板等构件，可有效减少构件截面尺寸，并适用于超长结构的抗裂控制和长悬挑构件的变形控制。

【释】预应力技术出现已近百年。由于在混凝土构件的受拉区预加了压应力，因此使混凝土受拉性能弱的弊端得以规避，受力性能大大提高。与普通混凝土相比，预应力混凝土具有许多优点：

1）提高了构件的抗裂度与抗渗性，增强了结构的耐久性；

2）提高了构件的刚度，减小了构件的变形；

3）可有效减小构件尺寸，并更充分发挥钢筋的作用，节约材料；

4）施加预应力时，预应力筋与混凝土都经历了一次强度检验；

5）对于大跨度、重荷载构件，构件尺度受限时，采用预应力可以较好地满足建筑功能的需要，且与普通混凝土构件的节点构造简单。局部大跨度区域采用预应力混凝土与采用钢结构相比，还具有防火性能好、耐久性好、管理维护方便的优点。

5.9.1.2 预应力筋分为：无粘结、有粘结、缓粘结三大类，在实践中各有其适用性，并均得到广泛应用。

5.9.1.3 无粘结预应力筋适用于板类构件、次梁、井字梁中的非框架梁、抗震等级二～四级框架梁。当悬臂梁根部截面由非预应力钢筋承担的弯矩设计值不少于组合弯矩设计值的65%或仅为满足构件的挠度和裂缝要求时，也可采用无粘结预应力筋。

【释】无粘结预应力筋不与周围混凝土粘结，可以自由变形，施工相对比较简单，无需预留孔道和灌浆，并且还可以降低摩擦损失，但易出现预应力筋破坏、锚固失效等，不宜按预应力筋的强度充分发挥进行设计。无粘结预应力适合在控制梁板温度应力、构件挠度、裂缝等时采用。

相比其他两类预应力筋的构件，无粘结预应力构件在极限强度上相对弱，且无粘结预应力筋可以自由滑移使应变沿全长大体相等，易造成预应力筋和端锚的疲劳，混凝土开裂时的裂缝数量少且裂缝宽度大等不足。

5.9.1.4 承重结构的预应力受拉杆件和抗震等级为一级的预应力框架不应采用无粘结预应力，应采用有粘结或缓粘结预应力。如，

1）抵抗地震作用的构件及大跨度重荷载结构构件；
2）在水下或高腐蚀环境中的结构构件；
3）长悬臂梁。

【释】有粘结预应力混凝土强度利用率较高，耐腐蚀、耐疲劳性能较好，从规范的层面上允许用在不超过8度抗震设防的所有结构构件中。但由于预应力筋孔道设置比较繁琐，孔道位置、灌浆作业质量难以保证、检验困难，因此对施工专业人员要求高。

基于无粘结和有粘结体系的特性和工程中存在的问题，自20世纪80年代日本学者研发了缓粘结预应力混凝土体系。预应力筋周围包裹一种缓凝材料，前期预应力筋与缓凝材料间几乎没有粘结力，与无粘结体系相同；后期缓凝材料固化，固化后强度高于混凝土，将预应力筋与混凝土粘接在一起，形成有粘结体系。因此，缓粘结体系综合了无粘结、有粘结的特点，吸取了无粘结和有粘结预应力的优点，规避了两者的缺点。

缓粘结专用粘合剂在结构投入使用前固化，施工阶段验算按无粘结预应力考虑；使用阶段承载力计算和正常使用极限状态验算均按有粘结预应力考虑。有研究表明缓粘结部分预应力梁的抗裂性能和极限承载力与部分有粘结预应力梁相近，甚至优于后者。近年来缓粘结预应力技术发展迅速，已在多项道路桥梁及民用结构工程项目中得到应用。

5.9.1.5 构件截面受到限制，配筋密集，采用有粘结预应力困难时，可考虑采用缓粘结预应力技术。

【释】有粘结预应力与缓粘结预应力的应用范围相同。但有粘结预应力孔道占用截面较大，且孔道间需要留出1.5倍孔道直径的间距，经常造成排筋困难。而缓粘结预应力筋的护套尺寸明显小于有粘结预应力孔道尺寸，更利于工程采用。

5.9.1.6 有粘结、无粘结及缓粘结预应力混凝土的设计步骤基本相同，但在计算公式的一些参数的取值存在差别，应正确采用。

5.9.1.7 预应力混凝土梁、板适用跨度及截面高度

预应力混凝土构件可实现的跨度及常规经济跨度　　　　表 5.9.1.7

构件类型	可实现的跨度（m）	常规经济跨度（m）
实心板	6～12	7～10
空心板	10～20	10～15
梁	15～40	15～25

5.9.1.8　连续梁或板跨度差异较大时，宜将大跨的预应力筋一部分或全部延伸至相邻小跨，同时加大小跨梁板截面或加腋。

【释】跨度差异较大的连续梁或板预应力筋通长配置时，应根据各跨的弯矩图调整预应力筋束形，或调整各跨预应力筋的配筋数量，防止短跨构件在张拉阶段或使用阶段反拱过大，造成混凝土出现裂缝。

5.9.1.9　设计中应合理控制预应力框架梁端混凝土受压区高度，预应力筋与非预应力筋面积比，非预应力筋不宜过度配置。

5.9.1.10　预应力钢筋与钢骨柱或钢骨梁同时使用时，节点处钢骨、预应力筋、非预应力钢筋及预应力锚具会出现矛盾，为保证施工的可行性，设计应有详图表明其做法。

5.9.1.11　应注重与施工环节的密切配合，施加预应力的全过程应与施工阶段的设计验算相吻合。预应力分项工程验收时，应按相关规范校验完整的文件和记录。

5.9.2　规范关注

规　范　关　注　　　　表 5.9.2

序	规范		关 注 点
	名称	条目	
1	【混规】	4.1.2	混凝土强度等级要求
2		10.1.1	施工阶段验算
3		10.1.4	施加预应力时混凝土强度的要求【释1】
4		10.3	预应力混凝土构造规定
5	【高规】	3.6.5	主体结构对楼板施加预应力的阻碍作用
6	【预力抗规】	3.2.7	二、三级框架梁采用无粘结预应力的条件
7	【预应力规】	3.1	混凝土及预应力钢筋材料标准
8		3.3.1	锚具
9		7.4	超长预应力结构构造措施及施工要求
10	【无粘结规】	3.2.1	考虑防火无粘结预应力钢绞线的保护层厚度
11		4.3	无粘结预应力锚具
12		5.1.1	无粘结预应力梁、板的跨高比
13		6.6.2	验收
14	【缓粘结规】	4.3.1	考虑防火缓粘结预应力钢绞线的保护层厚度
15		5.1.1	缓粘结预应力各阶段计算、验算
16		5.4	抗震设计
17		7.3.4～7.3.6	缓粘结预应力的张拉与温度控制的关系
18	【预锚夹器】		锚具

【释1】预应力钢筋的张拉一般宜在混凝土强度达到75％以后，但如果是为了防止裂缝而配置的温度筋，进行局部受压承载力的验算合格后，可提前张拉。

第6章　钢　结　构

6.1　结　构　体　系

6.1.1　措施标准

6.1.1.1　钢结构具有轻质、高强、抗震性能好、工业化程度高、可再生、绿色节能环保等优点，以下情况时可优先选用钢结构。

1. 混凝土、混合结构体系无法满足建筑功能或造型要求；
2. 建设场地地基条件较差，需减轻结构自重；
3. 楼屋盖荷载较大，楼层净高和梁高要求不匹配；
4. 设防烈度较高的超高层建筑（如8度区0.3g地区等）；
5. 工期紧张。

【释】　随着现场人工成本的持续升高，未来钢结构价格偏高的劣势逐步被抵消，应用空间更为广阔。对于特定条件项目，钢结构体系更具优势。

1. 北京电视中心主楼：建筑平面形状由下至上逐渐内缩，从"回型"变为"L型"到最终成"一型"，采用混凝土或混合结构无法满足功能和造型要求，采用空间巨型钢框架体系。

2. 乌鲁木齐宝能城1~02号楼：主楼建筑高度270.4m，场地地基条件限制，用桩基础存在较多困难，需减轻自重以用天然地基，采用框架-屈曲约束支撑内筒的钢结构体系。

3. 润泽大数据应用展示中心综合体项目：由于工期紧、标准化程度高、节能环保要求高，1号楼、2号楼采用钢框架-支撑体系，3号楼采用钢框架体系。

4. 北京环卫集团新能源环卫专业作业车停车场项目：由于楼屋盖活荷载标准值较大、楼层净高和梁高要求较高，采用钢框架体系。

6.1.1.2　多高层钢结构体系选型时，应考虑同类型（耗能区不同）、不同类型之间抗震性能的差异。

【释】　国内按照抗侧力体系的特点，将常用多高层钢结构体系划分为：钢框架、钢框架-支撑、钢框架-延性墙板、筒体和巨型框架等类。对同类型（耗能区不同）、不同类型之间抗震性能的差异未进行细分。

欧洲抗震规范（EN 1998-1）根据耗能区域将结构体系类型进行了细分：抗弯钢框架（耗能区位于梁内和柱底）、钢框架-中心支撑（耗能区位于受拉中心支撑内）、钢框架-中心支撑（耗能区位于受拉和受压中心支撑内）、钢框架-偏心支撑（耗能区位于弯曲和剪切梁端内）、钢框架-中心支撑（耗能区位于框架梁、柱底和受拉中心支撑内）、带填充墙钢框架（填充墙与钢框架完全连接、填充墙与钢框架侧边和顶边分开、填充墙与钢框架接触但不完全连接）。以利建立模型、打开设计思路。

6.1.1.3 钢结构房屋的地下室可采用钢结构、混凝土结构或混合结构。当采用混凝土结构或混合结构时，嵌固端以下楼层的抗震等级宜按地上同等高度钢结构的抗震等级（详见附录06-1）确定，向下逐层可降低一级，但不应低于四级。

6.1.1.4 设计中，应对钢结构所有焊缝明确质量等级和检测方法，并应执行【焊接规】6.1.1条，要求焊接工艺评定。

【释】 钢材厚度不小于3mm的结构焊接，各方面要求在【焊接规】中：

　　1）焊缝质量等级对应5.1.5条，按一、二、三级并在8.2.3条对数量有要求。

　　2）检测方法对应8.1.5条［外观检测］、8.1.7条和8.2.4条［超声波检测］、8.2.5条［射线检测］、8.2.7条［磁粉检测］、8.2.8条［渗透检测］，各种方法的适用特点、要求不同，选用时要注意。

　　3）宜对工厂焊接、工地焊接的方式，区别设定等级及检验方法。

　　4）焊缝应进行100%的外观检查，且应满足【焊接规】中表8.2.1的规定。

　　常遇焊缝焊接质量等级及其检测要求等见下表：

焊缝位置				焊接要求	焊接质量等级	检验方法	检测比例
	钢板、构件拼接接长			坡口全焊透对接	一级	超声波	100%
	梁翼缘对应十字形钢柱处水平加劲肋（或横隔板）		与柱翼缘	全焊透T形对接	二级	超声波	20%
			与柱腹板	角焊缝	三级	磁粉探伤	10%
	梁翼缘对应H形、工字形钢柱处水平加劲肋（或横隔板）	梁与柱强轴刚接	与柱翼缘	全焊透T形对接	二级	超声波	20%
			与柱腹板	角焊缝	三级	磁粉探伤	10%
		梁与柱弱轴刚接	与柱壁板	坡口全焊透对接	一级	超声波	100%
	梁翼缘对应箱形钢柱处水平加劲肋（或横隔板）		与柱壁板	全焊透T形对接或熔化嘴电渣焊	二级	超声波	20%
	竖向连接板、竖向加劲肋（或竖隔板）		与梁、柱壁板	角焊缝	三级	磁粉探伤	10%
工厂焊接	柱壁板间组合焊缝	框架梁柱节点区及框架梁上下各500mm范围内		坡口全焊透	一级	超声波	100%
		柱接头上下各100mm		坡口全焊透	一级	超声波	100%
		全焊透区以外	箱形柱	四角	坡口部分焊透	二级	超声波	20%
			工字形	腹板与翼缘	角焊缝或K形坡口部分焊透	二级	超声波	20%
			十字形	腹板与翼缘 腹板与腹板	K形坡口部分焊透	二级	超声波	20%
	梁腹板开洞时，补强板与梁腹板			角焊缝	三级	磁粉探伤	10%
	高层钢结构中心支撑扩大端与框架梁柱节点区壁板间			坡口全焊透	一级	超声波	100%
	多层钢结构中心支撑节点板与框架梁柱节点			坡口全焊透	二级	超声波	20%
	吊柱与梁下翼缘			坡口全焊透	一级	超声波	100%

续表

焊缝位置		焊接要求	焊接质量等级	检验方法	检测比例
梁-柱全焊接刚性节点	梁翼缘	坡口全焊透	一级	超声波	100%
	梁腹板	角焊缝	三级	磁粉探伤	10%
梁-柱栓焊混合连接刚性节点（梁端翼缘加焊加强盖板）	梁翼缘	坡口全焊透	一级	超声波	100%
	盖板与梁翼缘	角焊缝	三级	磁粉探伤	10%
钢柱带悬臂梁段与框架梁栓焊混合连接刚性节点	梁翼缘	坡口全焊透	二级	超声波	20%
工地现场安装焊接 — 柱与柱 — 工字形柱栓焊混合连接	翼缘	坡口全焊透	一级	超声波	100%
工字形柱全焊接	翼缘	坡口全焊透	一级	超声波	100%
	腹板	上柱开 K 形坡口全焊透	二级	超声波	20%
箱形柱	壁板	上柱开坡口全焊透	一级	超声波	100%
箱形柱与十字形柱	过渡段壁板	上柱开坡口全焊透	一级	超声波	100%
变截面柱	壁板横隔板与壁板	上柱开坡口全焊透坡口全焊透	一级	超声波	100%
次梁与主梁栓焊混合刚接	翼缘	坡口全焊透	二级	超声波	20%
隔撑与节点板		角焊缝	三级	磁粉探伤	10%
梁腹板开洞时，补强板与梁腹板		角焊缝	三级	磁粉探伤	10%
柱与柱脚底板		全焊透对接与角接组合焊缝	二级	超声波	20%
梁端翼缘与支座或预埋件刚接		全焊透对接与角接组合焊缝	二级	超声波	20%
悬挑梁根部与支座或预埋件		全焊透对接与角接组合焊缝	一级	超声波	100%
多层钢结构中心支撑与节点板		角焊缝	三级	磁粉探伤	10%
偏心支撑与消能梁段		坡口全焊透	二级	超声波	20%
内藏钢板支撑剪力墙支撑钢板下端与下框架梁上翼缘		坡口全焊透	二级	超声波	20%

6.1.1.5　钢结构房屋构件和节点可与主体结构的抗震等级不同。

【释】结构体系、构件和节点延性不同，抗震措施宜有所区别。【抗规】8.1.3 条注 1、注 2，体现了这一理念。

欧洲抗震规范（EN 1998-1）将钢结构体系区分为高延性（DCH）、中等延性（DCM）和低延性（DCL），相应采取不同的性能系数 q。美国的抗震规范（ASCE7）将钢结构体系区分为钢框架结构（BUILDING FRAME SYSTEM）、抗弯钢框架结构（MOMENT-RESISTING FRAME SYSTEM）、高延性双重抗侧力体系（DUAL SYSTEM WITH SPECIAL MOMENT FRAMES CAPABLE OF RESISTING AT LEAST 25% OF PRE-SCRIBED SEISMIC FORCES）、中等延性双重抗侧力体系（DUAL SYSTEM WITH IN-TERMEDIATE MOMENT FRAMES CAPABLE OF RESISTING AT LEAST 25% OF

PRESCRIBED SEISMIC FORCES)、典型悬臂柱结构（CANTILEVER COLUMN SYS-TEMS DETAILED TO CONFORM TO THE REQUIREMENTS FOR）和非常规抗震钢结构（STEEL SYSTEM NOT SPECIFICALLY DETAILED FOR SEISMIC RESIST-ANCE，EXCLUDING CANTILEVER COLUMN SYSTEM），规定了相应的调整系数R^a。上述情况或对设计实际中有启发。

6.1.1.6 多高层钢结构的自振周期折减系数可取：（a）隔墙和外围护以不妨碍结构变形的方式固定（即可忽略其对主体结构刚度的影响）时，取 0.9～1.0；（b）隔墙和外围护与结构主体柔性连接时，取 0.8～0.9；（c）隔墙和外围护与结构主体刚性连接时，取0.6～0.8。

【释】 周期折减系数是为考虑非结构构件刚度对主体结构刚度的放大影响，防止地震力偏小。通常多高层钢结构主体结构刚度较钢筋混凝土结构小，因此应根据工程实际情况确定周期折减系数，当对主体结构影响较大时取小值、影响较小时取大值。

6.1.1.7 多高层钢结构在多遇地震或风荷载组合作用下的弹性层间位移角限值：（a）隔墙和外围护以不妨碍结构变形的方式固定时，取 1/250（当有可靠依据时可适当放宽）；（b）隔墙和外围护与结构主体刚性连接时，取 1/400；（c）隔墙和外围护与结构主体柔性连接时，取 1/300。

【释】 结构在多遇地震和风荷载作用下，要求建筑能完全履行其设计功能，结构及非结构构件不受损坏或只是轻微损坏。层间弹性位移角应以控制非结构构件的损坏程度和主要结构构件的开裂为依据。

有研究表明，无开洞填充墙墙面初裂平均位移角约为 1/400；外围护玻璃幕墙当层间位移角超过 1/300 时，会有破坏。欧洲抗震规范（EN 1998-1）根据非结构构件与主体结构的连接方式，给出了不同的层间位移角限值。

6.1.1.8 平面及竖向较为规则的高层民用建筑钢结构一般可不考虑偶然偏心影响。

【释】 【高钢规】中对偶然偏心率取值无具体要求。如需考虑偶然偏心影响，建议质心偏移值取值不大于沿垂直于地震作用方向的$\pm0.05L_i$（详【高规】4.3.3 要求）。

6.1.1.9 高层民用建筑钢结构的地震作用计算时，对较规则的结构可考虑单向水平地震作用下的扭转影响；质量和刚度分布明显不对称的结构（位移比大于 1.4），应计入双向水平地震作用下的扭转影响。

【释】 结合钢材的特点，【高钢规】与【高规】、【抗规】在某些方面有不同，如：

1）【高钢规】扭转规则性判定中，与【高规】规定周期比限值（A 级高度 0.9、B 级高度 0.8）不同，无周期比限值要求。

2）对于结构第一振型可能为扭转的建筑，如平面不规则或接近圆形的建筑，应复核边柱、角柱在扭转作用下的复杂受力状态。

6.1.1.10 竖向不规则的高层民用建筑钢结构，针对侧向刚度不规则（软弱层）、楼层承载力突变（薄弱层）、竖向抗侧力构件不连续（有转换层或转换构件）的楼层，其对应于地震作用标准值的剪力增大系数取 1.15。

【释】 【高钢规】高层钢结构延性较高层混凝土结构好（特殊情况除外），因此【高钢规】对竖向不规则楼层的地震剪力放大系数（1.15）的取值要小于【高规】（1.25）。

6.1.1.11 竖向抗侧力构件不连续的结构，转换梁及其支承柱的水平向地震作用标准值，应乘增大系数 1.5~2.0 后用于构件设计。转换构件承担的上部梁托柱传递的竖向地震作用无需放大。

【释】转换构件在地震作用下的内力，应结合具体情况参照下列要求，

　　1）【高钢规】3.3.3-2 条，增大系数为 1.25~2.0。

　　2）【高钢规】7.1.6 条，增大系数不小于 1.5。

　　3）【高钢规】7.3.10 条，钢框架柱增大系数不小于 1.5。

　　4）【高规】10.2.4 条，对应特、一、二抗震等级分别乘以 1.9/1.7/1.5 的增大系数。

6.1.1.12 钢构件设计时，应关注毛、净截面差异，涉及受压构件的稳定，应仔细评估其计算长度并关注轴压比限制。

【释】钢柱的轴压比限值，【高钢规】7.3.4 条对框筒结构提出要求，7.3.3 条也会对柱截面产生影响。

6.1.2 钢框架结构

6.1.2.1 除必需时，高层建筑不宜采用纯框架钢结构。因满足局部区域建筑大空间需求，多层框架结构中局部柱跨可采用单跨框架。

【释】【抗规】8.1.5、8.1.6-2 款，均体现宜将框架结构调整为框架-支撑结构的思想。支撑可在诸如中心支撑、偏心支撑、BRB 支撑、阻尼墙、抗震墙等类型中，结合适用性选取。

6.1.2.2 当钢框架柱截面沿结构高度分段变截面时，变截面钢柱宜上下轴心一致。

【释】钢柱在楼层处变截面时，应采用单方向对称变截面或双方向对称变截面方式，以使其上下轴心一致。如不能避免时，计算模型中应计入柱偏心影响。另一方面，【高钢规】抗震设计中，无对角柱弯矩、剪力设计值的放大要求。

6.1.2.3 钢楼梯与抗侧力构件相连时，宜采用适当构造以消除其对抗侧体系的影响，如滑移构造节点。否则，应在整体分析中计入钢楼梯的影响。

6.1.3 钢框架-支撑结构

6.1.3.1 配合钢框架的中心支撑、偏心支撑或屈曲约束支撑的选择，应结合抗风、抗震需求，按照适用的原则确定。应用偏心支撑时，要注意平衡结构刚度和用钢量的关系。

【释】【抗规】8.1.5、8.1.6 条有明确规定，更应注意中心支撑的适用范围。中心支撑在水平地震作用下的主要缺点，是其斜杆反复受压屈曲后承载力急剧下降。因此，超过 12 层的建筑，在 8、9 度时宜采用偏心支撑或屈曲约束支撑，但顶部楼层可采用中心支撑。

　　统计表明，偏心支撑方案用钢量偏大，主要原因如下：

　　1）由于传力途径相对间接，要达到同样的抗侧刚度，偏心支撑比普通支撑（或屈曲约束支撑）截面要更大，消能梁段同一跨的框架梁截面也比普通支撑体系或者屈曲约束支撑体系中的楼面梁截面大，超高层钢结构建筑中，结构侧移刚度经常是控制指标，此时要注意避免用钢量的过度增加；

　　2）偏心支撑的设计原则为强柱、强支撑和强消能梁段同一跨的框架梁，将偏心支撑框架的支撑斜杆轴力设计值、位于消能梁段同一跨的框架梁内力设计值和柱内力设计值均乘以较大的增大系数，使得偏心支撑框架的支撑斜杆、位于消能梁段同一跨的框架梁和柱截面增大较多，经济指标不占优势。

6.1.3.2 普通竖向支撑宜优先采用交叉支撑布置方式，支撑可按拉杆设计；若采用受压支撑，应合理选择分析软件和单元类型，有效模拟压杆的屈曲性能。屈曲约束支撑可按拉

压等强的中心支撑设计；与 V 形或人形屈曲约束支撑连接的框架梁，可以不考虑支撑屈曲引起的竖向不平衡力。

【释】 普通支撑在受压屈曲后刚度迅速退化，承载力迅速减小，而当前常规软件钢结构大震分析难以考虑钢支撑在受压屈曲后承载力和刚度的退化，导致分析结果失真。在中震、大震作用下，普通支撑可能会因为受压屈曲退出工作，此时，应合理选择分析软件，考虑普通钢支撑拉压承载力的不对称性，对普通支撑的屈曲后承载力降低进行有效模拟。

6.1.3.3 支撑的中心线应交汇于梁柱轴线交点。确有需要时，偏离交点之间的距离，不应超过支撑杆件的宽度，节点设计时应考虑此偏心距对连接的影响。整体分析时，可忽略此偏心距对连接的影响，按中心支撑框架分析。

6.1.3.4 柱间支撑倾斜角度宜取 30～60 度。柱距较大时，可跨层设置支撑。

【释】 小节间支撑，由于每列支撑的宽度较小，沿房屋的纵向和横向，均需布置两列以上的支撑，支撑杆件数量和节点数均较多，加工量大，传力路线长，抗侧力效果差。

跨层支撑是小型支撑与大型支撑的过渡形式，支撑的节间高度跨越两个以上的楼层，杆件和节点数量均大幅减少，抗侧效果大为改善。

6.1.3.5 钢框架-支撑结构体系，应控制合理的结构抗侧刚度。

【释】 设计中应选择适宜的支撑类型，以控制结构整体抗侧刚度，达到经济目的。常用的支撑抗侧刚度控制方法，下列供参考：

1）BRB 支撑：具有拉压性能稳定，构件截面不受压杆屈曲承载能力控制的特点，结构刚度和承载能力解耦方便，可以较为灵活地控制结构刚度。

2）交叉普通支撑：构件强轴向外，使支撑构件的面内和面外的构件长细比基本相当，有利于控制支撑截面。

3）采用普通支撑＋面内小撑杆方式，减小普通支撑弱轴面内的计算长度，如图 6.1.3.5。

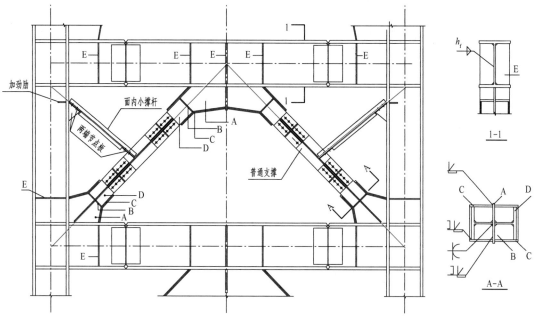

图 6.1.3.5 普通支撑＋面内小撑杆布置示意图

6.1.3.6　钢框架-支撑结构具有多道防线的抗震思想，设计中应予关注。

【释】钢框架-支撑体系中，支撑是第一道防线，在强烈地震中支撑先屈服，内力重分布使框架部分承担的地震力增大，二者之和应大于弹性计算的总剪力。为此，人为地对第二道防线的钢框架进行适当调整，使其具有相匹配的抗侧能力，关注两点：

1.【抗规】8.2.3-3 款，使框架部分乘以调整系数后≮min（$0.25Q_0$，$1.8V_{max}$）。

2. 当未调整的框架剪力比例已满足上述条件时，属按刚度分配的结构体系，宜采取措施，保证二道防线的实现。应：

1) 当地震剪力比例中框架占比在 25%～50% 之间时，将框架地震作用放大 1.1～1.2，以保证当支撑部分屈服退出工作后，框架仍具有较为可靠的承载能力。

2) 当地震剪力比例中框架占比大于 50% 时，应按本款 1) 项要求和不带支撑的纯框架分别进行结构承载力验算（不做变形控制），并包络设计。

6.1.3.7　对于竖向体型收进的钢框架-支撑结构，应适当加强收进层的竖向抗侧力构件，避免出现软弱层和薄弱层。

6.1.3.8　钢框架-支撑结构中，当支撑布置在楼梯间处时，楼梯层间休息平台应注意灵活选择设支柱、吊柱的方式，宜避免与斜撑相交，以减少层间楼梯梁、柱对斜撑抗侧力的影响。

6.1.3.9　钢框架-偏心支撑结构中，应复核消能梁段承载力验算、偏心支撑框架中除消能梁段外的构件设计内力值调整。

【释】【抗规】第 8.2.3-5、8.2.7 条应手工复核，以确保消能梁段起到耗能作用。目前部分结构设计软件中未对消能梁段承载力进行验算，未对偏心支撑框架中除消能梁段外的构件设计内力值按要求调整，造成安全隐患。

6.1.3.10　框架-支撑结构中柱截面减小的楼层，支撑截面宜相应调整，避免楼层的刚心、质心出现较大的偏心。

6.1.4　钢框架-延性墙板结构

6.1.4.1　延性墙板可采用加劲钢板剪力墙结构、防屈曲钢板剪力墙结构、钢板组合剪力墙结构及开缝钢板剪力墙结构等，其连接方式可采用四边与周边框架连接或上下两边与框架梁连接，设计中除考虑其适用性外，应对不同结构方案进行必要的技术经济分析。

【释】钢框架-延性墙板的结构形式是多种多样的，应综合考虑建筑需求、工期进度、材料用量、施工技术等因素，确认采用体系的必要性及合理性，充分发挥其综合性能。

钢框架-延性墙板结构主要应用于高层建筑。在正常使用状态下，纯钢板剪力墙构件存在产生噪音的可能性；防屈曲钢板剪力墙结构由承受水平荷载的钢芯板和防止芯板发生面外屈曲的部件组合而成，分为承载型和耗能型，其仅芯板与框架梁连接，安装便捷、受力机理明确；安装过程中钢板组合剪力墙结构对安装精度、焊接工艺的要求较高。

6.1.4.2　钢框架-延性墙板结构设计时，除结构的整体设计、构件设计和节点设计外，尚应考虑施工顺序的影响。

【释】不同连接方式、不同结构形式延性墙板的受力、变形特点存在差异，应考虑其与钢框架相互作用的影响，合理规划施工顺序。

6.1.4.3　钢框架-延性墙板结构宜设计为双重抗侧力体系。

【释】钢框架-延性墙板体系中，墙板是第一道防线，多道设防概念执行 6.1.3.6 条。

6.1.4.4 钢框架-防屈曲钢板剪力墙结构计算中，应注意以下问题：

1. 上下两边连接的防屈曲钢板墙可采用等效支撑简化模型模拟，反映防屈曲钢板墙的作用。

2. 应考虑防屈曲钢板剪力墙后安装施工顺序对结构受力性能的影响，宜采用施工过程分析。

3. 采用承载型防屈曲钢板剪力墙时，不考虑其耗能影响，应采用合理的阻尼比。

【释】防屈曲钢板墙的滞回曲线和骨架曲线具有以下特点：滞回环没有刚度或强度的退化、构件屈曲后刚度强化不明显、卸载刚度与初始刚度基本相同、反向加载刚度与初始刚度基本相同，计算模型应吻合以上特征。

6.1.4.5 钢框架延性墙板结构布置中，应注意以下问题：

1. 延性墙板宜按以下原则布置：结构外圈、地震作用下使延性墙板产生较大内力的部位、地震作用下层间位移较大的楼层，宜沿结构两个主轴方向分别布置、宜沿建筑高度方向连续布置、宜满跨布置、或局部布置（在单侧支座、跨中或两侧支座处），如图6.1.4.5-1所示。

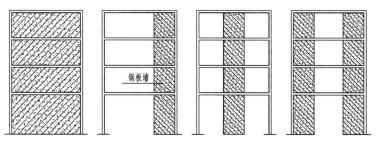

图 6.1.4.5-1 延性墙板布置

2. 延性墙板上下边界钢梁，宜选用适宜的中震（设防烈度地震）抗震性能目标，补充相应的验算结果。

【释】上下边界钢梁是延性墙板能否发挥抗震作用的关键构件，应保证其具有良好的延性；延性墙板在单侧支座、跨中或两侧支座处布置时，尚应保证其具有良好的消能能力，因此宜选用适宜的中震抗震性能目标（不屈服或弹性），并确保其达到性能目标要求。

3. 局部布置的防屈曲钢板剪力墙应采取释放变形的构造措施，确保中震作用下或风荷载作用下不对相邻围护结构造成不利影响，如图6.1.4.5-2所示。

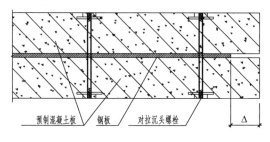

图 6.1.4.5-2

4. 防屈曲钢板剪力墙上下边界钢梁在钢板墙端部位置处，应设置加劲肋，加劲肋应在钢板墙左右两端分别布置 3 道，每道加劲肋净距 50mm，最外侧加劲肋离钢柱边的净距 50mm，如图 6.1.4.5-3 所示。

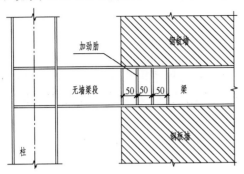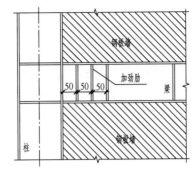

图 6.1.4.5-3

6.1.5 规范关注

规范关注
表 6.1.5

序	规范		关 注 点
	名称	条目	
1	【抗规】	3.7.4	围护墙和隔墙对结构抗震的影响
2		8.1.3	抗震等级要求
3		8.3.4	梁柱节点构造
4		8.3.6	刚接熔透焊要求
5	【钢标】	4.3.2	承重钢结构材性要求
6		4.4.1	钢材的设计用强度指标【释1】
7		4.4.3	结构用无缝钢管的强度指标
8		4.4.4	铸钢件的强度设计值
9		4.4.5	焊缝的强度指标
10		4.4.6	螺栓连接的强度指标
11	【高钢规】	3.6.1	结构构件承载力验算
12		5.2.4	风荷载敏感建筑基本风压取值
13		5.3.1	高层钢结构地震作用计算
14		6.1.5	自振周期折减
15		6.4.1	荷载基本组合
16		6.4.2	荷载基本组合的分项系数【释2】
17	【钢板墙规】	附录B	钢板剪力墙设计计算
18		6.1.5	防屈曲钢板剪力墙的简化分析模型
19		6.3.1	混凝土盖板与周边框架之间预留间隙
20		7.1.7	钢板组合剪力墙的刚度
21		5.8.2	钢板组合剪力墙受弯承载力全截面塑性设计
22		8.1.3	开缝钢板剪力墙不考虑竖向荷载的不利影响条件

释1：应按【钢标】勘误调整。

释2：应按【可靠性】调整。

6.2 结 构 构 件

6.2.1 措施标准

6.2.1.1 组合楼盖

1. 钢结构房屋的楼板，满足刚性铺板要求，并与钢梁可靠连接时，可不验算钢梁的整体稳定。仅在梁上铺设压型钢板而不浇灌混凝土的楼板，必须在平面内具有相当的抗剪刚度，方视为刚性铺板。

【释】德国规范（DIN18800-Ⅱ）规定，压型钢板面内抗剪刚度满足以下要求时，可视为刚性铺板。限于篇幅，未对公式中符号进行解释，如有需要可查阅相关文献。

$$K > \left(EI_\mathrm{w} \frac{\pi^2}{l^2} + GI_\mathrm{T} + EI_z \frac{\pi^2}{l^2} \frac{h^2}{4} \right) \frac{70}{h^2}$$

2. 当防火墙下有结构钢梁时，应在钢梁上采取厚涂型防火涂料，使钢梁的耐火极限同上托防火墙对应等级要求；当防火墙落于楼板上时，可以在防火墙对应板下后置钢梁，并对该钢梁采取上述方法。在征得消防部门同意后，也可采取其他措施。

【释】【防火规】第6.1.1条强制性条文规定，详5.8.1.3条。

3. 组合楼板的设计除满足受力要求外，还应采取措施防止或减轻其中混凝土的开裂。

【释】对此需注意以下问题：

1）组合楼板的受力钢筋与梁腹板平行时，梁顶部应设置抗裂钢筋；

2）进行施工阶段的验算，根据跨度选用合理壁厚的板型，避免施工阶段由于压型钢板刚度不够导致板面开裂；

3）计算中假定单向板设计，而忽略了实际可能存在的垂直板方向的其他约束条件而造成楼板开裂；

4）由于组合楼板板厚较薄，板内预埋管线，在压型钢板波峰处混凝土板厚较小，不同方向管线交汇而造成楼板开裂；

5）楼板尺度较大，应参照混凝土楼板超长问题采取必要的技术措施。

6.2.1.2 钢柱

1. 钢结构跃层柱，应根据其实际约束条件复核计算长度系数、稳定问题。

2. 一般梁与柱的连接，采用刚性连接。梁与柱、柱与柱间的工地连接做法，设计成果中应予明确。

【释】【高钢规】8.2、8.3节中，对此有详细描述及图示。

6.2.1.3 钢梁

1. 框架梁端应采取措施保证受压翼缘的稳定性，当梁顶有混凝土楼板或组合楼板并与钢梁通过栓钉可靠连接时，可采用沿梁长 $0.15L_1$（计算跨度）范围内设置间距不大于2倍梁高并与梁等宽的横向加劲肋，或在主梁下翼缘与楼板间设置隔撑的方式，详见图6.2.1.3。

【释】框架梁端负弯矩区段的梁名义上是压弯构件，但由于其截面轴压比较小，稳定问题不突出。传统的框架梁之间设置水平隔撑的方式，占用空间大，对建筑功能和机电安装影响较大，不建议采用。

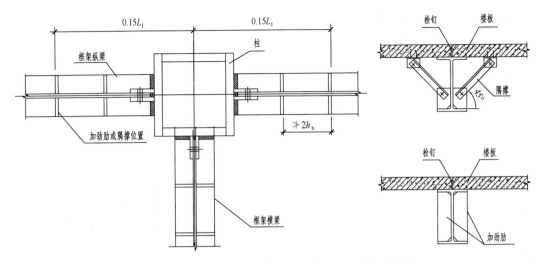

图 6.2.1.3 框架梁端下翼缘加强侧向稳定的构造做法

此外，【钢标】6.2.7 条，给出了下翼缘稳定计算公式及不计稳定的前提。

2. 框架梁集中力作用点处、截面变化处的平面外稳定应予必要的关注。

3. 开口截面钢梁宜避免受扭。确有抗扭需要时，宜优先选用闭口截面梁。

【释】在建筑条件允许的条件下，宜优先通过调整结构布置（如面外设次梁、面外设支撑等），改变传力途径，将扭矩转换成弯矩或剪力，避免钢梁受扭。

常用开口截面钢梁有轧制型钢（如工字钢、槽钢、H 型钢、T 型钢、角钢等）、焊接 H 型钢、蜂窝梁等；常用闭口截面梁有钢管（圆钢管、方钢管、矩形钢管等）、焊接箱形梁等。

【钢标】中未明确给出钢梁受扭承载力的计算方法。闭口截面钢梁受扭承载力验算方法可参考 ANSI/AISC 360-05 中的设计方法。

当扭矩设计值小于等于抗扭承载力的 20% 时，可以忽略扭转效应的影响，按照拉弯剪、压弯剪构件进行设计。当扭矩设计值超过了抗扭承载力的 20%，宜采用闭口截面。

4. 计算模型中，弧梁应按实际情况模拟。弧梁受扭时，梁端应刚接，并明确节点做法。

5. 弯折、变截面等异形梁的设计应注意计算模型的准确性，变化位置应考虑加强措施及必要的平面外支撑。

6.2.1.4 屈曲约束支撑

1. 耗能型屈曲约束支撑在多遇地震作用下，一般可控制应力比在 0.5～0.9，设防地震和罕遇地震作用下，应显著屈服和耗能。

2. 承载型屈曲约束支撑在多遇地震作用下，一般可控制应力比在 0.5 以下，在设防地震作用下应保持弹性，在罕遇地震作用下可进入屈服，但不能作为结构体系的主要耗能构件。

【释】屈曲约束支撑可分为耗能型屈曲约束支撑和承载型屈曲约束支撑。耗能型屈曲约束支撑是利用屈曲约束的原理来提高支撑的设计承载，防止核心单元产生屈曲或失稳，保证核心单元能产生拉压屈服，利用屈服后滞回变形来耗散地震能量。承载型屈曲约束支撑是指利用屈曲约束的原理来提高支撑的设计承载力，保证支撑在屈服之前不会发生失稳破坏，从而充分发挥钢材强度的承载结构构件。

6.2.2 规范关注

规范关注

表 6.2.2

序	规范		关 注 点
	名称	条目	
1	【抗规】	8.3.1	框架柱长细比
2		8.4.1	中心支撑杆件长细比和板件宽厚比
3		8.5.1	偏心支撑框架梁板件宽厚比
4		8.3.3	框架梁端下翼缘侧向稳定保证措施
5		6.2.7	
6	【钢标】	3.5	板件宽厚比【释1】
7		附录B	挠度、位移允许值

释1：板件宽厚比 S1～S5 分级处理的方式，会给结构设计带来较大的自由度和良好的经济指标。

6.3 节 点 构 造

6.3.1 措施标准

6.3.1.1 梁柱连接

梁柱连接采用的节点构造，应符合结构分析时，结构工程师计算假定。

【释】目前梁柱节点连接通常简化为刚接和铰接，未进一步分类细化。所谓"半刚性连接"在【钢标】12.3.2条提及但未见做法，另有端板式半刚性连接行业标准应用不多。

美国规范中 ASD 法分为刚性连接、简支连接、部分约束连接，而 LRFD 法分为完全约束连接、部分约束连接。欧洲规范提出了按节点刚度和节点强度的分类方法，按节点刚度分为刚性节点、半刚性节点、名义铰接节点，按节点强度分为全强度节点、名义铰接节点、部分强度节点，上述思路可借鉴。

6.3.1.2 梁梁连接

1. 次梁与主梁的连接通常设计为铰接，以使次梁与其上的楼板按组合梁设计；必要时，次梁与主梁的连接可刚接，使次梁间形成连续梁或满足另外一侧的悬挑要求。

【释】对工字钢梁，应避免梁在腹板平面外的受扭。次梁与主梁的铰接，使得次梁上翼缘上侧混凝土楼板处于受压区，以发挥混凝土的受压好的性能，成为组合梁以节约用钢。悬挑次梁及相邻内跨次梁需与支座梁刚接，以传递悬挑梁根部弯矩。

2. 钢梁以栓钉与现浇钢筋混凝土楼板、钢筋桁架楼承板及闭口型压型钢板组合楼板连接时，次梁与主梁的连接可不考虑偏心弯矩的影响。当与开口或缩口型压型钢板组合楼板连接，波谷处压型钢板顶面以上混凝土厚度小于 80mm 时，次梁与主梁的连接需考虑偏心弯矩的影响。

【释】梁梁间铰接时偏心弯矩的处理，【高钢规】8.3.9条及其条文说明很明晰，上述为对应的楼板要求细化。

3. 采用井式梁布置时，双向钢梁交接部位应刚接，当两个方向的钢梁翼缘应力比均较高时，应注意对交接部位组合应力的复核，必要时采取翼缘加宽、加厚等对应措施。

6.3.1.3 柱间、梁间拼接

1. 多层框架 6 度区的柱间拼接可采用部分熔透焊缝，应刨平顶紧后施焊，部分熔透焊缝应满足：1）实际设计承载力不小于按设计荷载计算所需拉力的 2 倍；2）每个拼接接头翼缘部分的焊缝承载力应不小于相连柱翼缘中较小翼缘屈服承载力的一半。

【释】美国钢结构规定（ANSI/AISC 341-05）中，对于特殊抗弯框架（SMF）、中等抗弯框架（IMF）和普通抗弯框架（OMF），柱的拼接接头允许采用部分熔透焊缝，但对焊缝承受设计拉应力时进行了相关规定。

2. 梁拼接节点宜靠近反弯点。当拼接点位于梁反弯点附近时，应考虑剪力偏心的弯矩影响。

【释】拼接节点设计中，通常不考虑剪力对梁腹板两侧螺栓形心产生的附加弯矩。但对于梁的反弯点或离反弯点较近处的拼接，由于剪力大而弯矩较小，宜考虑剪力偏心弯矩的影响，可先对其进行计算，如果该值与腹板分担弯矩的比值较小，可忽略不计。

6.3.1.4 偏心支撑连接

1. 消能梁段与支撑连接处，其上下翼缘应设置侧向支撑，混凝土楼面不能替代上翼缘隅撑。

【释】【抗规】和美国钢结构建筑抗震规定（ANSI/AISC 341-05）均要求对偏心支撑框架消能梁段两端设置侧向支撑，但侧向支撑的强度规定不同，【抗规】8.5.5 条要求，消能梁段翼缘轴向力设计值的 6%，而美国钢结构建筑抗震规定（ANSI/AISC 341-05）要求 $6\% M_y/h_0$（M_y 为塑性截面屈服弯矩）。

2. 应对 8 度及 8 度以上地震区高层钢结构偏心支撑的消能梁段提出具体的技术要求。

【释】此条可参考美国钢结构规定（ANSI/AISC 341-05）中，对于特殊抗弯框架（SMF）、中等抗弯框架（IMF）梁端承受非弹性变形的区域提出了更细致的要求，如：对于安装和拼装操作造成的构件不连续的情况，应进行修补；焊透梁翼缘底板与受剪双头螺钉之间的焊缝不应设置在上述区域内，允许采用底板圆弧点焊缝；上述区域内不得采用焊接、螺栓连接、螺钉连接以及射钉等方法设置外部立面装饰、内饰墙、风道、管线或其他构造设施。

6.3.1.5 柱脚连接

1. 由于埋入式柱脚施工较困难，宜优先考虑外包式柱脚。有地下室工程，钢柱埋入地下室混凝土结构柱中，形成型钢混凝土柱，钢柱至少下插一层，根据受力情况及结构重要性，钢柱可落至基础顶面。当受力不需要时，柱脚仅需设置构造锚栓；当受力需要时，按计算确定锚栓规格及数量，如果锚栓数量过多，可考虑柱纵筋的共同作用，必要时设置抗剪键。埋入混凝土结构柱中的钢柱宜设栓钉。

【释】柱脚型式的确定需考虑地下室埋深、底板厚度、柱截面类型、荷载大小、施工可行性以及经济性等因素，应对柱脚承载力进行详细的验算，包括柱脚底板抗压验算，柱脚底板下混凝土的局压验算，锚栓及钢筋抗拔承载力验算，底板混凝土抗冲切承载力验算以及抗剪承载力验算等。

2. 采用埋入式柱脚，当钢柱埋入深度有限制时，可考虑提高混凝土强度等措施提高柱脚极限承载力。当埋入深度比按实际计算分析需要超出 1/3 以上时，构造埋置深度要求可适当降低，但不应小于钢柱截面高度的 2 倍。

【释】 当【高钢规】8.6.1-3 款规定无法满足时，参照日本《建筑基准法》对柱脚设计的规定：外包式柱脚，外包部分的高度不得小于钢柱宽度的 2.5 倍；埋入式柱脚，埋深应为钢柱截面高度的 2 倍以上。另应注意埋入钢柱截面尺寸越大，埋入深度宜适当增大。

6.3.1.6 其他构造

1. 托柱钢梁做法可参考图 6.3.1.6-1，除满足计算要求外，还应注意以下问题：1）托柱钢梁与柱截面中线重合；2）不考虑楼板对梁的有利作用；3）托柱框架钢梁抗震等级宜提高一级考虑。

【释】 当梁上柱的腹板与梁垂直时，柱内力大部分通过托柱梁的翼缘传递，翼缘处于面外受力的不利状态，对应梁上柱翼缘设置的加劲肋完全落于托柱梁的翼缘上，传力途径仍然是依靠翼缘，设计中应予以考虑。

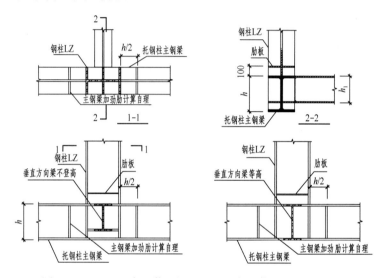

图 6.3.1.6-1 工字型截面梁上生根工字型截面柱的刚性连接

2. 常见的钢梁腹板开洞可参考【G519 图集】；其他情况应在计算分析的基础上，采取可靠的洞边加强措施：

1）钢梁上、下翼缘开洞情况宜避免，H 型钢梁上、下翼缘开洞时，钢梁翼缘宽度应不小于 200mm，开洞直径≤0.25b，开洞位置应避开塑性发展区域（梁端 1/3 梁跨范围），补强板可焊接在钢梁翼缘内侧或外侧，外侧更有利于焊缝质量的保证。

2）钢梁腹板上设置连续圆洞，洞间净距小于梁高时，做法可参考图 6.3.1.6-2。

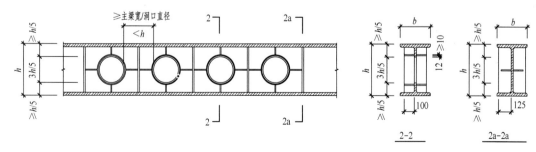

图 6.3.1.6-2 钢梁腹板上设置连续圆洞构造

3）钢梁腹板上设置较大矩形孔时，开孔尺寸和位置宜满足以下要求：孔洞应设置于剪力较小的跨中 1/3 区域，必要时可设置于梁端 1/3 区域内，应避开塑性发展区；设置多孔时，相邻孔洞边缘间的净距不应小于相邻较长孔长的 2/3 及梁高；孔洞高度不大于 2/5 梁高；孔洞长度和高度的比值：跨中 1/3 区域内的孔洞不大于 2.5，梁端 1/3 区域内的孔洞不大于 1.5；纵向加劲肋厚度不小于钢梁翼缘厚度，横向加劲肋厚度不小于钢梁腹板厚度，且横向加劲肋宜取钢梁高；梁纵向加劲肋洞边的外伸长度取 300mm，但当洞口间距不满足高钢规要求的最小间距时，应在两洞间通长设置纵向加劲肋，做法可参考图 6.3.1.6-3。

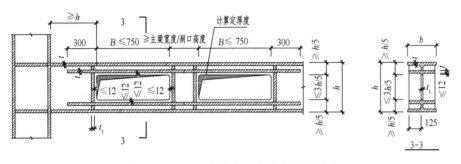

图 6.3.1.6-3　钢梁腹板上设置矩形孔构造

4）钢梁开大洞加固方法可采用费氏桁架理论简化计算。当以有限元精确计算，并对加固措施留有适当余量时，洞口可按需求设置。

【释】钢梁腹板开洞后，其受力最不利点的具体位置与洞口在钢梁内的位置（即与开洞区段梁内弯矩和剪力值）、钢梁高度、开洞后钢梁上下肢剩余截面的特性有关。剪力造成洞口角部应力集中，洞口角部应力集中对钢梁的整体挠曲变形并无明显影响。小尺度开孔对钢梁的整体刚度并无明显削弱。腹板开洞对组合梁局部有很大的削弱，会导致其变形增加、开洞区段的局部稳定性不满足【钢标】要求等问题，应采取相应的构造加强措施。

3. 结构布置时，宜避免多梁交汇。如无法避免，可考虑将非必需的部分梁与柱铰接；当交汇的钢梁翼缘重叠时，需采取必要的补强措施，做法如图 6.3.1.6-4 所示。

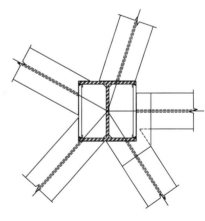

图 6.3.1.6-4　非正交框架梁与工字型截面柱的刚性连接

4. 工字型钢梁变截面、弯折时，梁顶、底面高差不宜大于 $h/2$，在满足计算要求的前提下，构造可参考图 6.3.1.6-5，当梁顶、底面高差大于 150mm 时，也可按图 6.3.1.6-6。

5. 钢结构详图应有如下内容：

1）明确各部位构件间相互定位关系和连接做法；

2）标明各构件尺寸或规格、位置及必要的标高；

3）注明连接板、加劲板规格和位置、焊缝尺寸（焊缝型式、高度、长度）和螺栓规

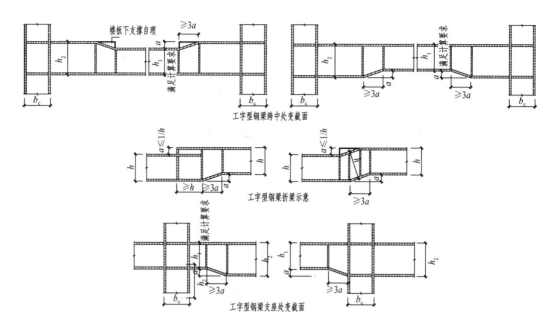

图 6.3.1.6-5　工字型钢梁变截面及弯折构造（一）

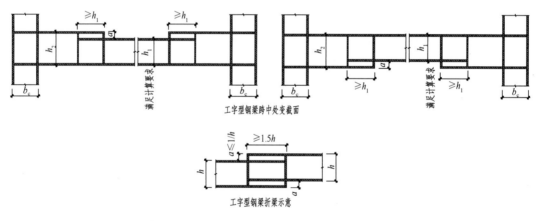

图 6.3.1.6-6　工字型钢梁变截面及弯折构造（二）

格（螺栓种类、性能等级）及其布置等。

【释】 焊缝是钢结构焊接构件截面的关键要素，为确保其满足设计要求，在钢结构设计施工图和总说明中应明确下列焊接技术要求：

1）构件采用钢材的牌号和焊接材料的型号、性能要求及相应的国家现行标准；

2）构件相交节点焊接部位、有效焊缝长度、焊脚尺寸、部分熔透焊缝的焊透深度；

3）焊缝质量等级，有无损检测要求时应标明无损检测的方法和检查比例。

6.4　深化、制作安装

6.4.1　措施标准

6.4.1.1　深化

1. 基于项目复杂程度及实际工程需求，设计成果中应对深化承担单位提出技术及能力要求。如要求：具有设计甲或乙级资质、一级注册结构工程师签章、深化单位应与制作安装单位合二为一，结合项目技术难度，明确相关内容，以利施工质量的控制。

【释】钢结构深化是基于设计施工图成果，进行三维模拟及施工过程的验算，形成布置图、杆件下料图及材料清单，以提供工厂加工。深化人员的专业能力对于具体项目的图纸理解、深化成果有重要影响，特别对于复杂节点的深化，常常影响结构安全。

2. 项目签章的注册结构工程师，应在最终认可的深化设计成果上签字（若他人须经本人书面授权）。该签章表示对深化图纸执行原设计施工图成果的认可，尤对体系、节点构造做法的肯定，不应对杆件的详细加工尺寸、制作工艺及其需求、运输及安装需求等的认定。

【释】钢结构加工企业会依据自身的能力、与场地间运输路线的条件等，对构件加工、尺度及保障措施等多方面，附设相关附件，设计团队对此无法预计也不应承担责任。深化设计单位应对深化成果的杆件规格、布置，焊接及螺栓的准确，细部尺寸的衔接等承担完全责任。

6.4.1.2 制作

1. 较大构件的分段制作与拼接位置应经设计单位确认，一般应符合下列要求：

1）内力较小处；

2）避开节点位置；

3）等强连接；

4）设置必要的防变形隔板；

5）对于特别重要构件，应考虑钢材轧制方向与主受力方向的一致性。

2. 设计成果中应对大跨度水平或倾斜构件等特殊构件，提出预起拱值要求。

3. 钢结构构件的制作主要内容有：备料（钢材、螺栓、焊接材料、涂料）、放样、号料、切割、矫正和边缘加工、构件弯曲和组装、构件焊接、制孔、焊缝检测、摩擦面的加工、构件铣端、除锈、涂层、编号、预拼装等，均应严格按照【高钢规】、【钢标】和【钢施验规】中相关要求进行。

【释】钢构件的最大轮廓尺寸不能超过航空运输、海上运输、铁路运输、及公路运输许可的限制尺寸。对于超长/宽/高不可分解钢构件，应在途经地公路交通运输管理部门申请许可，并应在运输过程中采取措施，确保不产生永久变形。

4. 宜要求所有主要构件焊接，一律不得用短料拼接。

6.4.1.3 安装

1. 项目结构工程师宜了解钢结构承包商的施工组织设计，对复杂、异形结构的施工过程模拟分析的正确性及安全性提供建议。

【释】钢结构承包商对施工组织、安全等环节，承担完全责任。结构设计师通过了解施工过程，评估施工过程可能对永久结构造成的影响，并可基于对项目的理解，对施工过程的安全提供建议。

2. 设计成果中宜对钢结构连接复杂的部位或区域、构造复杂的节点等提出预拼装要求，并对构造复杂的构件进行工艺性试验。

3. 应要求不得随意扩孔，并严禁气割扩孔，现场必需时应采用磁力钻制孔。高强螺栓连接的钢构件之间，宜不使用垫板。

【释】 高强螺栓不得用作临时安装螺栓。构件间应对孔后才固定连接，以免加大孔径或损坏金属材料。无论何种原因，若拧紧后，螺栓或螺帽出现松脱，整个螺栓组合件不可再用。螺栓的旋紧分初拧和终拧等，初拧时扭距控制值应符合相关规范要求。

一组高强螺栓拧紧的次序应是：先中间，然后逐渐向四周扩展，逐个拧紧。当天安装的高强螺栓应当天终拧完毕。当抗弯节点采用梁上、下翼缘焊接、腹板高强度螺栓连接的做法，安装时的顺序为：先进行腹板高强度螺栓连接，再下翼缘焊接，后进行上翼缘焊接。

4. 设计成果中，对于钢结构安装的合拢温度、需要释放部分荷载的斜撑、延性钢板墙等构件的安装时机等，提出明确要求，并应注意在深化成果、施工组织设计中具体体现。

6.5 防 腐 防 火

6.5.1 措施标准

6.5.1.1 钢结构防腐蚀涂层应按照涂层配套进行设计，需要满足腐蚀环境、工况条件和防腐年限要求，尚应综合考虑底涂层与基材的适应性，涂料各层之间的相容性和适应性，涂料品种与施工方法的适应性。

6.5.1.2 油漆的体积固体含量决定其性能和品质的优劣，设计中宜予以明确；有防火要求时，应确保油漆与防火涂料的兼容性，为保证面漆的性能，防火涂料表面宜涂刷封闭漆。

【释】 钢结构防腐蚀处理分为普通防腐涂料层和喷、镀金属涂层上加防腐蚀涂料的复合涂层两类。工程上常用做法为普通防腐涂料层，其涂层配套构成一般为有机富锌底漆或无机富锌底漆（1～2遍）＋环氧云铁中间漆（2遍）＋氯化橡胶面漆或脂肪族聚氨酯面漆（2遍），面漆颜色由建筑专业确定，防护涂层应满足最小厚度要求。有机富锌底漆一般为环氧富锌底漆或有机硅富锌底漆，无机富锌底漆一般为水性无机富锌底漆、溶剂型无机富锌底漆。

环氧富锌底漆防腐性能优异、附着力强、具有阴极保护作用，施工工艺便捷，工程上应用较为普遍，其厚度在 $12～25\mu m$ 时进行焊接不影响焊接性能；水性无机富锌底漆属绿色环保型涂料，施工工艺要求较为严格，不适宜于在低温下作业，施工单位具有成熟经验时可以采用。

大兴机场、国家速滑馆等项目钢结构工程防腐均选用了富锌底漆，明确了油漆的体积固体含量和封闭漆，涂装配套如下：

对于无防火要求的构件，自钢结构表面至外侧的防腐如下：

序	涂装要求	厚度	符合标准
1	富锌防锈底漆	$80\mu m$	体积固体含量不小于70%
2	环氧云铁中间漆	$60\mu m$	体积固体含量不小于80%
3	聚硅氧烷面漆	$60\mu m$	不含异氰酸酯，体积固体含量不小于50%（颜色建筑师定）

对于有防火要求的构件，自钢结构表面至外侧的防腐如下：

序	涂装要求	厚度	符合标准
1	富锌防锈底漆	$80\mu m$	体积固体含量不小于 70%
2	环氧云铁中间漆	$60\mu m$	体积固体含量不小于 80%
3	防火涂料	详防火涂料要求	粘结强度：超薄型及薄型大于 0.20MPa，厚型大于 0.04MPa
4	环氧封闭漆	$30\mu m$	体积固体含量不小于 50%
5	聚硅氧烷面漆	$60\mu m$	不含异氰酸酯，体积固体含量不小于 50%（颜色建筑师定）

6.5.1.3　当钢结构表面需喷涂防火涂料时，除锈后仅做底漆、中间漆，中间漆涂装后喷涂防火涂料，防腐涂料应与防火涂料相互兼容并有良好的附着力。

【释】 膨胀型防火涂料与面漆应兼容，面漆不能过厚、过硬，否则会阻止防火涂料起泡膨胀，影响防火效应。

"室内"指室内钢构件和室外有外包做法等围护措施的隐蔽钢构件；"室外"指室外无围护、直接暴露于大气中的裸露钢构件。采用膨胀型，中间漆涂装后喷涂防火涂料，然后喷涂面漆（无论室内和室外）。采用水泥基非膨胀型，除锈后仅做底漆、中间漆，中间漆涂装后喷涂防火涂料。对于室外直接裸露钢构件，需涂面漆。采用喷涂施工的石膏基非膨胀型，防腐底漆涂装后喷涂防火涂料，无需中间漆和面漆（有建筑装饰要求除外）。

室内和室外非直接裸露钢构件，无需做面漆（有建筑装饰要求除外）。

6.5.1.4　对长期有高温、高湿作用的局部环境，应采取隔护、通风、排湿等措施；围护结构的设计构造，应避免钢材表面因热桥影响引起的结露或积潮。

6.5.1.5　闭口钢结构构件连接节点处的过焊孔应要求封闭处理，闭口型钢构件内壁不需要进行防腐处理。

6.5.1.6　钢构件直接与铝金属制品等接触，会引起接触腐蚀时，应在构件接触表面涂 1～2 遍铬酸锌底漆及配套面漆阻隔，或设置镀锌层、绝缘层隔离。其相互间的连接紧固件应采用热镀锌的紧固件。

6.5.1.7　与混凝土楼板直接接触的钢梁上翼缘表面无防腐涂漆要求，该部位表面应无可见油污、无附着不牢的氧化皮、铁锈或污染物；与组合楼板直接接触的钢梁上翼缘表面应进行除锈处理，宜涂刷一遍底漆，其厚度不超过 $30\mu m$。

6.5.1.8　钢结构设计文件中应明确工程耐火等级、不同结构构件的耐火极限、防火保护措施、防火涂料类型和厚度要求，以及防火涂料的性能及施工要求。

【释】 防腐及防火材料品质、价格差异很大，设计成果中宜细致要求，避免争议。设计文件中应明确建筑耐火等级、钢构件耐火时限、防火保护措施（石膏基厚型还是水泥基厚型、水性薄型还是油性薄型）和对应涂层厚度（详【京防火规】），防火涂料（厚型、薄型、超薄型标准详【防火涂料】）的干密度、粘结强度及设计的非膨胀型等效热传导系数或膨胀型等效热阻和防火涂料的耐久年限。

当施工所用防火保护材料的等效热传导系数与设计文件要求不一致时，应根据防火保护层等效热阻相等的原则确定保护层的施用厚度，并应经设计结构工程师签认。

防火涂料选用时应考虑其在火灾大变形情况下，具有优异的粘结性和大变形性能，且不能开裂、空鼓和脱落，并应取得项目所在地消防部门的认可。

防火涂料优先选用低导热系数的产品，比如等效热传导系数≤0.08W/(m·℃)。

室内钢构件和室外有外包做法等围护措施的隐蔽钢构件，宜选用室内型防火涂料；室外的无围护、直接暴露于大气中的裸露钢构件，应选用室外型防火涂料。室内型非膨胀防火涂料优先选用石膏基产品，膨胀型选用水性产品。室外型非膨胀选用水泥基产品，膨胀型选用溶剂型产品。

大兴机场、国家速滑馆等项目明确了工程耐火等级、结构构件的燃烧性能、防火涂料类型及耐火极限如下：

构件名称		燃烧性能	耐火极限（h）	防火涂料类型
柱（含钢支撑）		不燃性	3.0	厚型且不大于25mm
梁		不燃性	2.0	膨胀超薄型
楼板/楼梯		不燃性	1.5	膨胀超薄型
屋顶	索网	不燃性	依照消防性能化成果要求	不必涂装
	桁架	不燃性	3.0	厚型且不大于25mm
外立面结构	幕墙网壳	不燃性	依照消防性能化成果要求	膨胀超薄型
	拉索	不燃性	依照消防性能化成果要求	不必涂装

6.5.1.9 非加劲钢板剪力墙、加劲钢板剪力墙、防屈曲钢板剪力墙、开缝钢板剪力墙的耐火等级按梁确定；钢板组合剪力墙的耐火极限宜按柱确定。

【释】提供抗侧刚度的钢板剪力墙耐火极限按梁考虑，提供竖向承载力的按柱考虑。

6.5.1.10 柱间钢支撑的设计耐火极限按钢柱确定，楼盖支撑的设计耐火极限按梁确定，屋盖支撑和系杆的设计耐火极限应与屋顶承重构件相同。

6.5.1.11 室外露天环境钢结构一般不考虑防火防护，但支承易燃物的钢结构应采用专用的露天用防火涂料。

【释】露天钢结构应选用适合室外用的钢结构防火涂料，且至少应经过一年以上室外钢结构工程的应用验证，涂层性能无明显变化。

露天钢结构优先选用非膨胀型水泥基防火涂料，并设置防雨水措施。

采用膨胀型防火涂料时，应选用符合环境要求的产品，表面须涂装面漆和封闭漆。

6.5.1.12 当压型钢板组合楼板中的压型钢板仅做施工期间模板时，压型钢板可不进行防火保护；当压型钢板组合楼板中的压型钢板，既用做施工期间模板又参与结构受力时，组合楼板应进行耐火验算，压型钢板替代钢筋比例应小于等于50%，并依据验算结果确定防火时间，并应首选不在钢板下涂刷防火涂层。

【释】组合楼板耐火极限1.5h时，无防火保护的压型钢板组合楼板优先采用闭口型压型钢板，且板总厚度不小于110mm，当采用开口型压型钢板时，钢板肋以上厚度不小于80mm；若耐火极限为2.0h且无其他防火保护时，上述板厚度分别应调整为不小于125mm和90mm；压型钢板组合楼板耐火验算见【钢防火规】第8.2节。

6.5.1.13 建筑高度大于250m的承重钢结构，当采用防火涂料时，应采用厚型钢结构防火涂料；耐火极限应采用高于【防火规】的要求。

【释】公安部消防局 2018 年 4 月 10 日印发的《建筑高度大于 250m 民用建筑防火设计加强性技术要求》的通知（公消【2018】57 号），附件一第二条中，对建筑高度大于 250m 民用建筑中的建筑构件耐火极限提出了高于【防火规】的要求，并对涂料类型提出了要求。

6.5.2 规范关注

除常规重点外，相关现行规范通常易疏漏的条目，整理如表 6.5.2。

规 范 关 注 表 6.5.2

序	规范		关 注 点
	名称	条目	
1	【钢标】	18.2.4	结构防腐蚀设计规定
2		18.2.7	设计注明钢结构定期检查和维修的要求
3		18.3.3	高温环境下的钢结构防护措施要求
4	【钢防腐规】	3.0.1	大气环境腐蚀作用分类列表
5		4.1.4	构件所用钢材表面初始锈蚀等级规定
6		4.1.4	钢结构钢材基层的除锈等级要求列表
7		4.1.6	钢结构表面防腐涂层的最小厚度规定列表
8		附录 A	常见防腐涂层配套列表
9		4.1.4 条文说明	钢材初始表面质量等级列表
10		4.1.4 条文说明	除锈方法和除锈质量等级列表
11		4.1.8 条文说明	防火涂料匹配的底漆系统列表
12		6.4.8 条文说明	热喷涂金属系统涂层耐久年限及最小厚度列表
13	【钢施规】	13.2.2	构件的表面粗糙度规定列表
14	【工防腐规】	4.3.1	强侵蚀环境中的承重结构选型要求
15	【钢防火规】	3.1.1 条文说明	各类钢构件的设计耐火极限列表
16		3.1.2	防火保护措施
17		3.1.3	钢结构节点的防火要求
18		3.1.4	防火设计文件要求
19		3.2.1	耐火验算与防火设计
20		4.2.1	内置防火保护构造措施

6.6 常 见 问 题

6.6.1 临时支撑

在楼屋盖浇筑混凝土之前，施工过程中钢结构房屋的整体刚度较差，为保证施工安全，必须设置临时支撑，在施工图设计文件中必须注明相应的要求。

6.6.2 健康监测

1. 当施工过程中整体或局部结构受力复杂、施工方案对钢结构内力分布有较大影响、钢结构对沉降和位形要求严格时，宜在施工图设计文件中注明"要求进行施工期间监测"。

前言 | 总则 1 | 概念体系 2 | 结构荷载 3 | 地基基础 4 | 混凝土结构 5 | 钢结构 6 | 大跨结构 7 | 混合结构 8 | 加固改造 9 | 隔震减震 10 | 装配结构 11 | 砌体结构 12 | 超限高层 13 | 程序存续用 14 | 人防结构 15 | 附录

2. 当施工过程导致结构最终位形与设计目标位形存在较大差异、结构对变形比较敏感时，宜在施工图设计文件中注明"要求进行使用期间监测"。

【释】通过施工期间对结构应力和变形的监测，一方面可以保证结构在施工期间的安全与施工质量控制；另一方面依据监测数据，可以全面掌握结构实际受力变形状态与设计的符合情况，为结构竣工验收提供重要技术依据。

通过对结构状态在使用期间的监测，及时掌握结构在使用期间的工作状况，评估结构的安全性；依据结构在使用期间的监测数据等对结构在监测结束后的正常使用荷载、环境条件和地震作用下的安全性做出评估，以及时提出结构在正常使用期间的维护措施。

6.6.3 交界处连接

当工程项目局部为钢结构和混合结构时，结构平面图及详图应示出钢柱、钢梁、钢支撑、轻型屋面等钢构件与混凝土构件的连接构造。

6.6.4 结构试验

当钢结构型式复杂、具有较强的创新性，设计依据不足时，需对受力较大、传力途径不是很明确且关键的部位（如复杂转换钢构件、复杂交叉钢节点、复杂铸钢节点等），进行必要的承载力及抗震性能试验。

第7章　大　跨　结　构

7.1　结　构　体　系

7.1.1　措施标准

7.1.1.1　大跨结构形式灵活多样，选择范围很大。应在满足建筑功能与造型的前提下，选择受力合理、加工制作简单、现场安装方便的结构形式。

【释】本章大跨结构系指【索结构】、【空间网格】、【膜结构】【超限要点】第二条（三）款对应项目。

7.1.1.2　网架、桁架可预先起拱，起拱值可取不大于短向跨度的 1/300。结构挠度可取永久荷载与可变荷载标准值作用下的挠度计算值减去起拱值，但结构在可变荷载下的挠度不宜大于结构跨度的 1/400。

【释】对于重型楼盖挠度及墙架水平变形等应慎重，并详【钢标】附录 B 复核。

7.1.1.3　重要工程设计时，应进行防连续倒塌分析。即在有些关键杆件撤除后，结构可能发生大面积坍塌时，则应采取加强关键杆件或增设备用传力途径等办法，增加结构抗连续倒塌能力。平面结构（如桁架、张弦梁等）抽去关键杆件后，塌毁面积不得超过总面积的 10%。

【释】重要工程指安全等级为一级的工程和超限工程。

7.1.1.4　如有必要，大跨结构应进行初步的施工工况分析，地震作用及使用阶段的结构内力组合应取施工过程完成时静载内力作为初始内力再进行组合。设计成果中，应要求承包商依据将实施的施工组织设计进行施工过程分析，并将分析结果提交设计工程师审查，同时告知与设计工况的差异结果。

【释】施工过程的分析，有可能成为结构杆件控制工况，当发现杆件应力超过设计应力时，应进行处理，调整施工组织设计或适当调整截面，以保证结构安全。

7.1.1.5　平面桁架

（1）高度宜取跨度的 1/10～1/15；

（2）杆件间角度宜为 45 度，最小不宜小于 30 度，以避免节点处杆件重叠或相贯线过长；

（3）上弦屋面系统应确保上弦杆件的侧向稳定，下弦计算长度应取无侧向支撑长度，特别应注意悬挑结构下弦计算长度的确定；

（4）宜在桁架平面外方向，适当设置次桁架以保证结构整体性；

（5）当屋面刚度较弱时，应根据桁架跨度、房屋高度、设防烈度、风荷载等因素，在屋面结构设置纵向和横向支撑，跨度较大、桁架高度较高时还需增设竖向支撑。

7.1.1.6　立体桁架

立体桁架宜采用三角形式，并应关注压杆的计算长度。

【释】杆件布置可参见 7.1.1.5。

7.1.1.7 空腹桁架

（1）空腹桁架刚度受竖腹杆间距、尺度影响较大，确定整体尺度应与建筑师协商并试算；

（2）注意选择合理的支座条件及竖腹杆刚度，使上弦杆处于压弯状态，下弦杆处于拉弯状态；

（3）关注支座设置方式，其对邻近处杆件内力的影响。

7.1.1.8 网架结构

（1）焊接球允许杆件搭接，搭接依小管搭接到大管、压管搭接到拉管上的原则；

（2）一个节点上如杆件截面相差太大时，应调整最小杆件截面；

（3）螺栓球网架不应在施工变形太大的状况下安装；

（4）螺栓球直径不宜大于 300，螺栓不宜大于 M64，直径大于 300 的螺栓球或螺栓大于 M64，可考虑采用焊接球螺栓球混合网架；直径大于 300 的球或螺栓大于 M64 的球采用焊接球，施工时先安装螺栓球后焊焊接球；

（5）当螺栓大于 M64，应对螺栓提出特殊检验要求。

【释】网架结构合理尺寸详【空间网格】3.2.5 条，地震作用下的内力计算详【空间网格】4.4.1、4.4.2 条要求。鉴于节点局部抗弯能力的考虑，实际项目中宜首选焊接球网架。

7.1.1.9 网壳

（1）单层网壳一般宜 3m 左右网格并采用刚接节点：杆件间夹角以 45 度为宜，不宜小于 30 度；

（2）校核网壳结构的极限承载力时，应计入下部结构刚度，下部结构按弹性结构计算；

（3）对于跨度大于 80m 的单层网壳结构，其稳定计算应进行专项研究。计算时应区别杆件受拉、压状态下杆件承载力的不同，并考虑温度作用对承载力的影响。

【释】网壳结构关注【空间网格】3.3 节的要求。

7.1.1.10 张弦梁

（1）高跨比宜取 1/8～1/12；

（2）结构分析可以采用线性分析；

（3）索应力应保证任何工况下不小于 50MPa，避免结构在上吸风及内压风荷载作用下失效；

（4）设计应考虑加荷方式及张拉顺序的影响；

（5）支座的连线宜在张弦梁高度内，以保证结构平面外稳定，否则应核算面外稳定；

（6）上弦应设置支撑系统，确保上弦平面的整体性。

7.1.1.11 索结构

（1）索结构需进行形态分析，确定几何位形和对应预应力，几何位形应满足目标位形要求；

（2）优先选用封闭索。

（3）应采取措施避免索夹发生滑移；

（4）应符合建筑防火要求。

7.1.1.12　膜结构

（1）先进行形态分析，应计入索重；再进行荷载计算，此时荷载应计入活载、风载、雪载等荷载。

（2）膜结构的排水坡度应在 1/10 以上，膜面不得有任何积水聚集点；

（3）风荷载计算时，在膜结构边部的风振系数应大于 2.2；

（4）膜面附近的钢结构不得有尖角、棱边；

（5）膜结构和索应有可靠连接，不应虚搭在索上。

7.1.1.13　开合结构

（1）应将荷载态分为基本态、暂时态和运行态 3 种状况，按照分别对应的荷载条件设计。

【释】基本态为经常使用的工作状态，如体育场的开启状态，此时设计应满足【抗规】【荷载规】规定；暂时态为不经常使用的工作状态，抗震设防烈度可按降低一度考虑；运行态为屋盖处于运动状态时，可将运动距离分为 5～7 段分别计算中间各点，计算时无抗震要求，活荷载和雪荷载按 $0.1 \mathrm{kN/m^2}$ 计。

应进行设计值和标准值的计算：按设计值设计土建结构构件，并向机械设计单位提交标准值结果（交接资料标明为标准值）。通常情况下，控制运行时产生的位移应小于运行长度的 1/1000。

（2）当不能区别基本态和工作态时，则按基本态进行设计。

（3）开合屋盖设计时，活动屋盖应采用适当结构，加强平面内刚度，使结构产生的反力趋于均匀；如采用空间结构（如网壳等）也应调节结构传力途径，使得反力趋于均匀。

（4）活动屋盖设计时，应在屋盖运行方向布置杆件，并在端部设置桁架，上述构件的刚度应保证活动屋盖运行顺利，同时又不会产生不均匀反力。

7.1.2　规范关注

规　范　关　注　　　　　　　　　　　　　　　表 7.1.2

序	规范		关 注 点
	名称	条目	
1	【空间网格】	3.5.1	网格结构容许挠度
2		4.1.2	应在结构说明中注明建筑专业、施工更换屋面围护材料时，应通知结构专业进行复算
3			在有天沟处，应注意天沟自重及排水重量
4			在开敞式结构中应注意屋面受双向风荷载
5		4.3	网壳结构稳定性
6		4.3.4	当进行稳定或极限承载力校核时，系数 K＝极限荷载/（恒载＋活载）
7		4.4.1	网架抗震验算
8		4.4.2	网壳抗震验算
9	【索结构】	3.2.13～3.2.16	索结构容许挠度
10		5.1.5	最小索力要求
11		5.2.3	索形态要求
12	【膜结构】	5.3.4	膜结构容许变形
13		5.3.5	膜面最小主应力要求

7.2 构 件 设 计

7.2.1 措施标准

7.2.1.1 大跨结构用钢材应满足【钢标】4.1.1 条、17.1.6 条要求。对于板厚 $t\not<40mm$ 的板材，尚应满足 $40mm\leqslant t<60mm$ 时达 Z15；$60mm\leqslant t<90mm$ 时达 Z25；$90mm\leqslant t$ 时达 Z35。

7.2.1.2 构件计算

（1）当用梁单元计算弯曲杆件时，可将弯曲杆件做再剖分，剖分数量以 $N+1$ 次和 N 次计算结果相近为准，取 N 次；

（2）当扭矩 T_r 不大于杆件抗扭承载力 T_c 的 20% 时，管截面（HSS）承受组合扭转、剪切、弯曲和轴向力共同作用的构件，其扭转效应可忽略。当扭矩 T_r 大于杆件抗扭承载力 T_c 的 20% 时，扭转、剪切，弯曲及轴向作用应满足：

$$\left(\frac{P_r}{P_c}+\frac{M_r}{M_c}\right)+\left(\frac{V_r}{V_c}+\frac{T_r}{T_c}\right)^2\leqslant 1.0$$

【释】此公式摘自美国 ASD 相关公式。

（3）大跨结构计算时，应采用大跨结构单独模型、与下部主体结构合模的整体模型分别计算。整体模型计算时，上部结构和支承结构单独模型所有荷载组合工况应全部参与计算；

（4）大跨结构的关键构件应力比不宜大于 0.85；

（5）构件最小拉力小于 50kN 的杆件应按受压杆件长细比控制；

（6）当相邻上弦或下弦杆件发生拉压变号时，杆件截面最小不应小于 $\Phi121$ 或长细比不大于 150。

7.2.1.3 当 Q355 构件的应力小于 Q235 钢材的设计值时，杆件截面可按 Q235 钢材的对应构造要求控制。

7.3 节 点 设 计

7.3.1 措施标准

7.3.1.1 大跨结构节点构造应与计算模型相符；当构件在节点偏心相交时，应在模型中真实反应，考虑局部弯矩的影响。

【释】大跨结构节点一般分为铰接、单向滑动铰接、双向滑动铰接、刚接等类型，设计时应保证节点构造符合计算模型假定。由于节点构造的要求，可能导致构件在节点处偏心相交，偏心应在计算模型中真实反应，以考虑局部弯矩对构件承载力的影响。

7.3.1.2 构造复杂的节点应通过有限元分析确定其承载力，宜采用节点与整体结构多尺度模型计算。

【释】由于空间结构节点受力和边界复杂，单独进行节点有限元计算不能真实反应节点受力状态，宜采用多尺度模型计算，可更好的模拟边界条件和荷载，计算结果更真实可靠。

7.3.1.3　抗震球铰支座

（1）抗震球铰支座由专业厂家生产，并对支座承载力、变形能力等性能负责，设计院进行复核；

（2）设计应明确抗震球铰支座的参数要求，包括最大竖向压力、最大竖向拔力、最大水平剪力、最大转角、支座顶板尺寸、支座底板尺寸。单向和双向滑动铰支座还应补充各方向的滑移量，滑移量应满足温度和大震组合下的支座水平变形要求；

（3）抗震球铰支座可采用铸钢、钢板机械加工等形式。如采用铸钢，应对铸钢材质的性能、厚度提出要求，不宜采用150mm以上厚度的铸钢件；

（4）与抗震球铰支座对应的埋件，应可靠的传递与支座承载力要求匹配的荷载，设计时考虑水平剪力引起的附加弯矩对埋件设计的影响，如图7.3.1.3-1；

（5）滑动支座应补充在最大滑移量时，由于竖向压力偏心引起的附加弯矩对于下部结构的影响，如图7.3.1.3-2。

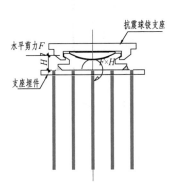

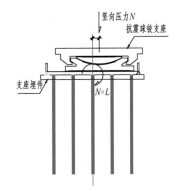

图7.3.1.3-1　水平剪力引起
附加弯矩图

图7.3.1.3-2　竖向力偏心引起
附加弯矩

【释】抗震球铰支座在大跨结构中应用越来越广泛，但生产厂商水平参差不齐，设计院应对厂家的支座设计进行复核，但应明确支座的责任主体是厂商。铸钢件越厚，内部缺陷可能越多，材料离散性越大。埋件应补充在拉力、水平剪力以及剪力引起的弯矩组合作用下埋件的承载力计算。

7.3.1.4　销轴节点

（1）销轴节点适用于铰接柱脚，拉索、拉杆、连杆等端部的连接，当销轴轴向剪力过大时，不宜采用该连接节点形式；

（2）销轴直径大于120mm时，设计说明中宜注明采用锻造加工工艺；

（3）当有沿销轴轴向的剪力时，应补充耳板平面外的抗弯计算，并有足够的构造措施传递该弯矩与剪力；

（4）应进行销轴两端盖板高强螺栓的抗拔计算；

（5）与销轴节点对应的埋件，注意水平剪力引起的附加弯矩对埋件设计的影响。

7.3.1.5　向心关节轴承节点

（1）向心关节轴承由专业厂家生产，并对其承载力负责；

（2）设计应明确向心关节轴承的参数要求，包括：轴承径向和轴向的反力控制值、径向和轴向及轴承内孔尺寸、轴承内外圈摩擦面的摩擦系数要求、轴承平面外的转角等；

（3）带向心关节轴承的节点设计时，单耳板和双耳板之间应留有足够的间隙，以满足单耳板平面外的转动空间，如图7.3.1.5；

（4）向心关节轴承沿销轴轴向的承载力较弱，如该方向剪力较大，不宜采用向心关节轴承节点。

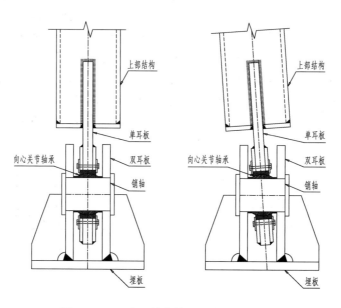

图7.3.1.5　向心关节轴承节点转动示意图

【释】向心关节轴承与销轴配合使用，可实现理想铰接。轴承选型时，建议取设计荷载的1.5至2.0倍作为轴承的额定静载荷。

7.3.1.6　螺栓连接节点

（1）大跨结构中以轴力为主的工字型截面构件，其杆端与其他构件铰接相连时，如果直接将腹板与节点板螺栓连接，翼缘断开，应验算局部腹板在轴力作用下的承载力是否满足要求，如图7.3.1.6；

（2）大跨结构螺栓连接可采用单剪或者双剪的形式，采用双剪时，宜采用双贴板抗剪的形式；

（3）杆端设置螺栓连接时，螺栓节点板不宜过大，应满足板平面外的稳定性，如果节点板较大，宜设置加劲肋。

【释】对以承受轴力为主的构件，当采用工字型截面时，如仅在节点区用螺栓连接腹板，会导致轴力仅在腹板传递，节点区偏于不安全。空间结构定位复杂，螺栓连接时应尽量避免从被连接结构构件上直接焊接两块双板，施工难以保证质量。

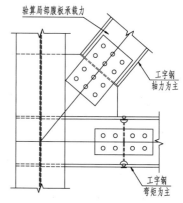

图7.3.1.6　轴力为主的工字钢螺栓连接验算腹板局部承载力

7.3.1.7　焊接球节点

（1）焊接球节点的材质应与所连接的构件材质匹配；

（2）焊接球的尺寸应与所连构件尺寸匹配，不能为满足构件不碰而无止境的增加焊接球直径，避免出现小管连大球的情况；

（3）对于加肋焊接球，肋板的方向宜与最大杆件方向一致，并兼顾其他构件。加劲肋的厚度不应小于焊接球壁厚；

（4）钢管构件与焊接球连接时，钢管应开坡口，与焊接球之间留有一定间隙并焊透，实现全熔透等强连接。对于壁厚较小的钢管（壁厚≤6mm），可不开坡口，但应按角焊缝计算，角焊缝应满足承载力要求。

【释】如焊接球处杆件相碰，首先宜调整构件布置方向，其次可允许局部出现构件搭接隐蔽焊缝的情况，但应对被搭接构件进行局部焊缝补强，同时隐蔽焊缝应满足相关规范要求。

7.3.1.8　铸钢节点

（1）宜少采用厚度150mm以上的铸钢件，如必须采用，应提出对150mm以上铸钢节点的强度指标及节点性能，并建议进行足尺铸钢节点试验和材料性能试验；

（2）应补充铸钢节点与普通钢管连接处的技术要求。

【释】根据《铸钢节点应用技术规程》CECS235-2008的3.2.1条及表A.1.2-2，给出了厚度在100mm以下的强度指标，对于100mm以上的铸钢强度没有给出。根据《铸钢节点应用技术规程》CECS235-2008的3.1.6条，对于100～150mm之间厚度的铸钢强度指标可不折减。但对于150mm以上厚度的铸钢节点，由于铸件较厚，铸造时表面与芯部冷却速度差异较大，导致芯部结晶组织与力学性能明显差别于表面部分，即表现为芯部的强度、伸长率及冲击功相较表面出现明显下降。由于铸钢的强度较低，根据《铸钢节点应用技术规程》CECS 235-2008的3.2.1条规定，强度最高的G20Mn5QT的抗拉、抗压和抗弯强度设计值只有235MPa。为保证焊缝延性，异种材料焊接时，焊材按与低强度母材相匹配的原则选用。

（3）当钢板的强度较高（如采用Q355、Q390、Q420及以上）时，导致铸钢与钢板组件拼接位置难以达到等强。为保证拼接位置的等强连接，可采用以下措施：a、采用加垫板的改进铸钢节点坡口形式，详见图7.3.1.8a；b、将与铸钢节点连接处钢板厚度加厚到与铸钢厚度等厚，此时应注意接口处内力的协调，详见图7.3.1.8b。

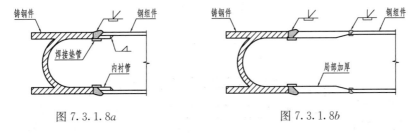

图7.3.1.8a　　　　　　　　　　图7.3.1.8b

7.3.1.9　钢索索夹节点

（1）索夹两端索的不平衡力，可通过施加于索槽上的压力产生的摩擦力作为索夹两端不平衡力的抗力，索槽与索之间摩擦系数需要通过实验测得；

（2）为保护索不被外荷载压坏，作用于索槽上的压力必须满足要求；

（3）为防止索在索夹位置改变角度时，索受弯破坏，索在索槽中的弯曲半径必须满足要求；

（4）在可变荷载作用下，索在索夹两端角度的变化需要限定在一定范围内。

【释】 作用于索槽的压力，压力与投影面积的比值不应大于表 7.3.1.9 第一列的数值。如果超过，则需要采取相应措施降低索槽对索的挤压，如在索槽喷锌粉。但其压力与投影面积的比值也不应大于表格第二列的数值。

索槽压力与投影面积的比值限值 表 7.3.1.9

表格出自欧标《Eurocode 3-Design of steel structures》-《Part 1-11：Design of structures with tension components》第 6.3.3 节 Table 6.4。

Type of cable	q_{Rk} [N/mm²]	
	Steel clamps and saddles	Cushioned clamps and saddles
Fully locked coil rope	40	100
Spiral strand rope	25	60

为防止索在索槽中改变方向时受弯变形破坏，索在索槽中的弯曲半径不应小于 30 倍索的直径。如果索槽中喷漆粉进行软化，其半径可以减少到 20 倍索直径。为防止索槽端部边缘损坏索槽，索槽端部应至少设置 20mm 半径倒圆角。如图 7.3.1.9a 所示。

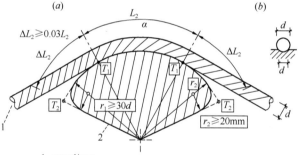

1 strand/rope
2 saddle
L_2 length of strand/rope between the two theoretical tangent points T_1 under the most unfavourable characteristic combination of loads and the catenary effects
ΔL_2 additional length of wrap

图 7.3.1.9a 索槽构造要求

在可变荷载下，为防止索破坏，索在索夹两端角度变化范围不得大于以下数值：钢绞线 2°，钢丝绳 4°，如图 7.3.1.9b 所示。

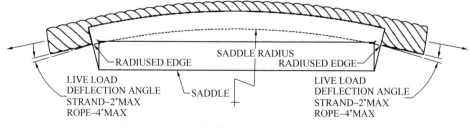

图 7.3.1.9b 可变荷载下索两端角度变化限值

7.3.2　规范关注

序	规范		关注点
	名称	条目	
1	【钢标】	12.4.5	铸钢节点壁厚要求
2		12.5.3	索夹设计要求
3		12.6.5	球形支座设计要求
4		11.6.2	销轴连接构造
5		11.6.4	销轴计算，注意式 11.6.4-3 的公式更正
6	【桥梁球座】	4.2	支座用材料的物理机械性能
7	【关节轴承】	5.1	向心关节轴承额定静载荷计算
8	【铸钢节点】	3.1.6	铸钢材料强度规定
9		3.2.1	铸钢材料强度规定
10	【EN1993-1-11】	6.3	索夹设计
11	【ASCE19-16】	附录 B、C	索夹两端角度要求

7.4　超　限　大　跨

7.4.1　对照【超限要点】，凡属屋盖超限工程（下称"超限大跨"），在初步设计阶段，须由设计单位提供《超限报告》、由业主单位将申报材料报送地方建设行政主管部门，由该部门组织省级或全国超限高层建筑工程抗震设防专家委员会进行专项审查。属【超限要点】第三条的结构，应委托"全国超限高层建筑工程抗震设防专家委员会"审查。

【释】本节仅为"屋盖超限工程"有关要求，"高度超限工程"、"规则性超限高层建筑工程"的要求详【技措】第 13 章。当工程所在地建设行政主管部门有专项审查文件规定时，亦应遵照执行。

7.4.2　申报资料的内容、深度及要求详见【超限要点】第二章及第五章规定。

【释】属于【超限要点】附件 1 表 5 第 2 款的大跨屋盖建筑（包括不高于 24m 的大跨屋盖建筑及下部结构为几个独立分体、但屋盖为整体的大跨屋盖连体结构）即为屋盖超限工程。具体工程的界定遇到问题时，可从严考虑或向全国超限高层建筑工程审查专家委员会、工程所在地省超限高层建筑工程审查专家委员会咨询。

属于"屋盖超限工程"，又同时属于"高度超限工程"或"规则性超限工程"的项目尚应根据第十三章有关要求提出更严格的抗震措施和抗震性能目标，并进行性能化设计。

7.4.3　超限大跨应根据其超限情况，有针对性地制订抗震性能目标及抗震措施，并应在《超限报告》中专门阐述、在设计成果中落实。

7.4.4　归档的初步设计文件应包含"屋盖超限工程抗震设计可行性论证"，后续施工图设计文件应包含《抗震设防专项审查意见》及落实情况。

7.4.5　屋盖超限工程的屋盖结构和与屋盖结构相连的构件可不按高层建筑弹性计算的位移比进行控制，屋盖的底部支承结构的竖向构件应为关键构件。

【释】由于不同专家对屋盖结构的位移控制标准意见不统一，必要时可与外审专家就相关问题进行沟通。大跨空间结构与下部支承结构的连接支座可刚接、固定铰接、单向滑动铰等多种形式。

7.4.6 应明确超限大跨的关键节点、关键杆件和薄弱部位。提出保证结构承载力和稳定性的措施，并详细论证其技术可行性。对关键节点、关键杆件及支承部位（含相关的下部支承结构构件），应提出明确的抗震措施和性能目标。

【释】关键节点一般指支座节点及对结构安全性起重要作用的连接节点，关键构件一般指与支座相连接的杆件、屋盖连体部分相关构件及对结构安全性起重要作用的杆件。支座节点的性能目标可按中震弹性控制。应确保下部支承结构关键构件的抗震安全，不应先于屋盖破坏；与支座相连接的杆件在中震弹性荷载组合下的应力比宜不高于 0.9。

支承点数量较少，如 4 或 5 个点支承的超限大跨的支承结构和支座节点，二者的性能目标应大震不屈服，和支座节点相连杆件在中震弹性荷载组合下的应力比宜不高于 0.75。3 点支承的超限大跨的支承结构和支座节点，二者的性能目标应按大震弹性控制，和支座节点相连杆件在中震弹性荷载组合下的应力比宜不高于 0.7。

7.4.7 设防烈度为 7.5 度（0.15g）及以上时，屋盖的竖向地震作用应参照整体结构时程分析结果确定，并应考虑以竖向地震为主的荷载组合。

【释】应关注屋盖结构在整体结构分析中高阶振型和阻尼比的影响；也宜补充独立钢屋盖结构的分析（独立钢结构模型分析时，应考虑结构位于高处地震作用的放大（鞭鞘效应）和阻尼比的变化），并与整体结构分析结果包络设计。

7 度时特殊形式的大跨屋盖及不满足【抗规】10.2.6 条的超限大跨，仍应采取必要的抗震措施并进行抗震计算分析。

7.4.8 屋盖结构的基本风压和基本雪压应按重现期 100 年采用；索结构、膜结构、长悬挑结构、跨度大于 120m 的空间网格结构及屋盖体型复杂时，风载体型系数和风振系数、屋面积雪分布系数，应比规范要求适当增大或通过风洞试验或数值模拟研究确定。

【释】详第三章《结构荷载》3.2 节。

7.4.9 计算模型应计入屋盖结构与下部支承结构的协同作用。屋盖结构与下部支承结构的主要连接部位的约束条件、构造应与计算模型相符。

【释】整体结构计算分析时，应考虑下部支承结构与屋盖结构不同阻尼比的影响。若各支承结构单元动力特性不同且彼此连接薄弱，应采用整体模型与分开单独模型进行静载、地震、风荷载和温度作用下各部位相互影响的计算分析的比较，合理取值。

必要时应进行施工安装过程分析。地震作用及使用阶段的结构内力组合，应以施工全过程完成后的静载内力为初始状态。

7.4.10 超长结构（结构总长度大于 300m）应按【抗规】5.1.2-5 款的要求考虑行波效应。

【释】所采用的地震波波速可根据等效剪切波速确定。

对周边支承空间结构，如：网架、单、双层网壳、索穹顶、弦支穹顶屋盖和下部圈梁-框架结构，当下部支承结构由结构缝分开、且每个独立的支承结构单元与上部空间结构的侧向刚度比小于 2 时，应采用三向多点输入计算地震作用。

对两线边支承空间结构，如：拱/拱桁架、门式刚架/桁架、圆柱面网壳等结构，当支承于独立基础时，应采用三向多点输入计算地震作用。

对长悬臂空间结构，应视其支承结构特点，采用多向单点一致输入，或多向多点输入计算地震作用。

7.4.11 对跨度大于 150m 或特别复杂的结构，应进行罕遇地震下考虑几何和材料非线性的弹塑性分析。

【**释**】大跨屋盖结构，振型复杂，宜采用动力时程弹塑性分析，地震作用详【技措】3.3。动力弹塑性分析的初始阻尼比与结构弹性状态下的阻尼比一致。

7.4.12 对单层网壳、厚度小于跨度 1/50 的双层网壳、拱（实腹式或格构式）、钢筋混凝土薄壳，应进行整体稳定验算。

【**释**】整体稳定验算时，应合理选取结构的初始几何缺陷，并按几何非线性或同时考虑几何和材料非线性进行全过程整体稳定分析。钢筋混凝土薄壳尚应同时考虑混凝土的收缩、徐变对稳定性的影响。

7.4.13 特殊连接构造应在罕遇地震下安全可靠，复杂节点应进行详细的有限元分析，必要时应进行试验验证。

【**释**】复杂节点有限元分析应建立准确合理的边界条件，宜采用多尺度分析方法。

7.4.14 对采用复杂结构形式的屋盖结构，应防止因个别关键构件失效导致屋盖整体连续倒塌的可能。

【**释**】对需要进行抗连续倒塌设计的屋盖结构，可采用拆除构件法进行抗连续倒塌分析。

7.4.15 应严格控制屋盖结构支座由于地基不均匀沉降和下部支承结构变形（含竖向、水平和收缩徐变等）导致的差异沉降。

7.4.16 应采取措施使屋盖支座的承载力和构造在罕遇地震下安全可靠，确保屋盖结构的地震作用直接、可靠传递到下部支承结构。当采用叠层橡胶隔震垫作为支座时，应考虑支座的实际刚度与阻尼比，并且应保证支座本身与连接在大震的承载力与位移条件。

7.4.17 对于人员密集、重要性较高的大跨空间结构应关注温度作用分析和抗火设计。

第 8 章 混 合 结 构

8.1 结 构 体 系

8.1.1 措施标准

8.1.1.1 混合结构是由钢筋混凝土构件、钢构件、组合构件三种中至少两种构件共同构成，设计中除考虑其适用性外，应对不同结构体系，及至纯钢、纯混凝土结构间进行必要的技术经济分析。

【释】混合结构与纯混凝土结构相比，在降低结构自重、减少结构断面尺寸、改善结构受力性能、加快施工进度等方面具有明显的优势，尤其在大跨、超高层、重载的结构中；与纯钢结构相比，具有防火性能好、综合用钢量小、风荷载作用舒适度好的特点。除考虑混合结构适用的最大高度、高宽比外，综合经济性比较分析是设计前期的重要工作。钢、钢筋混凝土所构成的构件及其混合而成的结构形式是多种多样的，应综合考虑建筑需求、工期进度、材料用量、施工技术等因素，确认采用混合结构体系的必要性及合理性，充分发挥其综合优势。

8.1.1.2 混合结构设计应重视结构合理重量的控制。

【释】结构重量愈大，地震作用愈大，同时，基础负担的荷载越大。对于高层钢筋混凝土混合结构，楼盖为现浇钢筋混凝土梁板时，根据层高情况单位重量（恒＋0.5活）一般可控制在 $15\sim17kN/m^2$；楼盖为钢梁和组合楼板时，可控制在 $14.5\sim16.5kN/m^2$。

8.1.1.3 应综合结构类型、抗震设防烈度及设防分类、房屋高度、场地土类别等，确定结构体系下的抗震等级，详见附录 08-1a、附录 08-1b。多层及高层建筑采用混合结构体系的主要结构形式：

    1. 混合框架结构，即指钢梁-型钢（钢管）混凝土柱混合框架结构、型钢混凝土梁-型钢（钢管）混凝土柱混合框架结构；

    2. 框架-剪力墙混合结构，即指钢框架-钢筋混凝土剪力墙结构、混合框架-钢筋混凝土剪力墙结构；

    3. 框架-核心筒混合结构，即指钢框架-钢筋混凝土核心筒结构、混合框架-钢筋混凝土核心筒结构；

    4. 筒中筒混合结构，即指钢框筒-钢筋混凝土内筒结构、混合框筒-钢筋混凝土内筒结构。

【释】混合框架结构和框架-剪力墙混合结构主要应用于多高层建筑，但由于经济性、构造复杂等原因，实际应用案例较少；型钢混凝土柱或钢管混凝土柱-钢梁-钢筋混凝土核心筒、钢框架-钢筋混凝土核心筒结构的工程应用较多；筒中筒混合结构主要应用于高层或超高层建筑，筒中筒混合结构中的外筒可以是框筒、桁架筒或交叉网格筒；混合结构体系在发展中，还会出现其他新型结构体系。

第 3 款中，由于水平荷载作用下核心筒必须有一定高度才能整体起作用，一般情况下，高度不超过 60m 的框架-核心筒结构，以及高度不超过 80m，高宽比小于 3 的筒中筒结构宜按框架-剪力墙结构设计。

混凝土结构局部采用钢构件或型钢混凝土构件不属于混合结构，如为减少柱截面尺寸或增加延性而在混凝土柱中设置型钢，而框架梁仍为混凝土梁时；局部构件（如框支梁柱）采用型钢梁柱（型钢混凝土梁柱），局部采用钢板混凝土核心筒等情况。

8.1.1.4 混合结构设计时，除结构的整体设计、节点设计和防火设计外，应考虑不同结构构件之间的协同工作、连接措施以及不同材料施工方法和施工顺序对结构的影响。

【释】不同于纯钢、纯混凝土结构，混合结构还应注意以下问题：

1）不同结构构件的受力、变形特点存在差异，应考虑其相互作用的影响；

2）为保证荷载在不同构件间有效传递，应有可靠的连接措施；

3）考虑不同材料性能差异的影响，应设置连接件保证材料的共同组合作用，采取对不同材料协同工作有利的技术措施；

4）避免结构构造与施工工艺过于复杂，优化节点构造设计，合理规划施工顺序，也是设计的重要内容；

5）当建筑高度大于 250m 时，注意民用建筑防火设计的加强性技术要求。

8.1.1.5 高层混合结构宜设计为双重抗侧力体系。框架-核心筒、筒中筒混合结构中，外围框架梁柱间应为刚接，以提升二道防线的框架刚度和结构的整体抗扭刚度。内筒与外围框架间的楼面梁可设计为铰接，与上翼缘上混凝土楼板共同构成组合梁。

【释】框架-剪力墙和框架-核心筒混合结构中，框架和剪力墙、核心筒之间的刚度宜有一个适当的比例，外框的剪力分担率应满足规范要求，详【高规】8.1.4 条、【高规】9.1.11 条、【技措】13.4.8 条，保证作为二道防线的框架具有足够的抗侧能力。为了增加结构刚度而将楼面钢梁与混凝土内筒做成刚接，不但增加施工难度，内外筒的竖向差异变形会引起梁和连接节点的内力增加，而且，钢与混凝土的连接节点很难形成真正的刚接，会与计算假定存在较大误差，铰接更符合实际，同时也便于内筒的爬模、滑模施工工艺的实现。

8.1.1.6 混合结构体系布置中，应关注以下环节：

1. 对于不同结构类型、不同材料交接部位以及刚度突变的楼层，应有合理的过渡加强措施；混合结构沿高度宜采用同类结构构件，当上部或下部结构形式变化时应设置过渡层，避免产生刚度和强度突变而形成薄弱层。

2. 混合结构体系的高层建筑，7 度抗震设防且房屋高度不大于 130m 时，宜在楼面钢梁或型钢混凝土梁与钢筋混凝土墙交接处及墙筒体四角内置钢骨；7 度抗震设防但房屋高度大于 130m 及 8、9 度抗震设防时，应在楼面钢梁或型钢混凝土梁与钢筋混凝土墙交接处及墙筒体四角内置钢骨。

3. 超高层（高度大于 200m）混合结构中，应考虑不同刚度构件竖向位移差异造成的不利影响，采取必要的设计及施工措施。

4. 混合结构楼盖体系宜采用压型钢板或钢筋桁架楼承板现浇混凝土组合楼板，必要时可采用硬架支模的现浇混凝土楼板。

5. 当设置伸臂桁架及环桁架时，应进行敏感性分析，抗震设计时还应注意控制加强层的刚度，具体位置、形式需与建筑专业配合。

【释】上述条款中：

1）混合结构中不同结构形式、不同构件类型、不同结构材料交接情况较多，为了避免刚度、强度、延性等结构性能的突变，设置过渡措施是极其必要的。如不同类型结构构件间过渡层的设置要求，详【高规】11.2.3条；如型钢混凝土柱与钢筋混凝土柱间过渡层的设置要求，详【组规】14.1.1条等。

2）混合结构布置，特别是钢与混凝土的交接，是设计的重要环节，第2款中"楼面钢梁与钢筋混凝土墙交接"系指楼面钢梁与钢筋混凝土墙刚接的情况。是否设钢骨主要取决于楼面梁端部弯矩的大小，弯矩较大或当梁跨度、承载面积较大时也宜设型钢。

3）第3款中，构件竖向位移差异造成的不利影响主要有两个方面，其一是竖向构件之间的内力重分配，计算结果应能准确反映构件的实际受力状态；其二是对水平构件如楼层梁等的影响。通过控制施工顺序，改善其影响，也属于设计应考虑的问题，详【超限要点】第十三条九款。当布置有外伸桁架加强层时，应采取有效措施，减少由于外柱与混凝土筒体竖向变形差异引起的桁架杆件内力的变化。

4）第5款中，设置伸臂桁架及环桁架的主要目的在于提高侧向刚度的需要，当考虑抗震要求时，加强层的刚度应适宜，详【高规】11.2.7条。以往研究表明，当沿高度仅设置一道伸臂桁架时，可以设置在结构的2/3H处减小侧移效果最好，设置两道伸臂桁架时，其中一道可设置在0.7H高度处，另一道大约设置在0.5H处。敏感性分析是评判设置伸臂桁架及环桁架效率的重要依据，具体工程中应根据分析结果并结合建筑需求确定其设置数量及位置。当需要减小内筒倾覆弯矩、改善核心筒中震下拉应力时，则伸臂桁架的布置应尽量靠下。

加强层刚度的控制除优化伸臂结构布置、结构形式、构件尺寸外，还可以通过阻尼器的设置，优化加强层构件之间的相对刚度比，弱化地震作用下的层间刚度突变，降低核心筒墙体的损伤程度，提高主要竖向构件的地震作用安全度。如将粘滞阻尼器设置在伸臂桁架与外框架连接处的做法，可以较大程度地耗散地震能量，减小结构的地震反应。

8.1.1.7 混合结构计算中，应注意以下问题：

1. 计算模型应模拟不同材料、构件或体系组合在一起协同受力的特征。结构分析应充分考虑不同材料、构件或体系组合在一起协同受力时与单一材料、构件或体系时力学平衡方程、变形协调关系和材料本构模型的不同。

2. 结构计算时，应通过调整构件折算弹性模量等方式，准确反映型钢的作用。

3. 当利用楼层钢梁作为伸臂桁架的弦杆，计算伸臂桁架上下弦杆内力时宜将楼板取为弱弹性楼板或按不考虑楼板作用的模型。

4. 在多遇地震作用下的阻尼比可取为0.04；抗风设计时，结构承载力和结构变形验算时的阻尼比可取为0.020~0.040；结构顶部加速度验算时的阻尼比可取为0.010~0.015（0.010~0.020），详【技措】表3.3.2-2。

5. 超高层（高度大于200m）混合结构，施工模拟计算分析得到的结构内力应与其他荷载（活荷载、风荷载或地震作用）进行组合，验算承载力。地震作用下结构的内力组合，应以施工全过程完成后的静载内力为初始状态。

6. 混合结构施工方法或顺序对主体结构的内力和变形产生较大影响或设计文件有特

殊要求时，应进行施工工况验算，对施工阶段结构的强度、刚度和稳定性验算，验算结果应得到设计单位确认。

【释】上述条款中：

1）第 2 款中"调整构件折算弹性模量"，系指计算中考虑了型钢与混凝土刚度叠加的影响，详【高规】11.3.2 条、【组规】4.3.4 条。

2）第 3 款，结合了【高规】11.3.6 条、【超限要点】第十一条五款的要求，计算结果偏于安全。

3）第 4 款中，不同验算情况下，阻尼比的取值不同，详【高规】11.3.5 条、【组规】4.3.6 条。由于混合结构由多种性能差异较大的构件组成，材料的阻尼比差别较大，可结合具体工程情况考虑其影响。

4）第 5 款中的施工模拟计算分析，应考虑以下因素：①施工阶段部分抗侧力构件延迟安装，如防屈曲支撑构件，钢板剪力墙的延迟安装等；②施工阶段部分构件、节点延迟安装，如外伸臂桁架的延迟安装、型钢混凝土构件混凝土的延后浇筑；③施工过程中节点支座约束条件变化；④施工过程中结构刚度（竖向刚度、抗侧刚度）逐步变化；⑤施工过程的荷载及结构可靠度的合理选取。

8.1.2 规范关注

规范关注　　　　　　　　　　表 8.1.2

序	规范		关注点
	名称	条目	
1	【高规】	3.7.6、3.7.7	结构的风振及楼盖结构的舒适度要求
2		9.1.4	筒体结构楼盖外角配筋的规定
3		11.1.6	框架所承担的地震剪力
4		11.1.2、11.1.3	混合结构最大高度及高宽比的规定
5		11.2.7	加强层设计的规定
6		11.3.4	混合结构施工阶段验算的规定
7		13.10	混合结构施工的有关要求
8	【组规】	4.3.8	组合结构构件抗震等级的规定
9		14.1.1、14.1.2	型钢混凝土柱与钢筋混凝土柱、钢柱间设置过渡层的规定

8.2 构 件 设 计

8.2.1 措施标准

8.2.1.1 型钢混凝土框架梁、柱内埋置的型钢宜采用实腹型钢，型钢钢板宽厚比需满足限值要求。

8.2.1.2 型钢混凝土柱的轴压比需满足限值要求，柱中受力型钢的含钢率宜控制在合理范围内。

【释】除控制型钢混凝土柱的轴压比外，通过配置必要的构造箍筋，以改善构件的抗震性能，避免大震作用下构件刚度急剧退化及延性降低，详【高规】11.4.4 条、11.4.6 条要求。

通常，型钢混凝土柱的合理含钢率宜为 4%～8%，型钢混凝土柱与钢筋混凝土柱间过渡层区的型钢含钢率宜不小于 2%。如果含钢率过大，应有相应措施，详【组规】

6.1.2 条要求。

8.2.1.3 型钢混凝土柱最小体积配箍率不能满足规定时，可以配置拉筋，拉筋形式可参照图 8.2.1.3 所示。当拉筋必须穿型钢翼缘时，型钢翼缘穿洞处宜增加补强措施。

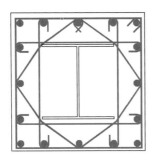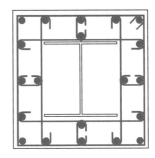

图 8.2.1.3　型钢混凝土配置拉筋

8.2.1.4 型钢混凝土梁、柱设置栓钉的要求在【高规】、【组规】中均有明确规定，设计中可考虑在协同工作比较高的区域布置较多栓钉，其他区域满足基本要求即可。

【释】栓钉是组合构件中的重要连接件，保证了不同材料部件间的联结和共同工作。但设计中，往往栓钉间距较密且通长布置，尤其节点区、加密区，横竖纵筋、箍筋、栓钉、型钢等密集交织，导致混凝土施工困难，质量不易保证。

8.2.1.5 型钢混凝土梁、柱内型钢的混凝土保护层除满足最小厚度要求外，应结合配筋的实际情况，充分考虑钢筋及混凝土施工的可行性、便利性等因素后综合确定。混凝土首选自密实混凝土。

【释】目前市场自密实混凝土的价格与普通混凝土相当，或高出 10% 左右，但浇筑工艺相对简化，常规采用高抛工艺现场浇筑。

8.2.1.6 型钢混凝土柱中的钢骨为钢管时，应设置必要的灌浆孔、排气孔，当孔径过大导致加劲板削弱过多时，应采取相应的补强措施；对于巨柱的分腔隔板、钢板剪力墙的钢板等需设置必要的流淌孔，必要时应采取相应的补强措施。

8.2.1.7 规范对圆形钢管、矩形钢管混凝土柱设置肋板的原则以及内填混凝土收缩对钢管混凝土共同工作性能不利影响的构造措施均有明确规定，设计中应认真执行。对于巨型钢管混凝土柱的加劲肋设置及混凝土构造措施可参照上述规定及原则进行专项设计。

【释】巨型钢管混凝土施工时，一般两层一节或者三层一节，每节高度 15m 左右，在浇筑自密实混凝土时，15m 流塑状态混凝土会对钢管外壁产生推力，特别是长边，容易产生变形。一方面要验算施工时水平力，另一方面设置竖向通长隔板分腔或者多设置几道水平加劲肋增加支撑作用。组合构件设计时，应按照钢与混凝土组合作用形成之前的工况，对钢构件的强度、稳定性和刚度等进行验算。设计中应特别注意对组合构件施工阶段的复核，以及采取对两种材料协调工作有利的构造措施。

8.2.1.8 钢筋混凝土核心筒角部的完整性应有保证，开洞位置不应紧邻角部，且宜对称均匀；当钢筋混凝土核心筒墙体承受的弯矩、剪力和轴力较大或为保证其延性要求，可根据工程情况选用不同形式的钢与混凝土组合剪力墙。

【释】鉴于混合结构中核心筒的重要性，规范从墙体配筋率等方面提出了更高的要求，详【高规】11.4.18 条。

　　钢与混凝土组合剪力墙的主要作用是增强结构的抗震性能，减小构件截面尺寸，增加结构的侧向刚度，应注意剪跨比、轴压比、混凝土强度、型钢配置、暗柱约束等因素对其抗震性能的影响，钢与混凝土组合剪力墙常用截面形式如图8.2.1.8所示。

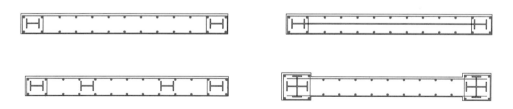

图 8.2.1.8　钢与混凝土组合剪力墙常用截面形式

8.2.1.9　伸臂桁架宜采用钢桁架，并在主体结构完成后再与外框柱连成整体，其与核心筒墙体应刚接。

【释】按照与外框柱的连接情况，伸臂桁架可简化为以下基本形式（图8.2.1.9）：1）两点连接方式；2）单点上部连接方式；3）单点下部连接方式；4）单点中间连接方式。实际工程中形式1使用较少，具体形式应结合工程需求，对刚度、强度、材料用量等综合评估采用。

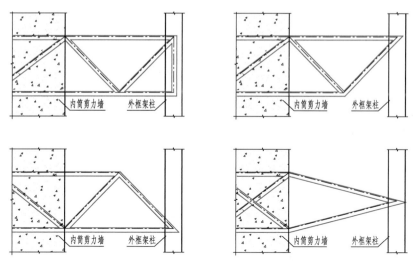

图 8.2.1.9　伸臂桁架基本结构形式

　　伸臂桁架上、下弦杆宜贯通核心筒，如不贯通，上、下弦杆伸入核心筒内的长度应大于3倍伸臂桁架高度，伸入部分的上下翼缘宜布置栓钉。

8.2.1.10　型钢混凝土中埋置的型钢无防腐涂漆要求，钢构件的表面应无可见油污、无附着不牢的氧化皮、铁锈或污染物等。

【释】由于型钢外有混凝土的包覆，钢构件无需外涂防腐材料，但应进行必要的除锈，主要目的使钢与混凝土粘结紧密，达到共同受力的作用。在钢梁、钢柱的高强螺栓连接处为提高螺栓的抗滑移能力，应允许抛丸后生赤锈，但不能形成浮锈。

8.2.2 规范关注

规范关注
表 8.2.2

序	规范		关注点
	名称	条目	
1	【高规】	11.4.3、11.4.6	型钢混凝土梁、柱箍筋构造的规定
2		11.4.4	型钢混凝土柱轴压比的规定
3		11.4.18	钢筋混凝土核心筒、内筒设计常规要求外的其他规定
4		附录 F	圆形钢管混凝土构件设计的规定
5	【钢标】	15.1.6	钢管混凝土柱承载力施工阶段验算的要求
6		15.4.3	钢管混凝土柱内隔板设置浇筑孔、透气孔的要求
7		15.4.4	钢管混凝土柱节点外环板挑出宽度的要求
8	【组规】	6.2.4、7.2.4	型钢混凝土及矩形钢管混凝土偏心受压框架柱和转换柱柱正截面受压承载力考虑附加偏心距的要求
9		9.1.7	型钢混凝土剪力墙翼缘计算宽度取值的规定
10		10.1.8	钢板混凝土剪力墙中钢板设置栓钉数量的计算规定
11		10.2.1	钢板混凝土剪力墙中钢板厚度的要求
12		10.2.7	钢板混凝土剪力墙角部分布钢筋及栓钉加密的要求
13		11.2.4	带钢斜撑混凝土剪力墙中钢斜撑及横梁设置栓钉的要求
14		14.7.1、14.7.2、14.7.3	各类组合构件设置抗剪连接件的规定

8.3 节 点 设 计

8.3.1 措施标准

8.3.1.1 混合结构整体计算中，节点的计算假定应充分考虑节点设计的可行性及构造合理性后确定，如果最终的节点设计与假定不符，应重新进行计算复核。

8.3.1.2 从材料角度考虑，混合结构中的节点主要涉及钢筋混凝土构件、钢构件、钢与钢筋混凝土构件之间的连接，节点设计应传力明确、可靠、施工方便。

【释】钢构件与钢筋混凝土构件之间的连接较为复杂。规范中，根据结构的竖向及水平体系不同构件之间的连接给出了做法和要求，如：钢梁与型钢混凝土柱连接，详【组规】6.6.10 条~6.6.11 条；钢梁与圆形钢管混凝土柱连接，详【组规】8.5.2 条；钢梁与矩形钢管混凝土柱连接，详【组规】7.5.4 条等。随着结构类型的不断更新，会出现特殊、复杂的连接节点，应根据工程情况进行专项构造设计。

8.3.1.3 混合结构中构件连接形式复杂，梁柱节点区域钢筋密集，设计中应充分考虑钢筋穿插的可行性、便利性及对型钢构件的影响，同时，保证节点构造的合理性及连接的可靠性。节点部位梁柱纵筋应尽量贯通，当必须与型钢连接时，型钢混凝土梁、柱纵筋不宜多排配置。

【释】关于构件的构造措施，【高规】、【组规】、【钢标】中均有细致的规定，应在设计中逐项落实。但构件之间的衔接及钢筋穿插问题，施工的便利性以及如何保证浇筑混凝土密实的问题，应予关注。应确保型钢混凝土构件节点受力性能可靠性及施工可行性，特别注意梁柱节点区箍筋设置的可靠性、混凝土浇筑质量的保证。对钢管混凝土还应选择合适的浇筑方式并配备必要的施工检测手段。

8.3.1.4　型钢混凝土柱内纵筋应贯通，纵筋布置宜减少与型钢相碰，相碰的纵筋可采用机械套筒连接或与连接板焊接；型钢混凝土柱箍筋可腹板穿孔通过或采用带状连接板焊接；连接板及焊缝的计算、构造应符合相关规范的要求。

8.3.1.5　钢筋混凝土梁纵筋遇型钢混凝土柱的型钢时，可采用焊接、机械连接套筒、卡槽等方式连接到钢牛腿上，如图 8.3.1.5 所示，也可采用穿过腹板、绕过钢骨、钢骨边弯折等锚固做法。

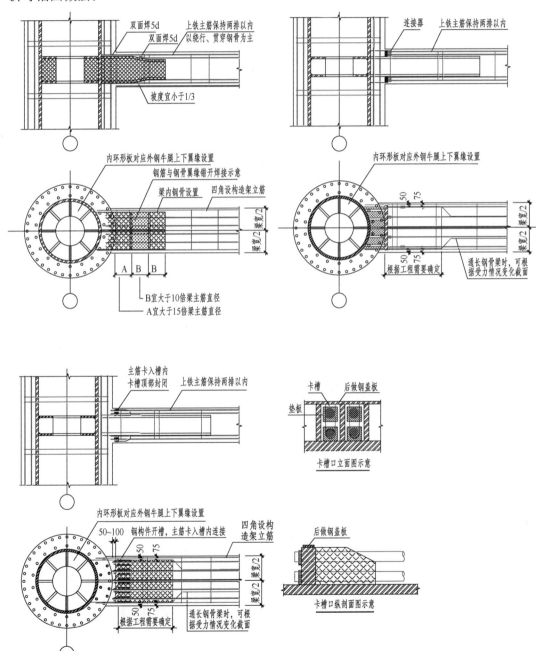

图 8.3.1.5　钢筋混凝土梁纵筋与钢牛腿连接做法

【释】钢筋混凝土梁与型钢混凝土柱的连接形式关系传力的可靠性及施工的可行性，应注意以下情况：

1）当梁纵筋直径较大时，与钢牛腿上下翼缘不宜采用搭接，如采用搭接，应有可靠的措施保证传力的可靠性；卡槽式连接适用于钢筋受拉情况，对于地震作用组合下，梁纵筋拉压变号情况，应仔细评估；应根据钢筋的实际受力需求确定连接或锚固做法。

2）当钢筋混凝土梁的纵筋通过焊接或者机械连接套筒方式连接在钢牛腿上时，应根据钢牛腿的有效连接宽度确定钢筋最大连接数量。当钢筋数量过多时，应注意钢筋焊接或套筒连接空间不足的问题。钢牛腿的有效连接宽度需要扣除保护层厚度、钢筋混凝土梁最外圈箍筋直径以及套筒本身的厚度。

3）当框架梁与钢牛腿连接部位过强而导致塑性铰外移时，框架梁箍筋加密区范围应外延至钢牛腿外 $1.0 \sim 1.5 h_b$，钢牛腿腹板宜适当穿孔设置水平拉筋。

8.3.1.6 钢管混凝土柱直径较小时，钢（钢骨）梁与钢管柱连接宜采用外加强环连接。当条件不允许采用外加强环连接时，节点区域内加劲板设置不宜过多、过密，混凝土浇灌孔与排气孔需预留到位。

【释】节点区域需要设置多道加劲肋，包括钢（钢骨）梁上下翼缘部位、钢骨梁钢筋连接部位、钢管柱变截面部位等。加劲板设置过密会导致混凝土浇筑密实度难以保证。故设计时应考虑节点部位加劲板设置的优化，尽量避免多种截面钢梁、钢管混凝土柱变截面。

8.3.1.7 钢板剪力墙之钢板与边框连接板的连接可以采用栓接或焊接。

【释】采用高强螺栓连接时，对加工制作与安装施工的精度要求很高；采用焊接时，加工制作简单，对施工精度要求较低，需采取措施减小焊接变形的影响。

8.3.1.8 钢板剪力墙的拉筋设计中，为了减小穿孔对钢板的影响，拉筋的穿孔间距可以适当加大，也可拉结在连接件上（如焊接螺母等），连接件应与钢板有可靠连接。

8.3.1.9 伸臂桁架与核心筒连接节点选型应综合考虑连接板的厚度、墙肢厚度及墙体内钢筋连接情况确定；伸臂桁架与框架柱连接节点选型应考虑连接板的厚度、框架柱型式及柱内配筋情况综合确定。

【释】伸臂桁架与核心筒连接节点受力复杂，应注意复核弦杆、腹杆锚入混凝土墙体的截面面积保证其连贯性。弦杆、腹杆受力较大情况，应特别注意对节点区混凝土应力的控制。伸臂桁架与框架柱连接节点，单板型式适合于柱内十字形钢骨情况，双板型式适合于钢管混凝土柱或者内包钢管的型钢混凝土柱情况。

8.3.1.10 当楼面钢梁或型钢混凝土梁通过埋件与钢筋混凝土墙及墙筒体连接时，预埋件应有可靠的锚固措施。

【释】通常，楼面钢梁与钢筋混凝土墙连接区受力复杂，预埋件与混凝土之间的粘结易遭受破坏，预埋件计算中应考虑竖向剪力及水平力，并考虑一定的安全储备，锚筋应有足够的锚固长度，锚筋外围宜配置适当数量的箍筋（如图 8.3.1.10）。考虑钢筋混凝土墙筒体角部节点区破坏较严重的震害情况，建议预埋件设置内置型钢予以加强。

8.3.1.11 柱脚做法详【技措】6.3.1.5 条。

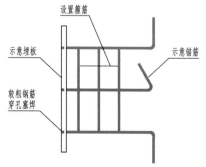

图 8.3.1.10 预埋件设置箍筋构造

8.3.2 规范关注

序	规范		关注点
	名称	条目	
1	【高规】	11.4.7	型钢混凝土梁柱节点的构造要求
2		11.4.17	钢柱、型钢混凝土柱及钢管混凝土柱采用埋入式柱脚的规定
3		6.6.15	型钢柱的焊缝要求
4		9.2.3、9.2.6	型钢混凝土剪力墙约束、构造边缘构件的构造规定
5		10.2.8	钢板混凝土剪力墙约束边缘构件的箍筋要求
6		14.2.3	矩形钢管混凝土柱的柱段截面明显不同时的拼接方式
7	【组规】	14.3.2	圆形钢管混凝土柱的不同直径钢管对接时的构造要求
8		14.4.1	当框架柱一侧为型钢混凝土梁，另一侧为钢筋混凝土梁时，型钢混凝土梁中的型钢设置要求
9		14.6.2	斜撑与梁、柱刚性连接的规定
10		14.8.1、14.8.2、14.8.3	钢筋与钢构件的连接构造规定

8.4　超高层混合结构

8.4.1　超高层混合结构设计应根据具体工程的高度及抗震规则性，按《高层建筑混凝土结构技术规程》、《高层民用建筑钢结构技术规程》及超限高层建筑工程的有关要求进行设计。

【释】本节超高层混合结构主要指建筑高度在 250m 以上的情况，涉及的结构概念、设计关注等也适用于其他情况。

8.4.2　超高层混合结构的主要形式详图 8.4.2：钢框架＋钢筋混凝土核心筒＋伸臂桁架（图 1）、钢框筒＋钢筋混凝土核心筒＋伸臂桁架（图 2）、斜交网格＋钢筋混凝土核心筒（图 3）、巨型柱＋钢筋混凝土核心筒＋伸臂桁架（图 4）、巨型柱＋巨型斜撑（单、交叉）＋钢筋混凝土核心筒（图 5）等。

【释】20 世纪 60、70 年代普遍认为全钢结构优于混凝土结构，适合于超高层建筑。这个时期建造了大量 300m 以上的钢结构高层建筑，如 1971 年建成的纽约世界贸易中心双塔（412m）、1974 年建成的芝加哥西尔斯大厦（442m）。到了 80、90 年代，人们发现纯钢结构已经不能满足建筑高度进一步升高的要求，其原因在于钢结构的侧向刚度提高难以跟上高度的增长。因此，钢筋混凝土核心筒加外围钢结构或外围混合结构就成为超高层建筑的基本形式，如上海金茂大厦（1997，420m）、台北 101（1998，448m）、香港国际金融（2010，420m）、上海环球金融（2008，492m）、广州塔（2009，460m）、广州西塔

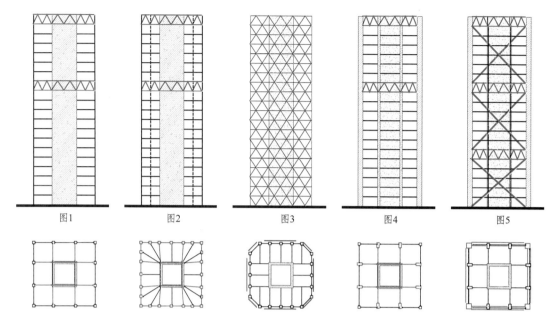

图 8.4.2　常用混合结构体系

（2010，460m）、上海中心（2014，632m）、深圳平安保险（2017，660m）、中国尊（2018，528m）等。

8.4.3　超高层混合结构选型需结合建筑方案、高宽比、结构形式、经济性等关键问题。

【释】建筑方案是结构选型重点考虑的问题，重点考察建筑体型是否满足合理的抗震体型、有利的抗风体型。高宽比（B/H）是超高层结构设计的主要控制因素，也是决定结构刚度的重要指标，与超高层结构的受力性态密切相关。结构形式需根据建筑造型、使用功能、经济性、风荷载、地震作用、地基基础、施工条件等综合因素确定，一般情况需要通过结构方案比选，确定结构方案。超高层混合结构的经济性主要取决于建筑方案、结构选型、性能设计目标等几个方面的因素。

8.4.4　超高层混合结构的楼层结构宜采用钢梁＋组合楼板形式，如图 8.4.4 所示。

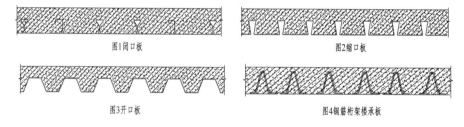

图1闭口板　　　　　　　　　　　图2缩口板

图3开口板　　　　　　　　　　　图4钢筋桁架楼承板

图 8.4.4　常用组合楼板

【释】钢梁＋组合楼板结构形式其优点是减轻结构自重，降低地震作用荷载和基础设计荷载、安装速度快、无需采用临时支撑、允许机电开洞等。楼层结构是超高层混合结构体系的重要协同构件，应采取必要的技术措施，详【超限要点】第十一条八款。

8.4.5　超高层混合结构常用的结构构件主要有：型钢（钢板）混凝土核心筒、巨型柱、伸臂桁架、腰桁架、巨型斜撑、转换桁架等。

【释】超高层混合结构的组成构件，主要有以下几种：

1）型钢（钢板）混凝土核心筒具有自重轻、施工速度快的优点，与混凝土核心筒相比具有更好的延性，同时自身具有良好的防火性能，目前，型钢（钢板）混凝土核心筒在超高层混合结构中得到广泛应用。

2）450m 以上的超高层混合结构，巨型柱的应用越来越普遍。巨型柱主要采用 SRC 型钢混凝土柱和 CFT 钢管混凝土柱两种结构形式。上海中心、深圳平安、上海环球金融中心等采用 SRC 型钢混凝土柱；天津 117、台北 101、深圳京基中心、中国尊等采用 CFT 钢管混凝土柱。

3）在外框柱与核心筒之间设置伸臂桁架的主要目的是增大结构抗侧刚度，减小结构侧移。在抗风设计中，采用伸臂桁架效果很好；而在抗震设计时，伸臂桁架宜采用合适的刚度，避免加强层范围出现过大的刚度突变。

4）设置腰桁架的作用是使外框架柱承受的轴力均匀变化，可以提高外框架抗倾覆力矩的能力，减小结构侧移，同时也可减小框筒结构的剪力滞后效应，但对减小结构水平位移不如伸臂桁架有效。在框架核心筒结构中，腰桁架可以设置环向腰桁架，也可以单方向设置，应根据需要确定。抗震设计时，应注意设置腰桁架出现刚度突变所带来的不利影响。

5）巨型柱之间设置单向或交叉巨型斜撑可有效提高外框筒的抗侧刚度。为保证建筑使用功能，斜撑与外围次框架柱可以设置在同一平面内，并与腰桁架一起共同承担重力荷载的作用，同时为次框架柱提供冗余度。工程应用案例有上海环球金融中心、天津 117、深圳平安大厦、中国尊、武汉绿地等。巨型斜撑截面尺寸较大，宜采用焊接箱形截面。如中国尊中巨型斜撑的最大截面为 1600×900×60。

8.4.6　超高层混合结构应进行细致深入的计算分析，具体要求详【技措】13.3.3 条。

【释】为保证计算分析的可靠性及结构安全，应采用多个程序对比验证，计算结果按多个模型包络设计。

8.4.7　超高层混合结构关键控制指标主要有：周期、重量、轴压比、周期比、位移比、刚度比、刚重比、剪重比、墙肢拉应力等。

【释】超高层混合结构安全性、合理性的判断，重点考察以下内容：

1）超高层混合结构宜有合理的自振周期、合理的抗侧刚度，应满足层间位移的要求，控制结构自身的刚度，避免出现剪重比过小的情况。

2）应重视结构的合理重量，设计中选取合理的板厚，尽量不做或少做宽扁梁；核心筒墙体区分主次，满足轴压比的条件下，随建筑高度应逐渐减薄，高层建筑顶部外筒墙可减至 300mm，内筒墙可减至 200mm，也可根据使用功能逐渐减少部分墙体，或对部分墙开较大洞口，采用合理的墙厚和布置；计算中可扣除梁板和梁柱重叠部分的重量。

3）为控制结构的延性，规范对墙、柱的轴压比均有相应的限值要求。当不满足要求时，可以通过增大该墙柱截面、提高混凝土强度等级或在墙柱中加大型钢面积来进行调整。

4）为控制结构扭转效应，减少扭转对结构产生的不利影响，规范对周期比有相应的限值要求。周期比不满足要求，说明结构的扭转刚度相对于侧移刚度较小，结构扭转效应过大，应结合工程实际情况进行相应调整。

5）层间位移比主要为控制结构平面规则性，以避免产生过大的偏心而导致结构产生较大的扭转效应。位移比不满足时，可通过改变结构平面布置，减少结构刚心与形心的偏心距；也可找到位移最大的节点，加强该节点对应的墙、柱等构件的刚度；也可找出位移最小的节点削弱其刚度来进行调整。

6）侧向刚度比主要为控制结构竖向规则性，以免竖向刚度突变，形成薄弱层，见【抗规】第 3.4.3 条、【高规】第 3.5.2 条。刚度比不满足时，可按【高规】将该楼层地震剪力放大 1.25 倍进行复核，也可通过适当降低本层层高和加强本层墙、柱或梁的刚度，适当提高上部相关楼层的层高和削弱上部相关楼层墙、柱或梁的刚度来进行调整。结构层刚度变化尽量减少突变，对于超高层混合结构应避免核心筒墙厚与外框柱截面尺寸及砼强度等级在同一位置变化；核心筒墙的收进或减少不宜突变，宜逐渐变化。

7）为控制结构的稳定性，避免结构在风载或地震力的作用下整体失稳，应控制结构的刚重比。刚重比不满足要求，说明结构的刚度相对于重力荷载过小，可通过改变结构布置，加强墙、柱等竖向构件的刚度来进行调整；但刚重比过大，则说明结构的经济技术指标较差，在层间侧移角满足规范要求的前提下，宜适当减少墙、柱等竖向构件的截面尺寸。

8）剪重比为地震作用与重力荷载代表值的比值，主要为限制各楼层的最小水平地震剪力，确保周期较长结构的安全。剪重比是结构整体控制设计的一项重要指标，当不能满足规范要求时，应进行必要的调整，详【技措】13.4.4 条。

9）超高层混合结构中，剪力墙构件是主要的竖向构件，在高烈度地区，剪力墙墙肢特别是结构外围的墙肢容易出现较大拉应力的情况。当小偏心受拉构件由轴向力产生的平均拉应力超过混凝土抗拉强度标准值时，混凝土将开裂，在地震往复作用下，开裂的混凝土受到反复的拉、压作用，致使构件中的混凝土产生脱落甚至部分被压碎，从而造成混凝土实际抗剪承载力的减小，不能实现既定的抗震设防目标，具体措施详【技措】13.4.19 条。

8.4.8 超高层混合结构应结合超限情况，制定明确的抗震设防目标，具体详【技措】13.3.1 条；针对关键结构构件及薄弱部位提出针对性的性能标准和加强措施，具体详【技措】13.3.2 条。

【释】超高层混合结构设计时，应对巨型柱、巨型支撑、伸臂桁架、腰桁架、转换桁架、大悬挑结构等关键结构构件进行验算，确保其抗震性能化设计目标的实现。例如上海中心工程巨型柱竖向荷载分配约占 54%、底部剪力分配约占 57%、底部倾覆力矩分配约占 79%，因此对巨型柱进行重点计算与复核很有必要。

8.4.9 超高层混合结构应采用多重抗侧力体系抵抗风荷载和水平地震作用。

8.4.10 超高层混合结构的节点构造设计非常重要，是决定结构抗震性能的关键因素，是设计工作中的重要内容。

【释】超高层混合结构关键连接节点包括：巨型柱与巨型支撑的连接、巨型柱与伸臂桁架的连接、巨型柱与腰桁架的连接、伸臂桁架与核心筒的连接、巨型支撑与楼层梁的连接、巨型支撑之间的连接、转换桁架与柱的连接等。应采用有限元分析软件，对重要节点进行

详细的弹塑性有限元分析，对新型或复杂节点还应进行必要的试验论证，详【技措】
13.3.4 条。

8.4.11　对于无法准确评估风荷载状况的超高层混合结构，应进行风洞试验研究。

【释】风荷载是超高层建筑的主要侧向荷载之一，对于体型复杂的结构，既有规范很难确定建筑表面的风压分布具体数值，可借助风洞试验确定。

8.4.12　超高层混合结构应注意风振舒适度及楼盖舒适度的复核。

8.4.13　超高层混合结构涉及抗震设防专项审查的内容，详【技措】第 13 章相关要求。

第9章 加固改造

9.1 总体要求

9.1.1 措施标准

9.1.1.1 对结构实施加固改造后，结构改造设计方应对所涉及的结构单元负全部设计责任。

【释】对结构进行加固改造后，局部乃至整体的设计责任将发生转移；结构加固改造设计时，应清楚设计责任所在。加固改造设计应遵照《技管通知〔2008〕2 号 关于续建和改扩建工程的暂行结构设计规定—2016 年修订》（附录 01-1）的要求。

9.1.1.2 结构加固设计应充分搜集结构现状的相关信息，并应满足下列要求：

1. 应搜集原结构竣工图等设计资料；原工程资料缺失时，应进行测绘和检测。

2. 应对检测鉴定报告的内容和深度进行认真研读和检查，对于检测鉴定报告与结构现状不一致、报告内容不能满足设计需求等问题，应向委托方提出进行补充检测。

3. 原结构资料不齐全、受现场条件制约确实无法进行现场检测时，可与业主、检测单位等各方协商在施工过程中进行补充检测、测绘。

【释】为了保证加固设计的安全性、合理性，设计人员应对原结构进行充分的勘查，且应充分与业主方或使用方沟通，以充分了解既有结构的历史、获取相关的资料和信息。

检测报告是加固设计的直接依据。鉴定报告是项目前期立项的依据，可作为加固设计的参考。检测鉴定单位对其检测报告中的结构实测数据负责，加固设计单位对基于检测报告中的结构实测数据进行加固改造后的结构安全性负责。

受现场条件所限，检测报告可能存在与现场不符、深度不足等问题。在加固工程实施过程中，应根据需要进行补充检测，对检测报告的成果进行修正或补充。

9.1.1.3 结构抗震加固时，应考虑结构正常使用条件下的安全问题，既有建筑正常使用安全性不足时，应采取相应措施予以解决。

【释】某些抗震加固工程，可能存在不能满足正常使用的安全问题，如某些外挑阳台板、加气混凝土屋面板存在的开裂下挠问题，会影响到建筑的正常使用。结构正常使用安全性是结构抗震加固后建筑正常使用的前提，加固改造中发现影响正常使用的安全性问题时，应予以一并解决。

9.1.1.4 加固改造方案宜尊重结构现状、减少拆改、避免或减轻对原结构的破坏。

【释】结构加固改造设计是一个精心、细心的过程，需进行多方案综合比选，选择最适宜建筑功能调整和结构加固改造的技术路线，同时需充分考虑建筑现状和结构拆改加固的难度，选择对原结构破坏较小的改造方案。

对于各个专业，改造设计的思路均与新建建筑设计有较大差别，尊重现状是改造设计时各专业均需遵循的重要原则。各专业应充分沟通，减少新增荷载，避免对原结构的不必要拆改。例如，增设卫生间需埋设蹲便时，可考虑设置反台以避免楼板开洞；增设风道，楼板开洞遇结构梁时，可根据需要开设两个板洞以避免断梁，新增风道可考虑采用金属风道等轻质做法；为控制新增荷载，新增隔墙可采用容重较小的加气混凝土条板，能满足建筑功能时，也可考虑采用轻钢龙骨石膏板墙体等轻质墙体。

9.1.1.5 应在设计文件中明确加固设计的后续使用年限。抗震加固设计的后续使用年限，可依据抗震鉴定报告，并应符合【抗震鉴标】的规定；如仅有检测报告，可结合工程情况与业主沟通确定加固设计的后续使用年限，但不应低于【抗震鉴标】的要求。

【释】由于涉及到公共安全问题，【抗震鉴标】通过后续使用年限的规定，对抗震加固设计提出了最低要求。

9.1.1.6 应在设计文件中，提出加固施工要求，并至少包括下述内容：

1. 应采取措施避免或减少损伤原结构构件；

2. 发现原结构有严重缺陷或发现原结构现状与加固设计图纸不一致时，应会同工程参建各方采取有效处理措施后方可继续施工；

3. 对可能倾斜、开裂或局部倒塌等现象，应预先采取安全措施。

【释】由于结构加固施工涉及到拆除、打孔等操作，易对原结构造成损伤，因此应提出施工要求，以避免或减少损伤原结构构件。在施工过程中也经常会出现检测过程中未发现的特殊问题，因此要求施工中发现原结构构造有严重缺陷或发现原结构现状与加固设计图纸不一致时，应会同加固设计单位采取有效处理措施后方可继续施工。结构加固工程，特别是包含拆除工程时，一般存在施工安全风险，因此应要求施工单位应对可能的倾斜、开裂或局部倒塌等，预先监控并采取安全措施，并对照【危大管】要求评估。

9.1.1.7 应告知建筑和机电专业，保证非结构构件的安全性。

9.1.2 规范关注

规范关注　　　　　　　　　　　　　　　　表9.1.2

序	规范		关注点
	名称	条目	
1	【抗震鉴标】	1.0.3	应按改造后的建筑功能确定建筑抗震设防类别
2		1.0.4	后续使用年限的确定
3		4.1.3	位于山区、坡地、河岸的建筑，应对其地震稳定性、地基滑移及对建筑的可能危害进行评估
4	【抗震加固】	1.0.3	现有建筑抗震加固前，应进行抗震鉴定
5		3.0.1	对不符合要求的女儿墙等易倒塌部位应进行处理
6		3.0.3	当加固后结构刚度和重力荷载代表值的变化分别不超过原来的10%和5%时，应允许不计入地震作用变化的影响

9.2 多层砌体

9.2.1 措施标准

9.2.1.1 砌体结构加固设计应选择加固效果可靠、施工方便、造价节约的加固方案，并应考虑建筑现状装修水平和使用情况，以保证加固效果、控制加固造价、利于工程实施。砌体结构加固方法多且适用情况不同，表9.2.1.1列出了常用加固方法及特点。

砌体结构常用加固方法及特点   表 9.2.1.1

加固方法	针对的问题	技术要点	优点	缺点
水泥砂浆和钢筋网砂浆面层加固	构件承载力不足	在墙表面抹无筋、有钢筋网的水泥砂浆	造价相对低	对室内外装修破坏大、承载力提高幅度有限
钢绞线网-聚合物砂浆面层加固	构件承载力不足	在墙表面抹一定厚度的钢绞线网-聚合物砂浆层	新老结构粘结可靠、厚度小	造价相对高、对室内外装修破坏大
板墙加固	构件承载力不足、需改变结构体系	在墙侧面浇筑或喷射一定厚度的钢筋混凝土	承载力提高明显、双面加固可改变结构体系	造价相对高、对室内外装修破坏大
增设抗震墙加固	构件抗震承载力不足、横墙间距超出规范要求	增设砌体或钢筋混凝土墙与原结构形成整体	加固量小，对原结构破坏小	可能影响使用、不易同时解决墙体竖向承载力不足的问题
外加圈梁-钢筋混凝土柱	结构抗震措施不足	在缺失圈梁构造柱的位置增设外加圈梁和钢筋混凝土构造柱、内穿钢拉杆	对室内外装修破坏相对小、造价低	承载力提高有限、不能同时解决墙体竖向承载力不足的问题
基础隔震加固	结构抗震能力不足或超层	在地下室或基础增设隔震层	避免破坏装修、可解决超层问题	不能同时解决墙体竖向承载力不足的问题
外套结构加固	结构抗震措施不足、超层	房屋外增设一定尺寸的钢筋混凝土结构并与原结构形成整体	可避免入户、明显降低住宅加固实施难度	受场地制约、不易同时解决墙体竖向承载力不足问题

【释】由于存在与原砌体墙的材料性质相差较大等问题，粘贴碳纤维、复合纤维和粘贴钢板的方法不适宜用于砌体结构的抗震加固。

外套结构加固方法在北京地区已有较多应用，详见【京加固规】。

9.2.1.2 圈梁构造柱设置不足时，应采取相应加固措施；当采用双面板墙或双面砂浆进行加固时，可在墙体上下两端和墙体交接处增设配筋加强带代替圈梁构造柱。

【释】在加固设计中，若发现原砌体结构无圈梁和构造柱，或涉及结构整体牢固性部位无拉结、锚固和必要的支撑，或这些构造措施设置的数量不足，或设置不当，均应在加固设计中，予以补足或采取其他方式加以处理。

9.2.1.3 当既有多层砌体房屋的高度、层数超过规定限值，但未超过比设防烈度低一度的规定限值时，可采取水平向减震系数不大于0.40的基础隔震加固措施。基础隔震托换部件（图9.2.1.3）应满足下列要求：

1. 隔震层上、下销键梁和上、下托换梁混凝土强度不宜低于C30，其截面和配筋应根据构件承受的荷载大小由计算确定。

2. 销键梁的截面尺寸应根据局部压应力计算确定，布置间距应不大于 1m，预留钢筋应满足钢筋混凝土锚固长度要求。

3. 托换梁和下托换梁下的墙体应按隔震后罕遇地震下的内力进行截面验算；单侧上托换梁断面高度宜不小于 500mm，宽度宜不小于 250mm。

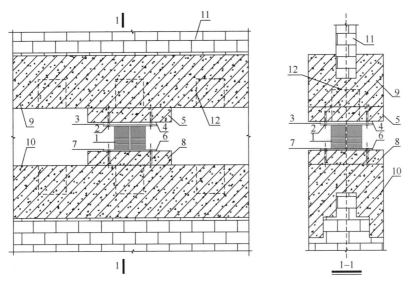

图 9.2.1.3　砌体结构隔震托换构造示意图

1—隔震支座；2—连接螺栓；3—连接板（上）；4—预埋钢板（上）；5—上支墩；

6—预埋钢板（下）；7—连接板（下）；8—下支墩；9—上托换梁；

10—下托换梁；11—原墙体；12—销键梁

9.2.1.4 既有房屋顶升、移位时，可结合移位措施，采取基础隔震技术提高建筑抗震性能。

【释】多数情况下，需顶升或移位的既有建筑面临抗震能力不足的问题，可结合移位所需的托换措施，采用基础隔震技术，使移位后的建筑抗震性能满足抗震要求，砌体房屋移位及隔震可采用 9.2.1.3 条的托换措施。

进行移位的既有建筑中，砌体房屋占相当比例。本节给出了砌体房屋的托换做法，对于进行移位的其他结构类型的建筑，也可采取隔震措施并参考 9.2.1.3 的隔震做法。

9.2.2 规范关注

规范关注　　　　　　　　　　表 9.2.2

序	规范		关注点
	名称	条目	
1	【抗震加固】	5.1.1	房屋最大适用高度和层数的限制
2		5.1.3	砌体房屋超层时的抗震对策
3		5.3.7	板墙加固的构造要求
4		5.3.13	外加圈梁-钢筋混凝土柱的要求
5	【砌体加固】	3.1.2	保证砌体结构整体性的措施

9.3 混 凝 土 结 构

9.3.1 措施标准

9.3.1.1 混凝土结构加固设计应选择效果可靠、施工便捷、经济合理的加固方案，常用的加固方法及特点详表9.3.1.1。

混凝土结构常用加固方法及特点 表9.3.1.1

加固方法	适用的构件	所针对的需求	技术要点	优点	缺点
增大截面法	梁、柱、板、墙	构件承载力或刚度需求提高	原构件外加混凝土、灌浆料等材料，新增配筋并形成整体	构件承载力和刚度提高幅度大；造价相对低；加固效果受施工水平的影响相对小	湿作业多；工序多，工期长；可能影响使用空间
外包型钢法	柱、梁	构件承载力或刚度需求提高	原构件四角外包角钢加缀板并用胶粘剂灌注成整体	干作业；构件承载力提高幅度大，刚度有提高；施工速度快；加固效果受施工水平的影响相对小	造价相对高
粘贴钢板法	梁、板、柱、墙	构件承载力需求提高	原构件表面粘贴钢板形成整体	干作业；可在一定程度上提高构件承载力；施工速度快；加固效果受施工水平的影响相对小	造价相对高，受弯承载力的提高幅度有限
粘贴纤维复合材加固法	梁、板、柱、墙	构件承载力需求提高	原构件表面粘贴碳纤维等材料形成整体	干作业；可在一定程度上提高构件承载力；施工速度快；加固效果受施工水平的影响相对大	造价相对高，受弯承载力的提高幅度有限
预张紧钢丝绳网片-聚合物砂浆面层加固法	梁、板、柱、墙	构件承载力需求提高	原构件表面加钢丝绳网片-聚合物砂浆形成整体工作	接近干作业；可在一定程度上提高构件承载力；施工速度快；加固效果受施工水平的影响相对小	造价相对高，受弯承载力的提高幅度有限
绕丝加固法	柱	构件延性需求提高	原构件表面缠绕钢丝或其他材料使构件受约束	接近干作业；可提高柱延性	适用范围小
体外预应力法	梁、板	提高竖向力下的构件承载力，控制挠度	在原构件体外采用高强钢或型钢并施加预应力，改变构件受力模式	干作业；可大幅度提高构件竖向承载力；可有效控制挠度	需进行张拉，施工技术要求高一些

9.3.1.2 既有钢筋混凝土房屋的结构体系、抗震措施和抗震承载力不满足要求时，可选择下列抗震加固方法：

1. 框架结构宜优先采用消能减震的方式加固，或采取增设抗震墙、支撑等抗侧力构件的措施，增强结构整体抗震性能。新增抗震墙、支撑宜优先设置在楼梯间四周，以减小楼梯构件地震反应。确有必要时，也可对框架梁柱直接加固。

2. 单向框架，可采取加强楼、屋盖整体性且同时在两个方向增设抗震墙、支撑等抗侧力构件的方法进行加固，也可改为双向框架。

3. 单跨框架不满足鉴定要求时,可在不大于框架-抗震墙结构的抗震墙最大间距且不大于24m的间距内增设抗震墙、翼墙、支撑、防屈曲支撑等进行加固,也可增设框架柱将单跨框架改为多跨框架。单跨框架也可采取性能设计的方法,对构件进行直接加固。

4. 当框架梁柱实际受弯承载力的关系不满足强柱弱梁要求时,可采用外包型钢、增大混凝土截面或粘贴钢板等方法加固框架柱;也可通过罕遇地震下的结构弹塑性分析结果确定对策。

5. 框架梁柱配筋不满足要求时,可采用外包型钢、增大混凝土截面、粘贴钢板或碳纤维布、增设钢绞线网片聚合物砂浆面层等加固。

6. 钢筋混凝土抗震墙配筋不满足鉴定要求时,可加厚原有墙体或增设端柱、墙体等。

9.3.1.3 多层和高层钢筋混凝土房屋存在下列情况时,可采用消能减震技术进行加固:

1. 房屋刚度不足、明显不均匀或有明显扭转效应时,可增设位移相关型消能器加固。

2. 结构构件的承载力不足或抗震构造措施不满足要求时,可增设位移相关或速度相关型消能器加固。

3. 单跨框架,可设置屈曲约束支撑加固,并在必要时加强楼盖和屋盖的整体性。

9.3.1.4 当结构加固采用消能减震技术并进行抗震性能化设计时,应根据既有建筑设防目标的实际需求,分别确定消能器、连接消能器部件和附加框架的性能目标。

9.3.1.5 C类建筑的加固设计,结构及其构件抗震性能化设计方法可按【抗规】附录M第M.1节的规定采用。

【释】 结构抗震加固设计中,可通过提高构件抗震承载力要求,降低构件构造措施要求,以避免因抗震构造措施不足引起的普遍加固,对A、B类建筑,【抗震加固】已给出了具体的方法;对于C类建筑,可参考【抗规】附录M第M.1节的方法。北京地区的工程,也可根据北京市【京加固规】6.1.6条的规定进行性能设计。

9.3.1.6 因竖向承载力不足而进行加固的构件,应满足防火要求;对于仅用于抗震加固的不承受竖向荷载的新增构件,可不进行防火处理。

【释】 对竖向承载力加固而采用的粘贴钢板、粘贴纤维等加固措施,需采取防护措施使其满足防火要求,例如采取刷胶撒豆石抹砂浆、挂网抹砂浆等表面处理做法或进行防火涂装。某些情况下,结构加固措施仅用于解决抗震问题,不承受竖向荷载,例如新增防屈曲支撑、黏滞阻尼器等构件或设备,对这类构件和设备可不进行防火处理,但应在设计文件中注明火灾后应对其进行性能评估且合格时方可继续使用。

9.3.2 规范关注

规范关注

表9.3.2

序	规范		关注点
	名称	条目	
1	【混凝土加固规】	3.2.3	加固后结构的规则性问题
2		9.2.11	粘贴纤维法的适用范围
3		10.2.10	粘贴钢板法的适用范围
4	【抗震加固】	6.2.1	抗震加固方案的选择

9.4 钢 结 构

9.4.1 措施标准

9.4.1.1 钢结构加固的主要思路：减轻荷载、改变结构传力途径、加大原结构构件截面和连接强度、阻止裂纹扩展等。加固时施工方法有：负荷加固、卸荷加固、从原结构上拆下加固或更新部件加固。加固方案应考虑施工可行性，需要拆下构件或者卸荷时，应保证措施合理、传力明确。

【释】钢结构加固卸荷或拆除施工，应进行相应的施工过程分析，注意构件内力是否变号或者增大，如构件、节点承载力不足时，卸荷前应先对其进行加固。

9.4.1.2 钢结构连接的加固一般宜采用焊缝连接、摩擦型高强螺栓连接；不宜采用刚度相差较大的连接方法共同受力。

【释】钢结构常用连接方法中，其连接刚度的大小，依次为焊接、摩擦型高强螺栓连接、铆接和普通螺栓连接。一般应用刚度较大的连接加固比其刚度小的连接，且进行计算时不宜考虑两者混合共同受力。在受力较简单明确的接头中，有实际研究根据时，可以采用焊缝与摩擦型高强螺栓共同受力的混合连接。连接刚度相差较大时，比如采用焊缝连接对普通螺栓连接进行加固时，应按刚度大的连接方法单独进行连接计算。

9.4.1.3 采用加大截面的方法加固钢构件时，所选截面形式应有利于施工操作并考虑已有缺陷和损伤情况。具体方法有：工字形截面改为箱形截面，在下翼缘加焊钢板、增加倒T形截面、上翼缘增加隅撑、增加次梁等加固方法（详图 9.4.1.3-1、9.4.1.3-2、9.4.1.3-3 中阴影部分为新增截面）。在未卸荷状态下加固的构件的应力和挠度，应考虑结构二次受力问题。钢梁开洞宜用磁力钻成孔，以降低对原有钢梁的影响。

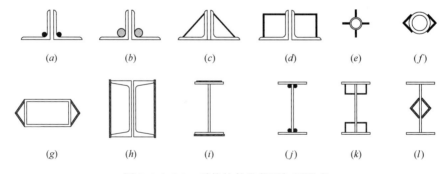

图 9.4.1.3-1 受拉构件的截面加固形式

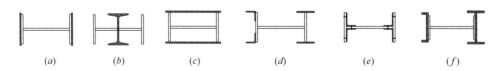

图 9.4.1.3-2 受压构件的截面加固形式

【释】采取加大截面的加固构造措施不应该过多地削弱原有构件截面面积和原有结构的承载能力；当采用螺栓或高强度螺栓连接时，宜选用较小直径的螺栓以防止截面削弱过大。

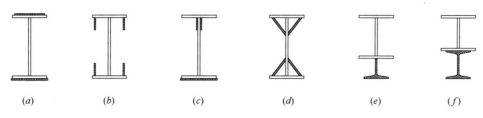

图 9.4.1.3-3 受弯构件的截面加固形式

当采用螺栓（或铆钉）连接加固加大截面时，将加固与被加固板件相互压紧后，应从加固件两端向中间逐次做孔和安装拧紧螺栓（或铆钉），以减少加固过程中杆件承载力的过多削弱。宜采用高强度螺栓，并确保加固件能够和原有构件协同工作。当采用焊接方式进行钢结构加固时，焊缝方向宜平行被加固构件应力方向，以防止焊缝应力过大。在未卸荷情况下进行加大截面加固时，需采用加固后截面特性和附加荷载计算结构应力和挠度的增量，与加固前的应力和挠度进行叠加，得到最终结构受力状态。

9.4.1.4 采用焊接方式加大截面加固时，宜采取支撑措施对被加固构件进行卸载。如确需在负荷状态下进行焊接加固时，应将结构加固件与被加固构件沿全长互相压紧，并采取降低焊接热量和残余应力的焊接方案，交错、对称施焊并评估局部受热后构件的整体承载力。

【释】贴焊钢板的加固效果主要受残余应力、初始缺陷、钢板厚度、构件长细比、施工技术等因素制约，同时焊接会产生新的残余应力，因此焊接加固适合于卸荷加固或者低应力结构。负荷状态下焊接加固时，如果 $\sigma_{max} \geq 0.3f_y$，可用长 20～30mm 的间断（@300～500mm）焊缝定位焊接后，再由加固件端向内分区段（每段不大于 70mm）施焊所需的连接焊缝，依次施焊区段焊缝间歇 2～5min。对于截面有对称的成对焊缝时，应平行施焊；有多条焊缝时，应交错顺序施焊；对于两面有加固件的截面，应先施焊受拉侧的加固件，然后施焊受压侧的加固件；对一端为嵌固的受压杆件，应从嵌固端向另一端施焊，若其为受拉杆，则应从另一端向嵌固端施焊，详图 9.4.1.4。

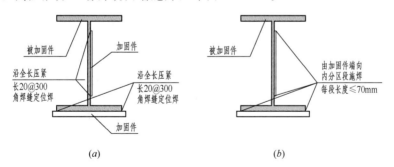

图 9.4.1.4 贴焊钢板加固操作示意
（a）第一步；（b）第二步

9.4.1.5 后加钢结构与后置钢埋件及连接板施工时，应在所有产生高温的焊接工作完成后，方可进行埋件板与混凝土结构之间的灌胶施工。应在后增埋件与原埋件焊接完毕，后置锚栓安装完成，新旧埋件可以共同受力后，再进行连接板安装焊接。

9.4.1.6 对于连接焊缝的缺陷，应根据情况选用不同的修补措施。对于焊缝成形不良，

前言 ｜ 1 总则 ｜ 2 概念体系 ｜ 3 结构荷载 ｜ 4 地基基础 ｜ 5 混凝土结构 ｜ 6 钢结构 ｜ 7 大跨结构 ｜ 8 混合结构 ｜ 9 加固改造 ｜ 10 隔震减震 ｜ 11 装配结构 ｜ 12 砌体结构 ｜ 13 超限高层 ｜ 14 程序使用 ｜ 15 人防结构 ｜ 附录

焊缝中或焊缝热影响区有裂纹、夹渣等缺陷时，应首先采用车削、打磨或碳弧气刨等方法清理有缺陷的焊缝金属，再进行补焊。

【释】焊接是钢结构中应用最为广泛的连接方法，事故状况也比较多，常见的焊接缺陷有焊缝成形不良、夹渣、咬边、焊瘤、气孔、裂纹、未焊透等。本条内容，既适用于改造项目，也适用于新建项目的焊接缺陷处理。

9.4.2 规范关注

规范关注　　　　　　表 9.4.2

序	规范		关注点
	名称	条目	
1	【钢构加固】	3.1.10	钢结构负荷状态下焊接加固的应力比限值
2		5.1.4	
3		5.2.1	受弯构件强度加固的计算方法
4		5.2.5	钢结构加固构件挠度计算方法
5		5.3.1	钢结构加固构件的强度计算方法和强度折减系数计算
6		5.3.2	
7		5.4.3	负荷状态下，进行钢结构焊接加固的施工控制措施
8		6.1.2	连接加固的方案选取原则
9	【抗震加固】	3.0.3	钢结构加固，抗震验算的基本要求
10		3.0.4	不同后续使用年限的建筑的适用标准

9.5 地 基 基 础

9.5.1 措施标准

9.5.1.1 结构加固改造设计，应挖掘既有建筑下地基多年承载力的提高潜力，进行各类土质能力评估，宜避免地基基础的加固。

【释】由于地基基础加固难度大、工期长、造价高，宜考虑原地基基础的潜力，采取措施提高上部结构刚度，减少新增的荷载，尽力实现地基基础不加固、少加固。

9.5.1.2 既有建筑地基基础加固前，应对既有建筑地基基础及上部结构进行鉴定。

【释】上部结构与地基基础是一个整体，对地基基础加固前，不仅要对既有建筑地基基础进行鉴定，还需要对上部结构进行鉴定，以查明问题所在、确定加固方法、保证地基基础的加固效果。

9.5.1.3 对于柔性基础，当上部结构荷载增加，基础承载力不足时，如加大截面后基础下部纵筋配筋率仍满足要求，可采用加大基础厚度或竖向构件下部加大截面的方式加固（图 9.5.1.3）；如加大截面后基础下部纵筋配筋率不满足要求，可采用柔性基础改为刚性基础等方法。

【释】因基础下部钢筋不足的问题难以通过增加下

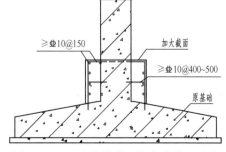

图 9.5.1.3　竖向构件下部加大截面示意

部钢筋的方法解决，因此可采取柔性基础改刚性基础、柱根部截面局部加大等调整受力状态的方式进行加固。

9.5.2　规范关注

规范关注
表 9.5.2

序	规范		关注点
	名称	条目	
1	【基础加固】	3.0.11	既有建筑地基基础加固工程的沉降观测要求
2		5.3.1	沉降差、局部倾斜、整体倾斜值的允许值
3	【抗震加固】	4.0.2	天然地基承载力可计入建筑长期压密的影响
4		4.0.3	可采用提高上部结构抵抗不均匀沉降能力的措施以避免基础加固

9.6　顶　部　增　层

9.6.1　措施标准

9.6.1.1　应根据原建筑现状、场地条件等因素进行增层方案比选，采用适宜的增层方案。建筑增层可采用直接增层或外套结构增层等方式；采用外套结构增层时，可采用外套结构与原结构相连或脱开两种形式。新增楼层宜采用钢结构等轻质、易于施工的结构形式。

9.6.1.2　建筑顶部直接增加楼层时，应先对既有建筑进行检测鉴定；增层房屋除在施工过程中应进行监测外，尚应在工程竣工后按有关规定进行沉降观测。结构增层工作主要程序应按图 9.6.1.2 所示进行：

【释】 建筑增层前，应根据原建筑结构和地基基础的鉴定情况，进行增层鉴定，以确定原建筑是否适宜进行增层。由于增层工程的特

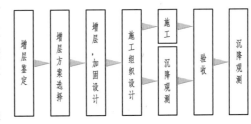

图 9.6.1.2　增层工作主要程序

殊性，尚宜在工程建设中和竣工后持续进行沉降观测，直至沉降稳定为止。

9.6.1.3　建筑增层后的上部为钢结构，下部为砌体结构或钢筋混凝土结构时：

　　1. 新增一层时，上部钢结构的层数和高度，应计入房屋的层数和总高度中，其层数及总高度的限值宜按下部结构的类型确定；

　　2. 顶部增设两层及以上钢结构时，应进行专门研究和论证，针对抗震设计存在的不利因素采取技术措施；

　　3. 抗震分析的阻尼比取值，可以按混凝土部分阻尼比取 0.05，钢结构部分取 0.02，进行分析计算；也可采用应变能方法计算较为精确的阻尼。

【释】 此类竖向混合结构：1）结构体系上下刚度突变，上柔下刚；2）上部钢结构可能存在鞭梢效应；3）属于非比例阻尼体系。

　　北京审图专家对顶部增设两层及以上钢结构的意见（京施审专家委房建［2015］结字第 1 号）：建设单位应组织相关专家进行审查，以专家的审查意见作为施工图审查的依据之一。外省市项目应由省级以上工程技术专家委员会进行审定。

既有混凝土结构直接以钢结构加层而成的混合结构，由于存在上下结构形式不同，原结构自重和侧向刚度比增层部分大很多，故增层后整个结构成为一种上柔下刚、上轻下重的不均匀体系，属于规范中所规定的存在质量和刚度突变的竖向不规则结构和非比例阻尼的特殊结构体系，其阻尼比介于混凝土与钢结构阻尼比之间。

Paco 软件可根据不同材料应变能的加权平均及自定义的施工过程模拟分析，对上述问题进行模拟，提供了增层加固的分析解决方案。

9.6.2 规范关注

表 9.6.2

规范关注

序	规范		关注点
	名称	条目	
1	【纠倾增层】	7.1.3	原结构需加固时，宜先加固后增层
2		7.2.8	新增楼层宜采用轻质高强材料
3		7.3.6	砌体房屋顶层增加一层钢结构时的设计要求

第 10 章　隔　震　减　震

10.1　隔　震　设　计

10.1.1　措施标准

10.1.1.1　隔震技术能显著提高建筑抗震性能，高烈度地震区、防灾救灾、医院、学校、重要基础设施等重点设防类的公共建筑应优先采用。

【释】隔震技术以延长结构自振周期达到减震目的，因此对于低层和多层等抗侧刚度较大的建筑最为合适，对于刚度较大的高层建筑也可应用隔震技术，但要注意控制支座拉应力。在Ⅳ类场地应用隔震技术时，由于软弱场地过滤了地震波的中高频分量，输入结构的地震波以长周期分量为主，可能对隔震建筑产生不利影响，应进行专门研究。

10.1.1.2　隔震设计流程图

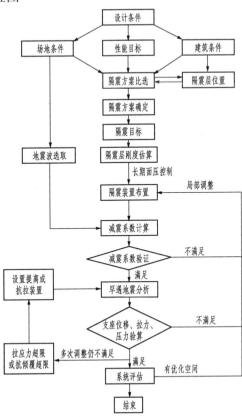

【释】隔震设计验算，主要包括以下内容：

　　1）长期面压控制、隔震层偏心率控制、恢复力验算、最小剪重比验算；

2）中震作用下的水平向减震系数计算；

3）罕遇地震作用下的隔震支座水平位移控制、短期拉应力、压应力验算、水平剪力验算；

4）设置速度型消能器的隔震结构，需进行消能器行程和最大输出力验算；

5）设置抗拉装置的结构需进行抗拉装置设计验算；风荷载作用下的抗风承载力验算；转换梁、隔震支座支墩、支柱及相连构件承载力验算；

6）隔震层上部结构需要进行罕遇地震作用下的整体结构抗倾覆验算、弹塑性层间位移验算；

7）隔震层以下的结构（含地下室和隔震塔楼下的底盘）中直接支承隔震层以上结构的相关构件，需要进行嵌固刚度比验算、设防地震承载力验算、罕遇地震抗剪承载力验算、弹塑性层间位移验算。

10.1.1.3 隔震层位置需根据结构安全、造价、功能布局等因素确定。隔震层可设置于基础底板、地下室顶板、大底盘裙房顶等位置。对于一些地下室层数少、功能简单的建筑，可取消隔震层下底板，形成柱顶隔震，可有效减小因设置隔震层增加的地下室埋深。当确有必要，且满足一定条件时隔震支座可布置于不同楼层，形成跨层隔震。如图 10.1.1.3 所示。

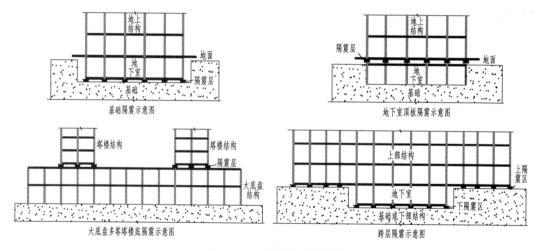

图 10.1.1.3 隔震层位置示意

【释】隔震层常设置于基础或地下室顶板，少数工程设置于柱顶、地面以上楼层间或跨楼层设置，不同位置各有优、缺点和适用性，需结合项目的具体情况综合考虑选定。

隔震层设置于基础底板即为基础隔震，基础隔震的优点在于建筑的主要楼层均在隔震层以上，抗震性能均得到提高，同时竖向交通及设备管线无需穿越隔震层，避免设置软连接。但对于有地下室的结构，基础隔震需要设置隔震沟，预留隔震缝，沟外做挡土墙等，工程造价较高。

地下室顶板隔震也是常用的一种隔震形式，该形式可避免设置隔震沟，节省工程造价。但对于地下室功能布局与地上联系密切的建筑，将会有较多的管线和竖向交通核（楼、电梯）需要做柔性处理、预留水平防碰撞缝等。

10.1.1.4 跨层隔震，对跨越楼层的承载力及刚度要求较高。跨越楼层的竖向构件承载力宜满足大震弹性要求。

【释】跨层隔震由于支座布置于有明显高差的不同楼层，如对应区域的刚度及承载力不够，会出现支座变形不同步，振动特性复杂化的不利情况。为了确保跨层隔震的隔震效果，需加强跨越楼层的支座变形协调性及同步性，对地下室竖向构件的抗侧刚度及强度提出更高要求。

10.1.1.5　隔震层布置宜使隔震层的刚度中心与上部结构的质量中心重合，偏心率不宜大于 3％。一般可在外围布置铅芯橡胶支座或速度型消能器降低隔震层的扭转效应。

10.1.1.6　基于支座效能，隔震可将水平地震作用降低半度、一度、一度半三种情况。但隔震后结构各楼层的水平地震剪力尚应符合【抗规】12.2.5 条 3 款要求，满足 5.2.5 条对本地区原设防烈度的最小剪力系数的规定。在隔震后地震剪力不满足原设防烈度的最小剪力系数要求时，可通过放大楼层地震剪力至满足最小剪力系数的要求。

【释】此即隔震后结构的最小剪重比要求。如设防烈度为 8 度，采用隔震技术实现水平地震作用降至 7 度后，最小剪力系数仍需满足 8 度区限值的要求。一般可通过放大楼层设计地震作用的方式来保证上部结构的最小抗震能力。对照【抗规】12.2.7 条，抗震措施可至多降低一度。

10.1.1.7　采用大底盘顶隔震时，可通过加强隔震层底板厚度的方式加大嵌固相关范围，并采用带底盘模型进行整体隔震分析，并应采用隔震一体化设计法进行构件设计。

【释】对于大底盘塔楼隔震时，当相关范围的抗侧刚度不足以满足对塔楼的嵌固要求时，可适当加大隔震层底板的厚度来加强与周边结构的整体性，提高相关范围区域来保证对上部塔楼的嵌固。但具体加大的厚度、相关范围大小、乃至刚度比限值应与审查专家沟通确定。

以往隔震上部结构构件设计常采用分部设计方法，即将整个隔震结构分为上部结构、隔震层和下部结构及基础，分别设计。通过时程分析方法求得减震系数后，对上部结构采用非隔震模型折减地震影响系数进行反应谱设计。分部设计方法的上部结构地震作用近似成倒三角形分布，相对于隔震后上部结构的近似矩形分布，分部设计计算偏于保守。随着计算手段的发展，可采用隔震一体化模型进行上部结构设计，对于隔震层上部结构的分析更准确。

10.1.1.8　隔震结构计算分析时，上部结构的阻尼比宜比常规抗震结构降低 0.005～0.01。

【释】隔震结构阻尼由上部结构阻尼及隔震层附加阻尼组成，其中隔震层附加阻尼通常为主要阻尼来源。由于隔震结构隔震后上部结构的地震力水平和变形量降低较多，与常规抗震结构相比，上部结构的阻尼耗能水平降低，因此，计算分析时，上部结构的阻尼比宜比常规抗震结构降低。

10.1.1.9　隔震分析地震波选择时，不仅要对隔震前主要固有周期点的频谱值进行合理性判断，同时应对隔震后主要固有周期点的频谱值进行合理性判断（图 10.1.1.9）。

【释】减震系数通常采用时程分析进行计算，为隔震后的地震响应与隔震前的地震响应的比值。因此地震波选择的合理性直接影响减震系数结果的合理性。【抗规】对地震波的平均频谱特性进行控制，由于天然地震波在长周期段的频谱值通常偏低，如仅控制隔震前，忽视隔震后主要固有周期点的频谱值控制，容易造成减震系数偏低而高估了隔震效果。因此，需对隔震前、后的频谱值均进行合理性判断，方确保减震系数计算结果的安全性、合理性。

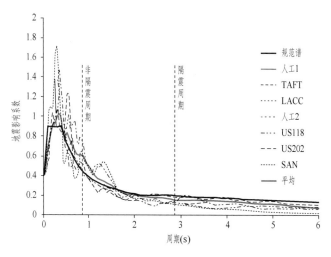

图 10.1.1.9　频谱特性重点控制周期点

10.1.1.10　当采用振型分解反应谱法进行隔震分析和水平减震系数计算时，隔震支座取剪切变形 100% 的水平等效刚度；罕遇地震验算时，宜采用剪切变形 250% 时的等效刚度。但当隔震支座尺寸选择偏大或偏小时，宜以迭代计算得到收敛的水平等效刚度计。

【释】当实际选用支座偏大或偏小过多时（可通过面压判定：建议控制平均面压 6～12MPa 为正常区间），在相应地震下的变形与等效刚度所对应的变形差异过大，说明计算采用的等效刚度与支座实际等效刚度不吻合，计算结果失真。宜对等效刚度和计算剪切变形进行迭代计算，当等效刚度对应的剪切变形与计算得到的剪切变形相吻合时，则此时的等效刚度为收敛的准确值。

10.1.1.11　采用隔震一体化模型（振型分解反应谱法）或非线性隔震模型（时程分析法）进行上部结构设计时，需考虑【抗规】12.2.5-2 款中调整系数 ψ 的影响。可通过对上部整体结构设置地震力放大系数 $1/\psi$ 近似实现。

【释】调整系数 ψ 是用来考虑支座实际剪切性能参数与设计参数的偏差对减震系数的不利影响，通过调整系数调整设计采用的水平地震影响系数最大值，确保设计结果的安全性。如采用等效线性化隔震模型或非线性隔震模型进行设计时，由于通过隔震模型直接计算出隔震后的地震内力，如不经调整，将未考虑支座剪切性能偏差带来的不利影响，设计地震内力偏不安全。

10.1.1.12　隔震层顶梁存在转换时，转换梁应满足罕遇地震下抗剪弹性、抗弯不屈服的性能标准。当上部结构在罕遇地震下进入弹塑性状态时，转换梁设计应采用隔震层等效线性化模型，并考虑上部结构构件因损伤引起的刚度折减进行设计（详图 10.1.1.12），并通过弹塑性时程分析验证转换梁的抗震性能。

【释】隔震层顶梁存在托柱转换或者托墙转换时，转换梁的刚度和强度的变化均会影响隔震效果的实现，因此，对转换梁的抗震性能提至罕遇地震抗剪弹性、抗弯不屈服。

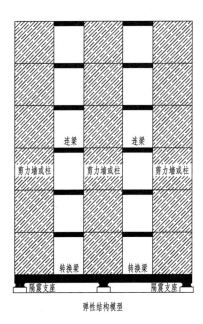

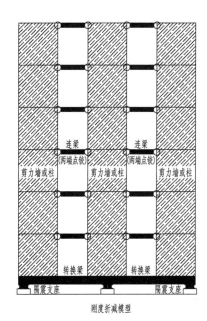

图 10.1.1.12　转换梁设计模型处理

通常在罕遇地震下，即使隔震结构也很难保证构件的全部弹性，罕遇地震下上部结构按弹性或按弹塑性不能保证转换梁受力的安全性，因此，宜按照弹性及考虑构件屈服引起刚度折减的等效线性化模型进行包络设计。并在弹塑性时程分析结果中对转换梁的抗震性能进行验证，确保转换梁抗震性能的可靠性。

10.1.1.13　采用多条地震波计算结果的平均值进行水平变形控制时，罕遇地震波应采用三向输入，支座水平变形验算应采用双向矢量和的最大值进行验算。

【释】【抗规】 5.2.3 条条文说明中指出，实际地震均为三向同时作用，两个水平方向地震加速度最大值不相等，二者之比约为 1 : 0.85。

常规橡胶支座为水平各向同性，极限剪切变形能力一致。在水平双向输入时双方向矢量和方向支座变形最为不利。

10.1.1.14　橡胶隔震支座在罕遇地震水平和竖向地震共同作用下，拉应力不应大于 1MPa。地震下支座拉应力计算时，时程分析的初始条件需考虑支座在结构重力荷载代表值下的初始内力和初始变形。当拉应力很难控制在规范允许范围内时，可采取设置抗拉装置、可提离装置等措施，分析时需对抗拉装置和可提离装置的本构关系进行合理模拟，并参与整体分析。

【释】 橡胶体竖向拉伸弹性模量仅为竖向压缩弹性模量的 0.2 倍，橡胶隔震支座的竖向拉伸能力远小于竖向压缩能力，其界限拉伸能力仅为压缩能力的几十分之一，根据试验研究结果，橡胶支座初始拉伸刚度仅为压缩刚度的 1/10~1/7。单纯拉伸或剪切变形状态下在拉伸应力达到 1~2MPa 即屈服，进入非线性变形状态后，支座抗压能力显著下降，显著降低支座的安全性。因此，计算时可采用多段弹性模型或割线刚度进行。对于一般的橡胶支座，支座受拉割线刚度可取受压刚度的 1/20~1/10。

10.1.1.15　隔震结构可通过设置速度型消能器来减小隔震层的最大变形，在隔震层设置速度型消能器时宜两正交方向双向设置，且宜采用速度指数较高的消能器。

【释】隔震设计时，采用速度型消能器提高隔震层的耗能能力，可起到减小隔震层在大震下的变形、降低扭转效应等作用。对于速度型消能器，从消能器输出力与速度的关系图及阻尼力与位移的关系图可以看出，速度指数越小，耗能能力越强，接近设计速度时，阻尼力增长越缓慢；速度指数越大，则耗能能力越弱，接近设计速度时，阻尼力增长较快，对限制隔震层位移效果更好，详图 10.1.1.15。隔震分析表明，当速度指数过小时，对设防地震时的减震系数有不利影响，因此，兼顾减震效果及耗能效果，建议消能器的速度指数不宜小于 0.5。

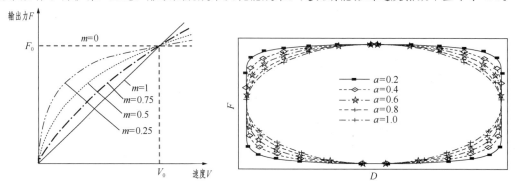

图 10.1.1.15　速度型消能器力学性能示意

10.1.1.16　隔震层支墩应采用罕遇地震下隔震支座底部的竖向力、水平力和力矩进行承载力验算。采用时程法下支座的最大拉、压力及最大剪力进行设计时，需进行拉剪组合及压剪组合的包络设计。

【释】由于整体结构的构件设计通常采用振型分解反应谱法，无法考虑支墩上支座侧移产生的二阶偏心弯矩，宜提取支座的极限受力及变形单独复核支墩承载力（图 10.1.1.16）。由于支墩尺寸、剪切变形大小以及支墩高度等的影响可能出现大、小偏压情况，需根据不同的破坏模式选取不同的荷载组合进行承载力的包络设计。

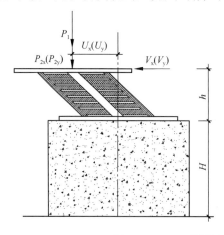

P_1：重力荷载代表值产生的竖向力；

$P_{2x}(P_{2y})$：水平地震 $x(y)$ 向为主时产生的总竖向力；

$V_x(V_y)$：多角度输入包络沿 $x(y)$ 向最大剪力；

$U_x(U_y)$：多角度输入包络沿 $x(y)$ 向最大剪切变形；

图 10.1.1.16　隔震支墩受力示意图

10.1.1.17　常见的隔震支座包括天然橡胶支座（图 10.1.1.17*a*）、铅芯橡胶支座（图 10.1.1.17*b*）、弹性滑板支座、摩擦摆支座等，不同类型的支座可以单独使用，也可组合使用，并根据需要与黏滞消能器组合使用。

【释】叠层橡胶支座中插入铅芯，形成铅芯橡胶支座，可以提高支座初始刚度，利于保证风荷载时支座具有足够的刚度，同时提高支座的阻尼特性，适宜布置在结构角部和周边，以增大隔震层整体抵抗扭转的能力。

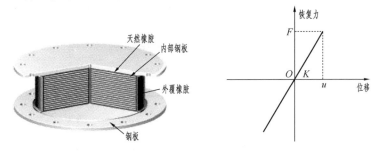

图 10.1.1.17*a* 天然橡胶支座及模拟单元本构

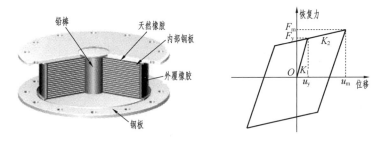

图 10.1.1.17*b* 铅芯橡胶支座及模拟单元本构

摩擦摆隔震支座（图 10.1.1.17*c*）是利用弧形滑动面的周期来延长结构的振动周期，从而大幅度减少结构因受地震作用而引起的放大效应。滑动隔震具有造价低、施工简单、不受上部结构重量影响、稳定性好等优点，已在国外建筑中得到广泛应用。但通常摩擦摆不宜与橡胶支座及滑板支座组合使用。

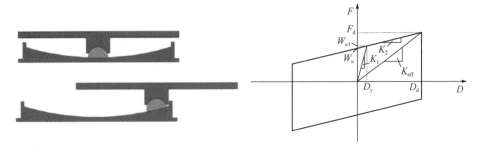

图 10.1.1.17*c* 摩擦摆隔震支座及模拟单元本构

10.1.1.18 对相邻隔震结构，上部结构之间竖向隔离缝宽度需考虑罕遇地震下隔震层变形和上部结构变形的叠加效应（图 10.1.1.18）。当结构外侧沿竖向平齐时，上部结构缝宽度 D 不小于 $1.2(d_1+d_2+c_1+c_2)$。

【释】【抗规】 12.2.7 条：隔震缝宽度不宜小于各隔震支座在罕遇地震下的最大水平位移值的 1.2 倍且不小于 200mm。对两相邻隔震结构，其缝宽取最大水平位移值之和的 1.2

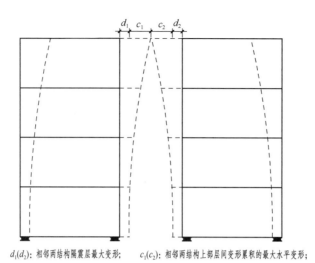

$d_1(d_2)$：相邻两结构隔震层最大变形；　　$c_1(c_2)$：相邻两结构上部层间变形累积的最大水平变形；

图 10.1.1.18　相邻隔震结构缝宽示意

倍，且不小于 400mm。对于高层建筑，罕遇地震下上部结构的层间位移使结构顶部侧移明显增大，隔震缝的宽度需保证考虑该部分的变形后，两相邻隔震建筑不发生碰撞。

10.1.1.19　高烈度区及隔震建筑的高宽比过大时，为保护橡胶隔震支座避免因竖向拉伸变形而发生损伤破坏，可在橡胶隔震支座上部设置提离装置（图 10.1.1.19）。

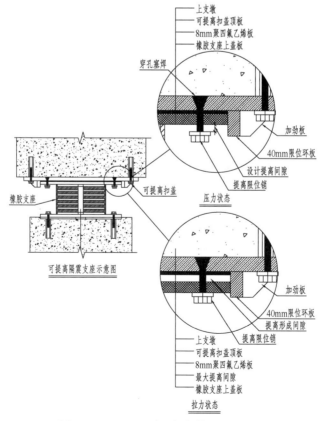

图 10.1.1.19　一种可提离装置立面示意

10.1.1.20　弹性滑板支座通常可根据需要采用滑动面上置式和滑动面下置式（详图 10.1.1.20）。当滑动面尺寸大于 1500mm 时，滑动面下置式方法存在埋板下部的灌浆料填充难以密实的问题，不宜采用。

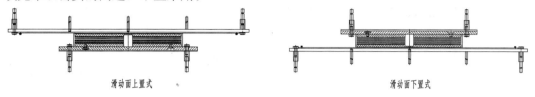

滑动面上置式　　　　　　　　　　　滑动面下置式

图 10.1.1.20　弹性滑板支座滑动面示意

10.1.1.21　隔震支座设置宜与上部竖向构件对中布置。当不可避免需要采取偏心布置时，需沿偏心方向设置平衡梁（图 10.1.1.21）。

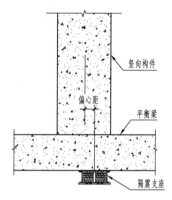

图 10.1.1.21　支座偏心平衡梁示意

【释】隔震支座与上部竖向构件偏心布置时，如沿偏心方向无平衡偏心产生的弯矩的构件，将导致支座的偏心受压，严重时会使支座一侧出现受拉破坏。为避免此类不利情况，可在偏心方向设置平衡梁，该梁可参考转换梁的构造尺寸要求设置，要求有足够的刚度及承载能力，平衡偏心弯矩的同时减小支座上节点的转角，使隔震支座的平面受力更均匀。偏心较大时需复核支座转角，避免出现一侧受拉。

10.1.2　规范关注

规范关注　　　　　　　　　　　　　　　　　　　　表 10.1.2

序	规范		关注点
	名称	条目	
1	【抗规】	12.1.3	隔震结构设计基本要求
2		12.2.1	隔震层设计要求和竖向地震要求
3		12.2.3	隔震支座设计要求
4		12.2.5	隔震层以上结构地震作用计算
5		12.2.7	隔震层以上结构抗震措施降低原则；最多降低一度
6		12.2.9	隔震层以下结构设计要求
7	【叠胶隔震】	6.1.2	隔震支座性能指标要求
8		6.1.3～6.1.10	隔震支座性能检验要求

序	规范		关注点
	名称	条目	
9	【隔震验收】	6.1.1～6.1.3	隔震结构子分部验收要求
10	【橡胶支座】	5.2～5.4	支座分类
11		6.3.1	支座力学性能试验项目
12	【隔胶支座】	4.4	隔震支座性能要求
13	【抗震性态】	附录F	叠层橡胶隔震支座的等效失稳临界应力

10.2 减 震 设 计

10.2.1 措施标准
10.2.1.1 设计流程

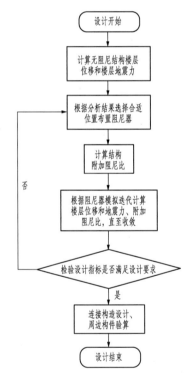

【释】减震结构设计验算，主要包括以下内容：

1）消能器给主体结构的附加阻尼比计算；

2）非消能减震结构与消能减震结构对比；

3）罕遇地震作用下主体结构弹塑性层间位移验算；

4）位移型消能器最大位移和承载力验算、速度型消能器极限速度和承载力验算；

5）消能子结构的截面抗震验算、消能部件验算。

10.2.1.2 采用速度型消能器的减震结构，消能器速度指数 α 值常取 0.2～0.4。

【释】速度型消能器的速度指数 α 值较小时，在常遇地震作用下的耗能效率更高，减震效果更好，在罕遇地震作用下，超出设计输出力的幅度也较小，可有效避免与消能器连接的主体结构由于受力过大而损坏。应注意，当速度型消能器速度指数小于 1.0 时，其对主体结构的附加阻尼比，在多遇地震、设防地震和罕遇地震作用下依次减小，需重点关注结构在罕遇地震下的抗震性能。

10.2.1.3　消能减震结构附加阻尼比计算方法有：【抗规】能量法、自由振动衰减法、能量比较法、结构响应对比法等。宜优先采用抗震规范规定的能量法。

【释】能量法：是基于规范反应谱工况的一种迭代算法，计算反应谱工况下的结构总应变能、消能器耗能，根据能量公式计算得到附加阻尼比的试算值再代入结构进行反应谱分析，迭代收敛后即得到附加阻尼比。

自由振动衰减法：对结构施加瞬时激励，将消能结构顶点自由振动衰减看作单自由度体系自由振动，根据单自由度体系阻尼比与振幅的关系，并结合结构目标变形计算消能器附加阻尼比。

能量比较法：采用时程分析的方法得到自身振型阻尼耗能、消能器耗能，将各时刻的消能器耗能与振型阻尼耗能的比值乘以结构的振型阻尼比可得到阻尼比时程，取在地震波输入后期较为稳定的结果即为消能器附加阻尼比。

结构响应对比法：以结构的顶点位移和基底剪力作为对比指标，先假定结构附加有效阻尼比，对无消能减震装置的结构进行时程分析，所得结果若与消能减震结构所得结果接近时，该阻尼比即为附加阻尼比。

10.2.1.4　金属消能器不宜承担竖向荷载。在设计文件中应明确其施工安装顺序，结构内力设计需结合施工安装顺序，逐步加载计算。

【释】当金属消能器需承担竖向荷载时，应关注：

1）消能器设计屈服力相对较低，应避免正常使用时出现屈服，引起过大变形和内力重分布；

2）相连竖向结构构件内力设计时，宜包络消能器所承担的竖向荷载；

3）需评估所承担竖向荷载对消能器耗能能力的影响。

10.2.1.5　消能器的防火设计中，当消能器设计为不参与承担竖向承载时，可不做防火要求。当消能器设计为参与承担竖向承载时，其防火要求同相邻竖向结构构件。

【释】消能器不参与承担竖向承载，火灾时损坏不影响结构安全，灾后应及时更换破损消能器。

10.2.1.6　采用位移相关型消能器时，各楼层的消能部件有效刚度与主体结构对应楼层的层刚度比宜接近。防屈曲支撑与纯框架的刚度比介于 0.5～2.0 之间时，为较优化合理的设计。

【释】防屈曲支撑框架是一种双重抗侧力体系，其抗侧刚度和侧向承载力由框架和支撑各自能力叠加而成。地震作用下，作为第一道抗侧力体系防屈曲支撑应先于主体结构屈服，这要求支撑的抗侧刚度控制在一定范围内：如支撑的抗侧刚度过大，结构体系的抗侧能力提高，整体侧向位移变小，但随着体系抗侧刚度的变大，其地震响应随之变大；如支撑的抗侧刚度较小，不能满足结构在地震作用下的抗侧能力，就不能实现设防目标。由此，为使该体系的地震响应最小，合理设计支撑、框架间的抗侧刚度比例关系是关键。层的防屈曲支撑初始水平抗侧刚度、该层框架初始水平抗侧刚度的比值是关键指标。

10.2.1.7　采用连梁消能器时，楼板与消能器之间宜脱开（图 10.2.1.7）。

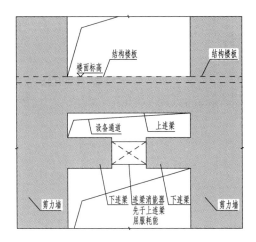

图 10.2.1.7　连梁消能器做法示意

【释】以充分发挥连梁消能器第一道防线的消能减震作用，避免干扰。

10.2.1.8　耗能型屈曲约束支撑在常遇地震作用下，一般可控制应力比在 0.5～0.9，设防地震和罕遇地震作用下，应显著屈服和耗能；承载型屈曲约束支撑在常遇地震作用下，一般可控制应力比在 0.5 以下，在设防地震作用下应保持弹性，在罕遇地震作用下，可进入屈服，但不能作为结构体系的主要耗能构件。

【释】屈曲约束支撑分为承载型和耗能型。仅用于提高结构的刚度及承载力时，可选用承载型，承载型屈曲约束支撑通过保证支撑在屈服之前不会发生失稳破坏，从而充分发挥钢材能力，一般用 Q235、Q345，也可用 Q390、Q420 等高强钢材。耗能型屈曲约束支撑通过防止核心单元产生屈曲或失稳，保证核心单元能产生拉压屈服，利用屈服后滞回变形来耗散地震能量。耗能型支撑为了实现在中震、大震下的屈服耗能，一般用软钢（屈服点低、易屈服、延性优，价格高于普通钢，如 LYP100～LYP225），也可用 Q235 级普通钢。

10.2.2　规范关注

规范关注　　　　　　　　　　　　　　　　　　表 10.2.2

序	规范		关注点
	名称	条目	
1	【抗规】	12.3.4	消能减震结构附加阻尼比计算方法
2		12.3.6	消能器性能检验要求
3		12.3.5	速度相关性消能器的支承构件刚度、位移相关型消能器的屈服位移或起滑位移与结构层间屈服位移的关系
4	【消减震规】	3.2.1	消能器选择基本要求
5		3.4.3	消能器连接设计要求
6		7.1.6	
7		4.1.2	消能减震结构地震作用效应的分析方法和适用条件
8		5.1.4	消能器的力学性能设计要求
9		5.6.1	消能器的性能检验要求
10		6.2.1	消能构件的布置原则

序	规范		关注点
	名称	条目	
11	【消减震规】	6.3.2	消能减震结构附加阻尼比计算方法
12		6.4.3	消能减震结构的层间位移角限值
13		6.4.2	消能子结构的抗震验算要求
14		6.4.4	消能减震结构抗震构造措施降低方法
15	【高钢规】	E.4	屈曲约束支撑的性能检验要求

第11章 装配结构

11.1 总体要求

11.1.1 措施标准

11.1.1.1 装配结构不是新的结构体系，而是一种结构建造技术，是基于当前技术，对现有结构体系传统建造方式的延展。下列情况下，可考虑采用装配结构（包括局部使用预制构件）：

1. 工程建设场地狭小，交通及周边条件复杂，对环境保护要求较高；

2. 规模大，结构构件标准化程度高、通用性强；

3. 结构构件与其他建筑系统、部品的集成度要求高；

4. 政策指定要求。

【释】 装配结构按材料分类，包括混凝土结构、钢结构、木（竹）结构、钢-混凝土组合结构、木-钢（混凝土）组合结构等。本章主要涉及混凝土结构、钢结构。

11.1.1.2 装配结构的核心特征是工厂生产、现场组装，结构设计宜实现标准化、系统集约化、部品体系化、产品模数化。

【释】 装配结构设计应实现生产、施工一体化建造模式，形成结构体系、围护外饰、机电管线、室内精装部品等的集成与建造。

11.1.1.3 装配结构设计工作阶段、责任划分及工作内容可参见表11.1.1.3。

装配式结构工作阶段、责任划分及内容 表11.1.1.3

工作阶段	工作内容	责任	说明
项目策划	配合建筑师为建设方、投资方制定项目目标、实施路径和方法等决策提供建议	顾问	宏观目标
方案设计	依据项目策划成果，配合规划师和建筑师为项目提供装配方案，包括： ① 整体建筑布局和单体建筑结构布置、平立面； ② 构件序列组成及生产和施工可行性评估（包括适宜性、安全性、易建性、经济性和有效性等）； ③ 构件连接形式及典型做法； ④ 结构与其他系统的协调要求和内容、方式、流程等； ⑤ 结构主要设计指标和参数； ⑥ 构件装配的主要流程及控制要求、条件等； ⑦ 装配式建筑设计成果的预评价	方案配合/专业主责	达到初步设计的深度/为后续专业协调做好准备

续表

工作阶段		工作内容	责任	说明
初步设计	专业工作	① 构件模板图及材料、部件、配件明细； ② 构件（预制构件间、预制构件与现浇构件）连接详图及安装效率评估； ③ 结构与机电、装饰和装修的接口（系统间、构件）； ④ 构件（形状、尺寸、重量等）的生产和施工效率评估	专业主责	确定所有与构件相关的外部接口
	协同工作	① 根据室内装修的范围、方式、内容、标准等，确定模数与尺寸协调原则、接口规则、工作模式。 ② 根据建筑和装修做法、功能要求等，确定机电系统的管、线、盒与结构构件的关系和做法。 ③ 根据建筑立面表现、围护系统功能等，确定构件集成内容、材料组成及工艺需要、产品采购技术标准及服务内容等。 ④ 根据施工场地条件、工期计划等，确定施工要求（包括管理、组织、设备和机具、质量标准等）。 ⑤ 根据标准化设计的原则，对所有构件（包括布置、截面、尺寸、配筋构造等）及连接、构件与装饰装修及点位等进行优化	协调	与构件及生产和施工相关的部分应为牵头
施工图设计	专业工作	① 构件模板和配筋图，包括预留预埋管、线、盒、配件等； ② 生产和施工阶段中短暂设计工况的控制性设计，并给出具体设计建议（包括吊点、支撑点、运输临时固定方式和要求、产品保护措施等）； ③ 构件生产及施工检验、质量验收等标准和方式； ④ 构件及其连接的具体要求（如钢筋灌浆的分仓设计、预制与现浇过渡楼层的施工要求、公差及施工误差控制标准等）	专业主责	与构件使用相关的设计集成与构件生产、运输、存储、安装相关的设计控制
	协同工作	① 与构件生产相关的工艺、流程、计划、模具、效率评估、项目监管等。 ② 与构件产品集成相关的关键部品采购、材料选择等。 ③ 与施工和管理相关的组织、计划、设备、机具、场地、道路、检验与验收等	协调	牵头
施工配合		协调好生产-施工-管理，落实计划、标准实施，配合好检验-验收工作	配合	全过程

【释】装配结构在主要设计内容、计算和分析方法、基本结构概念等方面与现行国家有关标准中的结构体系基本相同。2017 年住建部颁布三部装配式标准（后称"装配三标准"），分别为：

1）《装配式混凝土建筑技术标准》GB/T 51231—2016；
2）《装配式钢结构建筑技术标准》GB/T 51232—2016；
3）《装配式木结构建筑技术标准》GB/T 51233—2016。

对设计完整性、精细度和对工程全过程控制提出了很高的要求，特别是新增了很多不同于常规现浇混凝土建筑的设计内容和要求，具体包括：

1）增加构件和配件详图、构件连接及安装详图等，包括预制构件、现浇构件、叠合构件等；

2）增加结构构件及相关建筑部品等生产、运输和现场安装的控制要求，包括结构构件、建筑部品、设备的管线盒、建筑装饰和室内装修等；

3）更为强调专业协同工作，特别强调和要求协同工作成果直接转化为设计成果文件。

11.1.1.4 预制构件设计应符合下列规定：

1. 预制构件的标准化设计应包括以下基本内容：

1）符合模数原则的构件规格和尺寸设计；

2）符合模数和尺寸协调原则的构件配筋与预留洞口、预埋件设计；

3）符合构件生产与现场安装标准化、规范化操作的构件连接设计。

2. 预制构件的配筋构造除符合现行相关标准的规定外，尚应满足工厂生产和现场安装的构造做法，预制构件的钢筋适合采用机械加工和组装的方式。

1）柱、梁、墙板等构件内的箍筋宜采用焊接封闭箍筋和螺旋箍筋的形式。

2）墙板分布钢筋和楼板钢筋宜采用焊接钢筋网片的形式。

3）预制构件周边需要现场连接的受力钢筋应满足尺寸设计的标准化要求。

4）预制构件内钢筋的制作与安装误差除满足现行相关标准的规定外，宜进行更加精确地控制，以满足构件公差的要求，提高构件现场安装的简便性和规范化，并能更好地与构件内其他预留预埋的管、线、盒、配件等进行尺寸协调。

3. 预制构件除满足结构性能要求外，宜适度增加其他功能的集成设计内容和范围。

1）墙板、柱、梁、板等预制构件应用于建筑外围护时，宜采用将结构构件与建筑保温或隔热、建筑门窗遮阳、外墙防水、建筑立面饰面和装饰线条、建筑门窗等集成设计。

2）墙板、梁（连梁）等预制构件可与建筑分隔墙和围护墙进行集成设计。

3）各类型预制构件的表面均可增加满足建筑装饰和室内装修要求的设计内容，通过模板和模具、材料和产品复合等生产方式的合理集成，解决构件形状、纹理、图案、颜色、质地、防护、维修与更换等建筑使用与表现问题。

4. 预制构件的布置与设计应解决好建筑部品的质量和使用性能等的一致性问题。

5. 预制构件上预留的机电设备管线安装的孔洞尺寸应满足安装公差及孔洞封堵材料的施工要求，一般情况下，可取管线公称外径尺寸每边增加 10～20mm。

6. 在工程条件许可或技术经济指标适宜的情况下，高层建筑中的预制构件宜优先采用较大尺寸规格的设计方案。

【释】装配式结构设计的一个重要特征是标准化，重点关注制作、存储、运输、吊装环节中的标准化流程需求。

11.1.1.5　预制构件连接和接缝设计宜遵守下列基本原则：

1. 构件连接宜设置在应力较小和应力状态简单的部位。

2. 构件连接界面的配筋构造和现场施工方法等宜具有标准、统一、规范、简单的特征。

3. 预制构件内相同类型的钢筋连接接头宜采用单一形式，当确有必要时允许采用组合形式；一般情况下，在同一个预制构件内，钢筋接头的形式不宜多于两种，不应多于三种。

4. 预制构件间安装调节缝的处理方式可结合结构受力情况、建筑功能及相关建筑部品的性能、构件生产质量和精度、现场安装控制方式和标准等因素综合确定。

【释】预制构件的连接是结构装配中最关键的技术之一，包括连接技术与产品选择的合理性、结构水平及竖向的内力传递、变形协调与裂缝控制的可靠性，构件在安装与连接操作上的易建性等。

11.1.1.6　装配整体式结构宜采用叠合楼盖结构，楼盖设计宜满足下列要求：

1. 叠合楼板的跨厚比：单向板取 25～30，双向板取 35～40，悬挑板取 8～10；当楼板的荷载和跨度较大时，板厚宜取较大值。

2. 预制板构件的优选尺寸序列宜符合模数，长度标志尺寸宜按 3nM 或 2nM 取用，宽度尺寸宜按 3nM 取用，选用工厂生产的预制板宽度宜小于等于 2.4m。

3. 屋顶板采用叠合楼板时，现浇层厚度不宜小于 100mm。

【释】屋顶板结构刚度较大、且有可靠依据时，现浇层厚度也可适当减小，但不宜小于板厚的二分之一和 80mm 的较大值。

11.1.1.7　装配结构设计中应予关注并在施工图设计文件中注明下述涉及工程安全性问题的设计要求：

1. 预制构件钢筋连接接头采用钢筋套筒灌浆连接接头时，应根据工程具体情况，对钢筋接头产品和施工操作等内容提出明确的设计要求，内容包括：质量控制标准、责任主体要求、型式检验报告内容与要求、工艺检查、产品检查、施工操作检查和验收、灌浆操作流程及控制要点、灌浆操作的环境温度、灌浆后的保护或防护措施等；

2. 预制构件吊装操作的设计要求包括：起重设备的平面布置和水平附着支撑臂与结构构件固定的要求、吊具和吊架、预制构件现场安装的测量与控制要求、预制构件吊装姿态控制要求、临时支撑的固定和调整操作要求、施工现场对未安装就位的预制构件采取临时防护性措施的要求等；

3. 施工现场外架、临边防护设施、施工外用升降电梯、附着式塔式起重机等的安装及与结构构件连接、固定、拆除的要求；

4. 对施工现场的预制构件存放场地的设计要求；

5. 对预制构件现场连接质量的检测要求。

11.1.2 规范关注

序	规范		关注点
	名称	条目	
1	装配三标准		生产、运输、安装的内容
2	【装配评价】	3.0.3、5.0.1	主体结构部分的评价分值最低要求
3		4.0.3、4.0.5	预制混凝土体积、叠合楼板覆盖面积的计算方法
4	【装配混标】	5.1.2	房屋最大适用高度与预制部分承担剪力比例、竖向钢筋连接形式的相关性
5		5.1.6	抗连续倒塌设计要求
6	【装配混规】	4.1.2、4.2.3	预制构件、连接材料、产品的要求

11.2 装配整体式剪力墙结构

11.2.1 措施标准

11.2.1.1 建筑外墙宜优先采用装配整体式剪力墙，预制外墙板宜与建筑、装修及机电专业进行集成设计。住宅建筑采用装配整体式剪力墙结构时，墙体布置宜选择大开间、大进深的适合建筑功能空间灵活组合的设计方案。楼梯和电梯间不宜采用完全突出于建筑外墙的设计方案；不可避免时，楼梯和电梯间外墙应与结构纵墙、横墙采取可靠的连接措施，并应补充楼梯间外墙的稳定性设计内容。

【释】装配式剪力墙住宅平面设计宜控制外墙凸凹变化以适应标准化目标，宜结合户型和建筑功能模块的组合设计，在建筑内部设置一定数量贯通的横墙和内纵墙。立面设计宜避免设置较大尺寸的收进和悬挑，应充分利用阳台、露台、平台、挑檐、遮阳等室外功能模块和构件。

外墙门窗洞口尺寸和位置应与预制墙板构件进行协调，需充分考虑构件的制作、运输及安装要求，并应考虑构件拼缝对建筑立面影响等。

11.2.1.2 高层装配整体式剪力墙结构底部加强部位采用装配方案时，应满足下列要求：

1. 底层墙肢的轴压比不宜大于 0.3；

2. 多遇地震下，底部加强部位剪力墙墙肢不宜出现小偏心受拉；首层结构如出现小偏心受拉的墙肢，墙肢底部水平缝应能满足在设防烈度水平地震作用下的要求；

3. 首层结构应采取如下加强措施：

1）适当提高预制墙板构件底部连接处水平缝的受剪和受拉承载能力，提高系数可取 1.1～1.2；

2）在结构端部、角部附近的预制墙板构件配置水平抗剪部件；

3）加强现浇墙体和连梁的配筋，实配钢筋宜超出计算和构造规定量的 1.1～1.2 倍。

【释】结构底部加强部位的装配问题对建筑质量的一致性、施工组织的统一性等方面均具有很大意义，住宅建筑的外墙更为突出。

11.2.1.3 应综合考虑建筑设计方案需求和特点、工程实施条件等因素，合理确定预制墙板类型、规格和截面尺寸。

【释】装配整体式剪力墙结构预制墙板构件包括预制实心墙板和叠合墙板两种类型，叠合墙板又分为双面叠合墙板、单面叠合墙板和预制空心墙板等形式；本节所述"预制墙板"均指预制实心墙板。

一字形的平面构件，适合于工厂流水线生产；生产效率高，构件安装简单；预制构件受边缘构件和门窗洞口设置、建筑立面拼缝位置等因素的影响较大，对建筑设计的适应性较差，现场钢筋工程的复杂程度高，施工总体效率较低。

L形、T形、U形等空间构件，适合于平模，可以采用流水线或固定模台生产；这类构件对建筑设计的适应性好，综合施工效率较高；生产工艺相对复杂，加工要求和成本较高。

Z型构件、复杂模块式构件等，适宜采用组合立模生产；工艺复杂、成本高，适用于建筑的特定部位。

住宅建筑的结构构件尺寸可参照《工业化住宅尺寸协调标准》JGJ/T 445 相关规定执行。

11.2.1.4 预制墙板的设计应符合下列规定：

1. 预制墙板构件宜连续布置，避免预制构件与现浇构件的交错放置；

2. 宜通过合理的结构布置、预制构件选型和布置，使预制墙板及其连接的钢筋配置主要处于构造配筋的范围；

3. 楼板的厚度宜相同或接近，板底面高差不宜大于 20mm，以使预制墙板构件的尺寸规格一致；

4. 应对预制墙板中竖向和水平连接钢筋、预埋套筒及钢筋连接装置等的误差控制提出要求，以指导模具的设计、安装、调整及检验，并与施工现场的钢筋定位控制标准、措施和工具等进行配合；

5. 预制墙板中预留预埋的机电系统、室内装修和生产施工所需的管、线、盒、埋件、连接件、固定件、吊装件等，在满足使用要求的范围内，尚应与构件的配置钢筋进行必要的尺寸协调。

【释】预制墙板配筋包括四种类型：边缘构件钢筋、连梁配筋、墙体分布钢筋及构造钢筋；前三种类型宜优先使用钢筋骨架、焊网等方式组装，并对钢筋间距、直径和根数、保护层厚度、组装次序及附加构造钢筋绑扎等采用符合标准化、模数化要求的设计方式。

11.2.1.5 预制墙板的纵向钢筋连接设计可采取下述三种方式：

1. 方式一：以钢筋构造要求为基准，按构件设计钢筋配置数量逐根进行连接；此方式可满足纵向钢筋等强、连续设置，国家现行相关标准主要采用此方法。

2. 方式二：基于钢筋连接性能的特征，对单一性能的钢筋采用连接钢筋与构件钢筋分别设置的间接连接方式；如受力条件许可下，上下层预制墙板之间可采用单排钢筋连接的形式，相关规定可参考【京装墙规】；此方法可以实现预制墙板部分性能的强连接、弱构件的设计目标，采用时尚需严格遵守相关适用条件。

3. 方式三：当构件连接截面所需抗拉或抗剪钢筋配置数量较多时，上述两种设计方式不能满足预制墙板的配筋构造合理、标准的要求，可仅针对构件连接截面进行补充设计，包括采用附加钢筋、型钢、钢板等连接件。

11.2.2 规范关注

规范关注   表 11.2.2

序	规范		关注点
	名称	条目	
1	【混规】	8.1.1	装配式剪力墙结构伸缩缝的最大间距
2	【装配混标】	5.1.7	当底部加强部位的剪力墙、框架结构的首层柱采用预制混凝土时的措施
3	【装配混规】	6.1.2	高层装配整体式结构适用的最大高宽比限值
		6.1.3	在剪力墙结构和部分框支剪力墙结构的抗震等级划分与房屋高度的关系

【释】 当主体结构构件主要采用预制构件、建筑形体有利于克服温度和混凝土收缩、徐变的影响、建筑围护系统具有较好且较完整的保温与隔热措施时，可取【混规】规定的上限值，其他情况宜适当减小。

在地震高烈度地区和风作用较大地区，应特别关注建筑高宽比，该指标与建筑经济性、结构安全性和适宜性、设计方法等直接相关，北京地区的工程项目尚应遵守【京装墙规】的相关规定。

11.3　装配整体式框架结构

11.3.1　措施标准

11.3.1.1　装配整体式框架宜结合工程条件和构件供应情况，选择适宜的预制方案和构件连接方式；梁柱节点核心区可现浇，也可与梁或柱预制为一体。

【释】 装配整体式混凝土框架的预制构件类型包括预制或叠合柱、预制或叠合梁等。框架梁柱节点核心区采用现浇混凝土，当符合【装配混规】的相关规定时，可按现浇框架结构设计。现浇节点区的箍筋宜采用焊接封闭普通箍筋形式，箍筋直径不宜小于 12mm，箍筋肢距可适当放宽。

框架梁柱节点核心区采用预制混凝土时，通常构件跨楼层布置，预制柱连接面设在楼板以上 1/6～1/3 层高且安装便利的位置；预制节点设置梁纵向钢筋的水平穿筋孔，柱、梁纵向钢筋连接宜采用套筒灌浆连接、机械连接等形式。【京装框剪】5.3 节，给出了节点区随柱子一同预制的形式。该节点连接类型为干式连接节点，具有连接可靠、施工便捷的优点。该类型柱与柱的连接可避开楼层位置，受力合理；预制梁安装时可支撑于节点区预埋的型钢牛腿上，可提高安装工效。

11.3.1.2　高层建筑装配整体式框架结构首层柱预制时，应采取下述措施：

1. 当首层建筑层高大于 4m 时，预制柱底的连接面宜选择在楼层面以上的部位，连接位置距楼层面的距离不宜小于 600mm 和柱截面短边尺寸的较大值；

2. 预制柱底面水平缝处的纵向钢筋面积宜大于柱内纵向钢筋面积，除计算需要外，实配钢筋放大系数可取 1.1～1.3；

3. 预制柱底面纵向钢筋连接方式宜选择钢筋套筒灌浆连接和钢筋机械连接；

4. 设置隔震层时，隔震层以上框架构件可采用预制。

【释】装配整体式框架一现浇剪力墙结构中首层柱采用预制构件时，可不受本条上述规定的约束。

11.3.1.3 预制框架构件配筋设计宜满足下述要求：

1. 配筋构造应满足工厂生产的要求；并宜采用螺旋箍筋的形式，与纵筋形成钢筋骨架；

2. 预制梁的腰筋为构造钢筋时，可不在现浇墙体内进行锚固；当腰筋为满足抗扭要求配置时，腰筋应在现浇墙体内进行锚固，并应满足锚固要求；

3. 预制梁宽度宜适当加宽，以满足钢筋排布与钢筋连接的需要，预制框架梁端锚入梁柱节点区的下铁宜为一层；且下铁的间距应满足节点区内钢筋连接的需要；

4. 预制框架梁上铁宜单排筋排布，单排钢筋排布不下时可增大梁截面；确需双排布置时，叠合梁宜采用中部下凹的构造。预制梁柱宜采用大直径钢筋，以减少连接数量，降低连接难度；

5. 柱纵筋构造设计时应考虑交汇梁的纵筋排列，以保证预制构件现场安装的可行性。

11.3.1.4 框架梁钢筋连接位置位于梁端时，应满足下列要求：

1. 钢筋连接区域的长度由连接构造确定，且不宜大于500mm；

2. 梁端箍筋加密区长度不应小于梁端纵向受力钢筋连接区域长度与500mm之和；

3. 梁端纵向受力钢筋连接区域长度外第一个箍筋距离连接区域不应大于50mm。

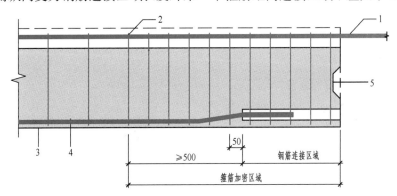

图 11.3.1.4 梁端箍筋加密区域构造示意
1—梁上部纵筋；2—梁箍筋；3—预制梁；
4—被连接钢筋；5—键槽

11.3.2 规范关注

规范关注   表 11.3.2

序	规范名称	条目	关注点
1	【装配混规】	3.0.5	预制构件连接设计的模数化、标准化要求
2		5.2.3	剪力墙结构中不宜采用转角窗
3		7.1.3	避免柱受拉所需考虑的结构布置问题
4	【装配混标】	5.1.7	当底部加强部位的剪力墙、框架结构的首层柱采用预制混凝土时的措施

【释】结构布置应注意长短跨、过大悬挑等问题，以避免或减少地震作用下的柱受拉。

11.4 装配式钢结构住宅

11.4.1 措施标准

11.4.1.1 装配式钢结构住宅设计应考虑各系统的适用性及系统之间的兼容性，宜对不同系统组合方案进行必要的技术、经济分析，以整体性能最优为目标。

【释】装配式钢结构住宅是由钢结构系统、外围护系统、设备与管线系统、内装系统组合而成，部件部品采用装配式方式设计、施工。

11.4.1.2 装配式钢结构住宅宜采用隐式钢框架、隐式钢框架-延性墙板（钢支撑）结构体系，将结构钢柱、钢梁等构件隐藏在建筑墙内，以满足住户日常使用的便利。

隐式钢框架是指框架柱采用长宽比2～5的矩形钢管混凝土柱（图11.4.1.2）的一种结构形式，钢柱截面宽度可取150～200mm，截面长宽比不宜大于5，柱截面较长时，应设置加劲肋。

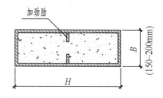

图11.4.1.2 隐式框架柱示意（$H/B \leqslant 5$）

11.4.1.3 装配式钢结构住宅设计时，应考虑结构体系与户型平面、外围护系统、内装修之间的衔接关系，避免出现露梁露柱、隔声、冷热桥等问题。并宜优选结构柱位置，采用大柱网、大开间的结构布置，详图11.4.1.3。

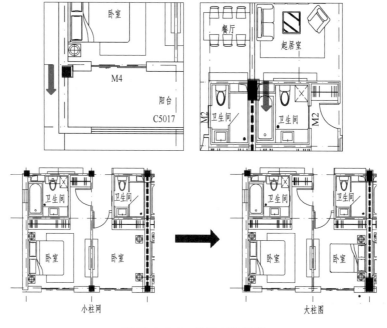

图11.4.1.3 柱网布置示意

11.4.1.4 当采用钢框架支撑（或延性墙板）体系时，支撑（或延性墙板）宜布置在建筑内部，避免与外围护墙板冲突，确保外围护系统的完整性、闭合性，如图11.4.1.4所示。

11.4.1.5 楼盖宜采用可拆底模钢筋桁架楼承板、预制混凝土叠合板，楼板与钢梁应有可靠连接。

【释】装配式钢结构住宅目前一般不吊顶，不宜采用压型钢板组合楼板。

11.4.1.6 外围护体系应选用适应主体结构变形的连接节点，宜用轻质的外置式外围护系统。

【释】外置式外围护系统分为外挂式和外置托挂式：幕墙体系为外挂式，外墙板体系宜为外置托挂式。外围护体系宜轻质化，通常重量低于$150kg/m^2$。

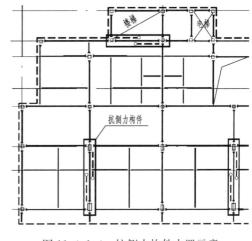

图11.4.1.4 抗侧力构件内置示意

幕墙体系具有良好的变形适应性，其设计、生产、制造、运输、安装、验收全产业链一体化，技术体系成熟，适用于不同高度的钢结构住宅，但该体系造价相对较高，多用于高品质或高度超过100m的钢结构住宅。

轻质外墙板体系以蒸压轻质砂加气混凝土板（Autoclaved Light weight Concrete 下称"ALC板"）体系和轻集料混凝土外墙板体系为主，多用于高度低于100m的钢结构住宅。轻集料混凝土外墙板体系在台湾钢结构住宅中应用较为普遍，具有很好的防水、抗台风冲击、装饰装修一体化的优点，在大陆该体系造价高、重量偏大、施工效率低，其在钢结构住宅中的应用案例较少。

ALC板性能稳定、造价适中，其在钢结构住宅中的应用较为普遍，依据不同气候区的需求，可选择单一材料ALC外墙板体系、ALC外墙板＋内保温体系或ALC外墙板＋一体化外保温板体系。ALC板体系宜采用外置托挂式，易于适应主体结构变形；当采用内嵌方式时，应依据墙板与周圈结构之间变形缝的尺寸（通常取20~30mm，缝隙太宽封闭困难），确定主体钢结构中震下或风荷载下的位移角，确保ALC外墙板围护体系在中震下或风荷载下的正常使用。ALC外墙板内表面宜采用石膏板或水泥纤维板进行封闭保护。

11.4.1.7 装配式钢结构住宅宜实现全装修，内隔墙的设计选型宜采用管线分离的方式。

【释】【装配评价】对全装修评分为6分，管线分离评分为4~6分（按比例内插法取值）。装配式钢结构住宅户内隔墙多用轻钢龙骨石膏板，以实现管线分离，便于维护。

11.4.2 规范关注

规范关注 表11.4.2

序	规范		关注点
	名称	条目	
1	【装配钢标】	5.2	结构体系选型要求及适用最大高度
2		5.2.9	舒适度要求
3		5.2.17	装配式钢结构建筑的连接要求
4		5.2.18	装配式钢结构建筑的楼盖选型要求
5		5.3	装配式钢结构建筑的外围护系统选型要求
6	【装住宅标】	5.3.1	层间位移角要求

续表

序	规范		关注点
	名称	条目	
7	【矩管混规】	4.4	宽窄柱（矩形钢管混凝土柱）的构造要求
8		6.3.3	矩形钢管混凝土柱强柱弱梁验算公式

第12章 砌 体 结 构

12.1 多 层 砌 体

12.1.1 措施标准

12.1.1.1 砌体作为松散材料，用于结构承重，一方面需要结合砂浆、混凝土构件以增加强度及整体性，另一方面，又因其具有特殊的建筑表现，应结合具体项目，深入研究、积极采用。

12.1.1.2 不同地区、不同厂商提供的砌块，其几何尺寸、材料特性、施工方法等会有差异，具体项目设计实施前，应做好调研，择优采用。

12.1.1.3 砌体作为主体结构、二次结构的安全，涉及公众生命财产，均应予以高度重视。

【释】 四川雅安地震震级不大，人员伤害大多为二次砌体结构的倒塌，造成伤亡。对于主体结构完成后的隔墙、装修装饰环节的砌体墙，设计通常滞后较多，工地实施相对随意，不易引起结构工程师重视，更有不通过设计师随意砌筑，或造成安全隐患。

12.1.1.4 对于非常规的部位，诸如：潮湿、地下、冰冻、腐蚀性等环境，采用砌体结构时，应注意所选择材料（空心处理、混合/水泥砂浆）的适用性。

【释】 特殊环境常与正常环境体现在一个项目中，其要求详【砌规】4.3.5条。

12.1.1.5 砌体结构的楼盖优先采用现浇楼盖或现浇叠合楼板，当采用预制板时，建议可在预制板上设置不小于40mm厚/双向Φ6@200的整浇层，以更利于楼盖整体性。

【释】 采用钢筋混凝土预制板时，应关注【抗规】7.3.5条的落实。

12.1.1.6 现浇混凝土的构造柱、圈梁是提高砌体结构整体性的有效手段，设置时，详图12.1.1.6，应注意以下环节：

1. 根据砌体单个体块的模数，确定柱、梁尺寸，通常以单个体块的整数倍（注意包括砌缝）确定为宜；

2. 设置构造柱、圈梁时，应结合建筑师的需求，避免由于柱梁混凝土外露，对建筑效果造成影响。

3. 构造柱、圈梁宜有不小于30mm的通长外露面，当建筑效果确有困难时，应确保马牙槎有不小于30mm部分外露，以检查构件混凝土的浇筑质量。对于混凝土浇筑在盲孔、贯通孔洞、插筋孔洞等，无法判定质量的情况，不应计入安全计算需求中。

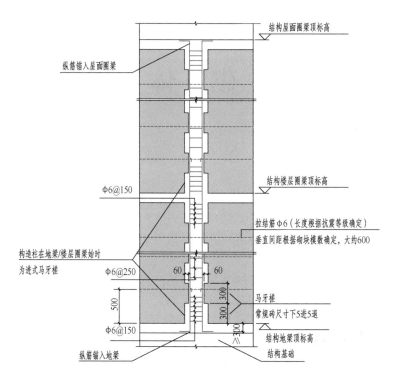

图 12.1.1.6　砌体构造柱的设置

12.1.1.7　每个单栋砌体结构，当采用有效版本软件进行整体抗震计算时，尚应至少选取从属面积较大及竖向应力较小的各一墙段，手工进行截面复核验算。

12.1.1.8　悬挑构件，诸如雨蓬、阳台、挑檐、遮阳板等，应验算最不利组合时的稳定性。

12.1.1.9　应验算山墙（特别对于坡顶顶部）、顶层楼梯间砌体墙的稳定性。

12.1.1.10　当地下管沟盖板搭在墙侧悬挑端、而悬挑端上有洞口（图 12.1.1.10（*a*））或仅有矮墙时（图 12.1.1.10（*b*）），应注意验算该段砌体的稳定性，当稳定性不满足时，可采用贴砌薄墙（图 12.1.1.10（*c*））支承。

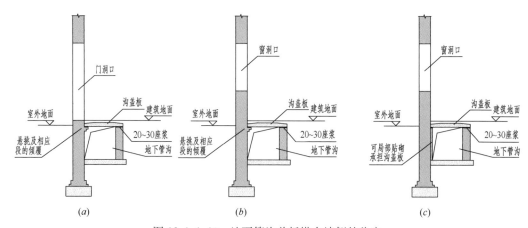

| (*a*) | (*b*) | (*c*) |

图 12.1.1.10　地下管沟盖板搭在墙侧的稳定

12.1.2　规范关注

序	规范		关注点
	名称	条目	
1	【砌规】	4.2.1	房屋的空间工作性能
2		4.3.5	特殊环境下材料耐久性
3		6.1.1	高厚比验算
4		6.1.3	修正系数 μ_1
5		6.1.4	修正系数 μ_2
6		10.1.2	层数及高度限值
7		10.1.2 注 1～3	坡屋面、局部收进的房屋高度
8		10.1.3 注 1～4	
9		附录 A	料石、毛石及其强度
10		附录 C	刚弹性计算
11	【抗规】	3.9.2-1	材料要求
12		7.1.2	层数及限高
13		7.1.7	建筑布置和结构体系
14		7.1.7-2-5)	【释义 1】
15		7.2.1	底部剪力法
16		7.2.3	地震作用分配
17		7.3.1	构造柱设置
18		7.3.3	圈梁设置
19		7.3.5	楼、屋面板的支承和拉接
20		7.3.10	不得采用砖过梁、过梁支承长度
21	【加气砂浆】	6.1	加气块砌筑砂浆要求【释义 2】
22		6.2	抹灰砂浆要求

【释 1】该条表述易产生特例，如图 12.1.2 所示：

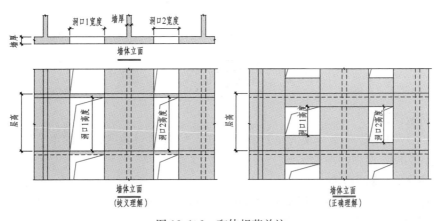

图 12.1.2　砌体规范关注

正确理解：【抗规】此条文的目的是控制墙体立面开洞率，增加墙体的整体性。但按条文要求仍不能避免（如上左图）洞口通高设置的不利情况，因此在执行此条文时需同时注意控制洞口的高度（图 12.1.2 右图）。强调双控洞口的宽度（≯55％墙长（6、7 度）、≯50％墙长（8 度））及高度（以洞口面积评估）。

【释 2】 框架填充的二次结构大量采用的加气混凝土砌块，由于容重轻、材料易得，多在工程中使用。而对其应采用专用加气块砌筑抹灰砂浆的要求，重视不够。因加气块混凝土孔隙率高吸水量大，用普通砂浆施工后，会失水过快，导致水泥硬化不完全强度不足。专用砂浆添加较多保水成分，可以有效保持水分，既有利于水泥水化又保证砂浆强度。

12.2 底部框架—剪力墙砌体

12.2.1 措施标准

底部框架—剪力墙砌体结构，宜将底部框架—抗震墙独立出来，进行专项的性能化设计，满足大震不倒塌的性能目标。

【释】 近几年来的地震表明，该类结构的底部整体设计应关注【抗规】7.5 节中诸条要求的实现，由于上下刚度差异大，"上刚下柔"造成底层的破坏风险，并易形成整体倒塌的机制。对于底部框架的加强，是保证安全的重要一环。

12.2.2 规范关注

规范关注   表 12.2.2

序	规范		关注点
	名称	条目	
1		10.4.3	内力调整
2	【砌规】	10.4.5	托梁内力放大
3		10.4.9	托梁构造
4		3.9.6	施工工艺
5		7.1.2 注 3	乙类不得采用底部框架—抗震墙砌体房屋
6	【抗规】	7.1.8	结构布置
7		7.2.4	地震作用调整
8		7.5.7	楼盖构造

12.3 常 见 问 题

12.3.1 抗震措施

【砌规】 10.1～10.5 节、**【抗规】** 多章节中，均有针对构造措施的章节，规定细致，应在相应的房屋结构中逐项落实。

12.3.2 高厚比核算

高厚比的验算，尤其对于框架内的填充墙，极易疏忽。涉及正常使用状态下的安全，相关内容**【砌规】**规定的很明确，应对几个对应的系数及其各个状态下的取值予以关注，并在项目设计中重视并验算。

12.3.3　填充墙砌筑

宜采用【砌规】6.3.4-2 填充墙与框架不脱开的方法。

12.3.4　潮湿环境材料选择

1. 潮湿环境下应用水泥砂浆，不应采用混合砂浆；

2. 不应采用加气块、未灌孔空心砖。

12.3.5　砂浆标识方法

Mu 为普通黏土烧结砖/砌块用砌筑砂浆标记，分为 Mu5、Mu7.5、Mu10 三个等级，

Mb 为混凝土小型空心砌块砌筑砂浆专用标记，强度分为 Mb5.0、Mb7.5、Mb10.0、Mb15.0、Mb20.0、Mb25.0 和 Mb30.0 等七个等级，Mb 区别于一般的水泥砂浆，是混合砂浆的一种，有水泥、石灰、砂、水及掺合料（主要是粉煤灰）和外加剂（减水剂、早强剂、促凝剂及防冻剂等），按照一定比例搅拌制成。具有和易性好、粘结度高，可使砌体灰缝饱满、减少开裂和渗漏。

Cb 为混凝土砌块灌孔混凝土的强度等级，分为 Cb5.0、Cb7.5、Cb10.0、Cb15.0、Cb20.0、Cb25.0 和 Cb30.0 七个等级。

12.3.6　拉结筋及其钢筋保护层

砌体拉结筋及其钢筋保护层作法详见图 12.3.6。

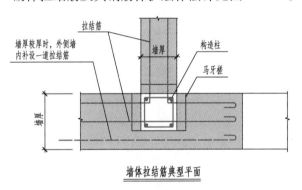
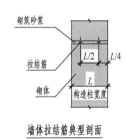

图 12.3.6　拉结筋及其钢筋保护层

12.3.7　砌体的灰缝尺寸

1. 砌体的灰缝尺寸详【砌施】第 6.3.1 条，通常情况下，水平灰缝厚度宜为 10mm±2mm，竖向灰缝宽度为 8mm；

2. 毛石砌体外露面的灰缝厚度详【砌施】第 7.1.9-1 条：不宜大于 40mm；

3. 毛料石和粗料石的灰缝厚度详【砌施】第 7.1.9-2 条：不宜大于 20mm；

4. 细料石的灰缝厚度详【砌施】第 7.1.9-3 条：不宜大于 5mm。

12.3.8　砌体挡土墙的泄水孔

详见【砌施】第 7.1.10 条：

1. 泄水孔应均匀设置，在每米高度上间隔 2m 左右设置一个泄水孔；

2. 泄水孔与土体间铺设长宽各为 300mm、厚 200mm 的卵石或碎石作疏水层。

第 13 章 超 限 高 层

13.1 措 施 标 准

13.1.1 对照【超限要点】，凡属超限高层建筑工程（下称"超限高层"），在初步设计阶段，须由设计单位提供《超限高层建筑工程抗震设计可行性论证报告》（下称《超限报告》）、由业主单位将申报材料报送地方建设行政主管部门，由该部门组织省级或全国超限高层建筑工程抗震设防专家委员会进行专项审查。属【超限要点】第三条的结构，应委托"全国超限高层建筑工程抗震设防专家委员会"审查。

【释】 本章仅适用于"高度超限"和"规则性超限"的高层建筑工程，有关"屋盖超限工程"要求详见第 7 章。

1）专项审查是据建设部 111 号部长令，由建设行政主管部门行使"行政许可"的职责。【超限要点】历经建质[2003]46 号、建质[2006]220 号、建质[2010]109 号多次修订，直至现行建质[2015]67 号。

2）非高层建筑（不高于 24m 公共建筑）不属专项审查工程的范围。可参照【超限要点】，针对结构不规则产生的影响，对抗震薄弱部位和关键构件采取加强措施或性能化设计。

3）当工程所在地建设行政主管部门有专项审查文件规定时，应遵照执行。

13.1.2 申报资料的内容、深度及要求详见【超限要点】第二章。

13.1.3 超限高层应根据其超限情况，有针对性地制订抗震性能目标及抗震措施，并应在《超限报告》中专门阐述、在设计成果中落实。

13.1.4 归档的设计文件应包含《超限报告》、《抗震设防专项审查意见》及落实情况。

13.2 超 限 判 别

判定超限类别及程度应对照【超限要点】附件 1 的 5 个表格。局部不规则可视其位置、数量及对整体结构的影响大小，判断是否计入不规则的一项。当界定不明时，可从严考虑或向负责审查的专家委员会咨询。

【释】 对应上述 5 个表判断时，应注意：

1. 对应表 1：

（1）剪力墙结构仅个别墙在底部转换，如转换部分承担的楼面面积所占楼层面积≤10%且其位置不在重要或不利部位时，其适用高度可按抗震墙结构要求控制，对转换部位的构件参照【高规】执行即可。对于在嵌固部位以下转换的结构，不属于该表规定范围，但应注意部分框支部位的两侧，应布置抗侧能力较强的落地剪力墙。

（2）结构仅局部范围为板柱布置，应不属表中板柱—抗震墙结构适用高度的限制范围，对外框架—核心筒结构，外框与内筒间采用密肋空心板或有局部的板柱布置，也不受该表的限制。

2. 对表 2、表 3、表 4：

（1）特别不规则与一般不规则的区别，在于特别不规则需采取比规范、规程的有关规定更有效的措施，才能达到大震安全的设防目标。表中规定均属高度可能不超过，而特别不规则的范围（分别如表 2 有三项时、表 3 有两项时、或表 4 有一项时，即为特别不规则）。

（2）局部有个别穿层柱（如首、二层大堂处）、个别层有倾斜角不大的斜柱、仅有个别构件转换、个别楼层扭转位移比略大于 1.2 且该层绝对层间位移很小，上述情况当对整体结构影响不大时，均可不算一项不规则。已计表中 1~6 项者，不必重复作为一项不规则。

（3）扭转位移比的计算原则：

1）扭转位移比计算一般可用刚性楼盖假设。但当楼盖存在较大洞口时，一般尚应按分块无限刚楼盖和弹性楼盖，采用按规定水平力作用下计算。位移点应取竖向构件处，不计楼盖外悬挑的部分。

2）带大底盘主塔楼分析时可主要对裙房上部的塔楼进行判断，按主塔楼裙房以上结构平面尺寸考虑偶然偏心进行计算。多塔连体结构偶然偏心可分别按各单塔计算。

3）偶然偏心大小的取值，一般可按【高规】3.4 节、4.3.3 条，采用该方向最大尺寸的 5%（$0.05L_i$），但当建筑长宽比很大，且建筑长度较长时，其值可适当减小，但不宜小于 3.5%（$0.035L_i$）。当楼层平面有局部突出时，可按回转半径相等的原则，简化为无局部突出的规则平面，以近似确定垂直于地震计算方向的建筑物边长 L_i。若 b/B 及 h/H 均不大于 1/4 时，可认为局部突出，此时可按公式 $L_i = B + bh (1 + 3b/B)/H$ 计算。

（4）关于楼面局部不连续：

1）一般框架—核心筒结构，核心筒内的楼梯间、管井、电梯井周圈布置剪力墙时，可不计入楼板洞口面积。

2）当建筑平面有深凹口时，即使在凹口处设置楼面拉梁，但该拉梁刚度较弱，两侧楼板的位移不符合刚性楼板假定，应按局部弹性楼板分析，该拉梁只能作为凹凸不规则的加强措施，此项不规则不属于楼板开洞，应为凹凸不规则。

（5）关于侧向刚度不规则：

1）一般框架结构应采用"层间地震剪力与层间水平位移之比"计算抗侧刚度，本层与相邻上层的比值不应小于 0.7，与相邻上部三层刚度平均值不宜小于 0.8。

2）非框架结构体系可按【高规】3.5.2-2 条验算，本层与相邻上层考虑层高影响的比值不宜小于 0.9，当本层层高大于相邻上层层高的 1.5 倍时，该比值不宜小于 1.1，对结构底部嵌固层，该比值不宜小于 1.5。

13.3　设　计　方　法

13.3.1 对超限高层制订比现行规范、规程的规定更高的抗震性能目标，应据【高规】3.11 节、【高钢规】3.8 节，按照结构抗震性能分为 1、2、3、4、5 五个水准，预期性能目标分为 A、B、C、D 四个抗震性能目标等级进行设计，每个性能目标均与一组在指定地震地面运动下的结构抗震性能水准相对应。

【释】"抗震性能目标"包括承载能力性能目标和变形能力性能目标。实施中应,

（1）在预期地震水准（如中震、大震）的地震作用下,对于整个结构、关键部位和其他部位、关键构件、重要构件等的承载力、变形损坏程度及延性的要求,称为"抗震性能目标",包括抗震措施（如结构布置措施、抗震等级、特殊内力调整、配筋等）以及关键部位、构件的预期性能目标,是对"三水准两阶段设计"的一种补充,有助于判断和提高超限高层"大震不倒"的可靠性。

（2）除超限高层,甲类建筑一般应进行性能化设计,乙类建筑的关键部位、有薄弱部位的高层建筑宜进行部分关键构件性能化设计。

（3）每个性能目标均与一组在指定地震地面运动下的结构抗震性能水准相对应:

1）对于处于不利地段的特别不规则结构,可考虑选用 A 级或 B 级性能目标;

2）房屋高度超过 B 高度较多且不规则项数很多时,可考虑选用 B 级性能目标;

3）房屋为超 B 级高度,并有多项不规则,或房屋为 B 级高度但不规则项较多或不规则程度较重时,可考虑选用 B 级或 C 级性能目标;

4）房屋为 A 级高度,有多项不规则且程度严重时,可考虑选用 C 级性能目标,如果有必要也可考虑选用 B 级性能目标;

5）不规则项项数超过不多或不规则程度不是很严重的高层建筑,可考虑选用 D 级性能目标。

13.3.2 应充分分析超限高层地震作用下的动力特性和形态,找出关系结构破坏、生命安全的关键构件和结构薄弱部位,提出有针对性的性能标准及加强措施。

【释】房屋高度在【高规】表 3.3.1-2 中 B 级高度内时,不规则项超出范围较少（如两项之内）时,可按照【高规】有关 B 级高度结构设计要求执行。

属 B 级或 A 级高度的特别不规则超限高层的关键构件（含薄弱部位）,可提高竖向构件（墙肢、框架柱、支撑等）的抗震等级,也可按"中震不屈服"进行受剪、偏压、偏拉承载力复核;水平转换构件、连体、悬挑、连接节点等宜按"中震弹性"复核受剪承载力。

超 B 高度的高层建筑,其结构构件可参照表 13.3.2。

超 B 级高层建筑的结构构件抗震性能目标　　　　　　　　　　　表 13.3.2

项目	多遇地震（小震）	设防地震（中震）	罕遇地震（大震）
性能水准 C	1	3	4
底部加强层、加强层及上下一层的墙肢、框架柱、支撑	弹性	偏压、偏拉宜满足弹性,抗剪弹性	满足抗剪截面控制条件
其他部位的墙肢及框架柱	弹性	偏压、偏拉可按不屈服,抗剪宜满足弹性	满足抗剪截面控制条件
转换构件、连体、悬挑、连接节点	弹性	弹性	不屈服
非转换腰桁架	弹性	宜弹性	满足抗剪截面控制条件
伸臂构件	弹性	不屈服	满足抗剪截面控制条件
连梁	弹性	抗弯可屈服,抗剪宜不屈服	抗弯、抗剪均可屈服

注: 1. 必要时需通过模型试验和弹塑性计算分析,进一步判断结构在大震下的安全性。

　　　2. 对超 B 高度较多的超高层,非转换腰桁架在大震下承载力宜满足不屈服,材料强度亦可取材料极限强度。

高度超过 B 级较多且特别不规则的超限高层，关键构件应采取更高的性能目标。

13.3.3 专项审查的重点是深入的计算分析和工程判断。计算分析包括等效弹性方法、弹性时程计算方法、静力弹塑性方法和动力弹塑性方法。

【释】采用等效弹性方法验算结构部位和构件的性能目标可按【高规】3.11.3 条要求，考虑到中震、大震下结构部分构件进入塑性，整体刚度将退化，计算时阻尼比可适当提高，剪力墙连梁刚度适当降低。

构件的"弹性"、"不屈服"、"受剪截面控制"几点控制，是性能目标的重要环节，对于混凝土结构，材料取值所对应的设计值、标准值、极限强度、各类参数的取值参见下表：

性能要求	系数	作用分项系数（荷载分项系数）	材料强度	抗震内力调整系数 η	抗震承载力调整系数 r_{RE}	风荷载	连梁调整系数	阻尼比
多遇地震（小震）	弹性	考虑	设计值	考虑	考虑	考虑	6～7 度时取 0.7；高烈度时取 0.5	0.05
设防地震（中震）（考虑双向地震）	弹性	考虑	设计值	不考虑	考虑	不考虑	0.5～0.3（低烈度时取大值）	0.05～0.06
	弹性、考虑强剪弱弯（特别重要的结构）	考虑	设计值	考虑为抗震等级三级：$\eta_{vb}=1.1$ $\eta_{vc}=1.1$	考虑	不考虑	0.5～0.3（低烈度时取大值）	0.05～0.06
	不屈服	不考虑	标准值	不考虑	不考虑	不考虑	0.3	0.05～0.06
罕遇地震（大震）	不屈服	不考虑	标准值	不考虑	不考虑	不考虑	0.1 或两端为铰接	0.07
	受剪截面控制 $0.15f_{ck}bh_0$	不考虑	标准值	不考虑	不考虑	不考虑	0.1 或两端为铰接	0.07
	安全（极限承载力）	不考虑	高于标准值的最小极限值	不考虑	不考虑	不考虑	两端为铰接	0.07

注：1. 当中震时要求较多竖向构件承载力满足弹性或不屈服，结构阻尼比应取较小值；若只是要求个别竖向构件承载力满足弹性或不屈服，结构阻尼比则应取较大值。

2. 材料强度高于标准值的最小极限值：钢材为 $f_u=1.25$ 屈服强度 f_{yk}，混凝土为 0.88 倍的立方强度（如 C30 即立方体抗压强度标准值为 30N/mm²）。

13.3.3.1 超限高层应以弹性时程计算方法进行多遇地震下的补充计算，所用的水平、竖向地震时程曲线应符合【高规】4.3.5 条要求，计算结果的底部剪力、楼层剪力和层间位移与振型分解反应谱法比较，当弹性时程计算方法计算结果较大时，结构相关部位的构件内力和配筋应做相应调整。

13.3.3.2 静力弹塑性分析计算时，侧向力分布形式宜考虑高振型的影响，可采用【高规】3.4.5 条提出的"规定水平地震力"分布形式。

【释】高度不超过 150m，可采用静力弹塑性方法；高度 150～200m，根据结构的变形特征选择静力或动力弹塑性分析方法。

13.3.3.3 动力弹塑性分析计算时，应考虑几何非线性和材料非线性，计算软件中钢材的本构模型可采用双线性随动硬化模型，混凝土材料和钢筋的本构模型应符合【混规】（附录 C）的规定。应对弹塑性分析模型与多遇地震分析结果在结构质量、动力特性等方面进行比较，保证模型的准确性。模型应以构件实际承载力为基础，输入地震波应符合【高规】4.3.5 条要求，按水平两方向（X 或 Y）与竖向（Z 向）地震作用，以 1.0（X 或 Y 或 Z）、0.85、0.65 的比例进行输入。弹塑性分析的初始阻尼比宜与结构弹性状态下的阻尼比一致，楼板宜按弹性楼板假定，并应考虑施工模拟。

【释】【超限要点】第十三条（七）款对弹塑性分析有明确要求，

1）高度超过 200m 或扭转效应明显的结构应采用动力弹塑性分析；高度超过 300m 或新型结构或特别复杂的超高层建筑，应采用两个不同的动力弹塑性分析软件进行独立的计算校核。

2）弹塑性分析主要目的是提供结构破坏（塑性铰）的部位，构件破坏（塑性铰出现）的顺序和程度，从而判断出薄弱部位并采取相应的加强措施。

3）弹塑性计算模型及参数要选取正确，弹塑性模型在弹性阶段的主要计算结果应与多遇地震分析模型计算结果相一致；大震时动力弹塑性时程分析时因部分构件屈服耗能，结构周期应比弹性计算方法逐渐加长。

4）罕遇地震下结构抗震性能评价包括结构总体变形和构件性能评价。结构总体变形应区分结构类型，满足【抗规】表 5.5.5 及附录 M 的要求。对于构件损伤判别，不同性态水平、结构破坏及结构体系的层间位移角限值的关系，可借鉴美国 FEMA356 规定（参见附录 13-1《结构损伤判别》）。

13.3.3.4 超 B 级超限高层和特别复杂结构地震作用下结构的内力组合，应以施工全过程完成后的静载内力为初始状态；当施工方案与施工模拟计算分析不同时，应重新调整相应计算。对悬挑结构进行施工模拟分析时，应复核正常使用下楼板的拉应力是否满足设计要求。

13.3.4 【超限要点】第十条规定的结构，需进行构件、节点或整体模型的试验研究，作为论证依据补充。

13.4 关 注 问 题

13.4.1 抗震概念设计是指根据震害、工程经验等总结形成的基本设计思想及原则，这些经验要贯穿在方案确定及结构布置过程中，也体现在计算简图或计算结果的处理中。抗震性能好的结构，除必要的计算分析外，更重要的是准确把握概念设计，保证结构的抗倒塌能力。

13.4.2 混凝土结构、混合结构不宜超过各自的合理使用高度。超高层结构应有合理的基本周期、高宽比。尽量减轻单位面积结构自重，如框架—核心筒结构的核心筒剪力墙厚度应自下层至上层逐渐减薄，顶部外墙厚可减至 400mm，内墙厚可减至 200～300mm；普通的钢筋混凝土剪力墙的最大厚度宜不大于 1.4m。

13.4.3 甲类或特别重要或断裂带附近的工程，小震计算分析时地震动参数采用安评报告及规范较大值；中震及大震计算分析时，地震动参数应依照规范取值（地方上另有要求时可参照执行，但要注意不小于规范值）。

【释】地震动参数详见第3章"结构荷载"3.3.2节，断裂带规定详该章3.3.1.7条。

13.4.4　对于长周期的高层建筑，最小地震剪力的控制，可按【超限要点】第十三条（二）执行。

【释】剪重比应满足规范要求，【抗规】规定当不满足并相差较多时，应调整结构选型和结构布置，但工程实际中有时很难修正，故【超限要点】做了上述调整。下引原文：

（二）结构总地震剪力以及各层的地震剪力与其以上各层总重力荷载代表值的比值，应符合抗震规范的要求，Ⅲ、Ⅳ类场地时尚宜适当增加。当结构底部计算的总地震剪力偏小需调整时，其以上各层的剪力、位移也均应适当调整。

基本周期大于6s的结构，计算的底部剪力系数比规定值低20%以内，基本周期3.5～5s的结构比规定值低15%以内，即可采用规范关于剪力系数最小值的规定进行设计。基本周期在5～6s的结构可以插值采用。

6度（0.05g）设防且基本周期大于5s的结构，当计算的底部剪力系数比规定值低但按底部剪力系数0.8%换算的层间位移满足规范要求时，即可采用规范关于剪力系数最小值的规定进行抗震承载力验算。

13.4.5　避免结构两个主轴方向振动形式差异过大（如：一个方向明显的弯曲变形而另一方向明显的剪切变形），两个主轴方向的第一振动周期宜满足【抗规】3.5.3（3）条，必要时需对抗侧力构件进行适当调整。

13.4.6　避免软弱层和薄弱层出现在同一楼层。楼层承载力计算时，构件应取实际截面尺寸和配筋率，材料强度取标准值。具有斜撑的楼层，其承载力不应将不同方向斜撑的承载力绝对值相加。

13.4.7　通过使混凝土剪力墙约束边缘构件箍筋构造上延至较小轴压比楼层的措施，增加第一道防线的抗震能力；主要抗侧力构件中沿全高不开洞的单肢墙，应采取设置耗能连梁或全高提高墙体承载力措施等方法增加抗震安全性，当较长的单片剪力墙承担的水平剪力超过结构底部总水平剪力的30%时，应考虑加强其他剪力墙，提高整体抗震延性。

13.4.8　框架与墙体、筒体共同抗侧力结构中，框架结构承担的剪力最小值详【超限要点】第十一条（二）款。对于框架剪力承担率满足$V_f \geq 0.2V_0$的楼层，仍宜考虑二道防线要求，适当加大框架剪力及弯矩。

【释】对于框架与墙体、筒体共同抗侧力结构中，按线弹性的方法计算的框架部分承担的剪力，当剪力墙或筒体在地震下进入塑性、刚度削减后，框架部分承担的剪力势必增加（无论V_f大于还是小于$0.2V_0$），为了充分发挥二道防线的抗侧能力，有必要对框架部分的承载能力进行提高。

13.4.9　大底盘裙房范围内适当增加剪力墙，以保证裙房自身的抗震性能，以防与主楼连接部分失效后裙房自身出现严重破坏。

13.4.10　大底盘多塔结构应注意复核反应谱法楼层剪力分布结果，下部大底盘顶层剪力应不少于上部各塔剪力之和。单塔模型复核时尚应考虑中震下裙房刚度退化后对塔楼结构的不利影响。

13.4.11　当几部分结构连接薄弱时，应考虑连接部位各构件的实际构造和可靠程度，必要时可取结构整体模型和分开模型分别计算，取承载力包络设计。

【释】 几部分结构连接时，应注意以下环节：

1）当几部分结构连接薄弱时，强震下连接部分可能失效破坏，宜补充连接部分两侧结构进行独立模型复核，并与整体模型承载力进行承载力包络设计，确保连接部分失效后两侧结构可独立承担地震作用不致发生严重破坏及倒塌。

2）连体连接部分传递两侧结构地震作用，还需协调两侧结构地震变形，故应进行连接部分楼板受剪承载力验算，并宜达到中震弹性性能目标。另应加强与两侧的连接构造，如支座部位构件加强，水平构件应向内延伸一跨，以提高连接部位的可靠性，避免大震下连接部分过早破坏。

13.4.12 连体和连廊本身，应注意竖向地震的放大效应，跨度较大时应参照竖向时程法确定其竖向地震作用，应增加主水平向：次水平向：竖向间 0.85：0.65：1.0 的竖向为主组合。滑动连接时，除了按三向大震留有足够的滑移量外，支座也需适当加强并考虑限位措施。

13.4.13 对于墙体通过次梁转换和柱顶墙体开洞的转换结构，应有针对性加强措施。

13.4.14 转换桁架在进行中、大震验算时，要注意与之相连的其他构件刚度退化对桁架内力的影响。

13.4.15 水平伸臂层的设置数量、位置、结构形式应认真分析比较确定。伸臂构件的上下弦内力应考虑楼板刚度的退化影响，上下弦杆应贯通核心筒的墙体（可以钢板的构造形式），墙体在伸臂斜腹杆的节点处，应采取构造措施适当放大并平滑过渡，防止应力集中导致破坏。

【释】 为保证大震时水平加强层楼板开裂后伸臂构件的安全，伸臂构件的弹性内力应取楼板刚度退化后的内力，可按厚度折减（可取实际厚度的 10%～20%）假定或按平面内零刚度楼板假定计算。

13.4.16 错层结构的错层部位内力，应注意沿楼层错层方向和垂直于错层方向的差异，按不利情况设计和采取加强措施。

13.4.17 当楼板局部开大洞或错层导致长短柱共用，在多道防线调整的基础上，长柱宜按短柱的剪力复核承载力避免短柱破坏后，长柱的承载力不足。开洞较大时，局部楼板宜按大震复核平面内的承载力，以保证传递地震作用的能力。

13.4.18 剪力墙倾斜时，要考虑斜墙平面外的附加弯矩。应考虑斜墙、斜柱对与之相连的楼面梁和楼板的影响，斜墙、斜柱传递的水平分力宜由楼面梁承担，楼板要做相应的加强。

13.4.19 中震时出现小偏心受拉的混凝土墙体详【超限要点】第十二条（四）款，对含钢率超过 2.5% 时适当放松的要求，参见附录 13-2《合理控制墙肢平均名义拉应力的建议》表 F13-2-2。

13.4.20 出屋顶的结构和装饰构件要求详【超限要点】第十一条（九）款，并宜采用时程分析法补充计算，明确鞭梢效应，支座按中震弹性或大震安全复核。注意加强装饰构架平面外与出屋顶结构的连接构造，形成有效的空间工作状态。

13.4.21 对于高宽比大的超限高层，应复核结构刚重比。另当中震上部结构构件出现拉力时，需注意在大震下地基基础的安全。

第14章　程序使用

14.1　使　用　原　则

14.1.1　使用结构程序是结构工程师进行设计工作的重要手段，准确搭建计算模型、合理输入结构荷载、分步体现施工过程、及至理性判断计算成果，是结构工程师的重要职责。

14.1.2　"黑匣子"式的计算程序，提高设计效率的同时，也给结构工程师带来对于计算理解和探究的惰性，尤其常用程序隐含设定的理解与干预、各类工程关键环节的设定、计算结果合理性判断等方面，多涉及结构安全及费用，应当充分理解和判定。

【释】对于计算程序中界面各个页面展示的"隐含内容"，要结合相应的规范规定，有深入的理解，并针对新项目有统一梳理的过程，避免惯性的沿用，造成设计偏差。

14.1.3　经公司购买的、且通过住建部认证的结构分析与设计程序，属于公司质量管理体系内可使用的有效结构分析与设计程序。其他程序仅为参考程序，原则上不得作为结构分析与设计依据，特殊情况应报公司科技质量部备案，经公司审批后方可作为结构分析与设计依据。

14.1.4　应了解结构程序的特点和适用范围，选用适用程序有针对性地开展分析和设计工作。

14.1.5　应掌握结构类程序版本与规范有效版本的对应情况，及时更新程序，确认程序采用有效规范版本编制后方可使用。

14.1.6　应对程序分析结果的合理性进行研判，对于受力概念原理不符或者存在疑问的分析结果，应予以高度重视，查找原因，辅以多程序验证后谨慎使用。

14.1.7　应用通用结构有限元分析程序时，应具备基本的有限元理论知识。

【释】随着计算机技术的普及，有限元方法得到了广泛的应用。目前，结构分析与设计程序主要以有限元程序为主，只有少数程序根据静力手册编制。有限元法已经成为现代结构分析必不可少的手段，掌握基本的有限元理论知识有助于程序使用过程中交互应用和研判计算结果合理性。

14.2　措　施　标　准

14.2.1　超限工程项目，应采用包括 Paco 在内的至少两个结构分析程序进行独立核算，并相互对照分析结果。

14.2.2　程序使用中，应特别关注剪力墙的分析模型，板元、壳元及其相应单元网格的划分方法和大小，尤其在边角、开洞、错位、错层等部位要重点关注，合理使用。

14.2.3　对于巨型结构、设置有伸臂桁架或环桁架等的结构，应评估上述构件发挥效应的时机，并按照设定的施工顺序、荷载加载顺序，在模型中依次组装构件和加载，采用具有施工顺序加载交互设计功能的程序进行仿真模拟分析。有条件时，还应考虑构件间的轴向徐变差异造成的影响。对于未考虑徐变差异的情况，宜对分析结果进行研判和评估。在施工图设计中，应明确要求施工单位需按照既定的施工顺序和加载顺序进行施工，当施工顺序和加载顺序与图纸不符时，应重新进行核算。

【释】目前仅有少数交互功能强大的程序可以模拟任意施工加载过程，推荐使用 Paco、ETABS 软件进行多高层建筑结构的施工加载模拟分析。

14.2.4 对于设置有伸臂桁架、空腹桁架、环桁架、转换桁架或支撑构件的结构，应考虑对相关构件带来的轴力影响。目前大部分多高层结构分析与设计程序默认情况下不考虑框架梁轴力，遇到此类情况时，应进行交互设计，使程序可以识别框架梁的轴力，需要时手动调整内力放大系数。

【释】目前，部分程序有专门的选项考虑多高层结构中的梁轴力，但内力放大系数不可修改，不能交互设计。有一部分交互设计功能强大的程序，有专门的选项考虑框架梁的轴力，也可通过交互设计调整内力放大系数，甚至可以修改构件类型关键词，灵活调整各类内力放大系数。设计时应针对工程实际情况选取分析程序。

14.2.5 对于设置有伸臂桁架、环桁架、转换桁架或支撑构件的多高层建筑结构，相应桁架的上下弦或支撑的上下层所在楼板区域需要考虑楼板平面内的变形影响，对于需要考虑楼板平面内变形的区域则不应使用楼板刚性假定或楼板强制刚性假定。必要时，还应人为去掉楼板后进行复核，确保程序分析的水平构件受力状况真实、合理。

【释】楼板刚性假定相当于假定楼板平面内的变形为零，刚性楼板范围内的水平构件轴力为零，这也相当于放大水平构件的刚度至无穷大，对于设置有伸臂桁架、环桁架、转换桁架或支撑构件的多高层建筑结构，显然会导致放大结构的抗侧刚度、水平构件轴力为零等不真实的后果。

对于有些程序，没有刚性楼板假定时风荷载加载较为繁复，建议可采用局部刚性假定方法加以解决。

14.2.6 对于设置有楼梯、观众看台、阶梯教室等斜向构件的多高层建筑结构，斜板类构件往往具有斜撑和剪力墙的双重特点，对结构整体刚度可能产生重大影响，应采用具有三维空间建模功能的程序进行分析评估，对于斜向构件进行设计后处理时选择合理的构件类型关键词进行交互设计，必要时手动调整内力放大系数。

【释】斜板类构件对于多高层建筑结构的影响重大，按照普通做法拉平处理进行分析，计算结果与实际受力情况严重不符，甚至严重影响结构整体抗侧刚度评价。对于此类结构，需要使用三维空间建模功能的程序才能正确进行评估。评估影响巨大者，建议采取滑动支座、构造弱化等特殊措施进行处理。

14.2.7 使用程序模拟多高层建筑结构剪力墙连梁时，一般情况下宜采用面单元模拟剪力墙连梁构件，不宜采用线单元模拟。

【释】在有限元分析层面，连梁采用线单元模拟时，需采取有效措施方可保证线单元与面单元之间的刚接连接，从而使模拟分析结果与实际受力情况尽可能吻合。此处理不要与"跨高比大于 5 的连梁可按照框架梁设计"规定相混淆，后者是构件设计层面的要求，属于程序后处理需要实现的范畴。

14.2.8 多高层结构的弹塑性分析方法可采用静力弹塑性分析方法（Push—over）或者动力弹塑性时程分析法。静力弹塑性分析方法主要适应于振动以第一振型为主且周期小于2.0s的多高层结构。动力弹塑性时程法属于通用弹塑性分析方法。

14.2.9 进行多高层结构弹塑性分析时，应以实际配筋结果作为输入条件。

14.2.10 进行多高层结构弹塑性分析时，框架类、支撑类构件可采用整体材料非线性模型，根据情况也可选择塑性铰类的局部材料非线性模型。采用局部材料非线性模型时，构件对应塑性铰位置、类型、准则假定应提前研判清楚。剪力墙构件应采用整体材料非线性模型。

14.2.11 进行多高层结构弹塑性分析时，对于钢筋混凝土框架柱、设置边缘构件的钢筋混凝土剪力墙构件，可区别采用约束混凝土、非约束混凝土本构关系，约束混凝土本构关系可以考虑体积箍筋率的有利影响（如 Mander 约束混凝土本构关系）。

14.2.12 进行多高层结构弹塑性分析时，一般建议采用瑞雷阻尼算法。

14.2.13 对于张弦类、悬索类、预应力类结构，其往往具有高度的几何非线性或刚度非线性特点，导致力与变形之间关系不再适合虎克定律。分析这类结构时，应选择具有几何非线性分析功能的程序，并注意结构起始点刚度定义、荷载的加载顺序、荷载加载的步数等都会影响最终分析结果，因而，不应采用单工况分析后线性叠加的方法进行分析。

14.2.14 钢结构整体稳定分析应选用具有非线性分析功能的通用类有限元程序开展分析，宜同时考虑结构的几何非线性和材料非线性，以整体振动为主的前面几阶振型形状分别作为结构几何初始缺陷形状，按照不同的荷载组合工况进行有限元全过程跟踪分析。一般情况下，不应以特征值屈曲分析结果作为整体稳定分析依据。

14.2.15 钢结构设计过程中，应针对程序默认的构件设计关键词、构件计算长度系数进行交互设计，确定合理的构件类型定义和合理计算长度系数。对于无法正确判断构件计算长度系数的情况，应采用钢结构整体稳定方法进行分析。

14.2.16 对于砌体结构的程序计算，目前尚无法解决一些细部问题，诸如：过梁、墙梁、圈梁构造柱的作用评估等，应补充进行手工核算。并特别关注楼板对水平作用的传递途径、小墙垛的承载能力。

14.3 在手程序

目前，BIAD 自有及购置的结构及岩土工程软件，其特点汇总如下表：

| 序 | 程序 | | 优点 | 适用 | 关注点 |
	名称	版本			
1	Paco	V1.0	BIAD 自主研发，掌握内部核心技术，不是完全"黑匣子"； 研发结合设计实践，更实用、准确；操作方便，界面友好； 计算速度快，占用资源少	空间结构、多高层的计算分析，减隔震分析	地基基础部分功能尚需完善

续表

序	程序		优点	适用	关注点
	名称	版本			
2	PKPM2010 SATWE	V4.3	传统设计软件，应用广泛	SATWE 适合多高层结构设计。 PMSAP 适合复杂空间结构	部分模块有待进一步完善，如基础 JCCAD、弹塑性分析模块。 另详附录 14 中 F14.2 节
3	复杂楼板设计软件 SLABCAD	V4.3	可以完美接力 SATWE 的计算结果进行楼板设计；支持预应力楼板、无梁楼盖等特种楼板的分析设计功能	复杂楼板建模分析设计	冲切计算有待进一步完善。 另详附录 14 中 F14.3 节
4	Midas Gen Midas building Midas FEA	V2019	钢结构分析优秀； 复杂建模比较方便； 建模流程合理，使用方便； 内力计算，内力查询方便； 空间结构计算功能较强	空间结构设计； 整体结构中的构件内力、应力分析	混凝土设计功能较弱； 非线性功能弱； 与中国规范结合差
5	ETABS	V2017	通用性强，功能强大，交互功能强大； 多高层钢结构设计功能较完善	多高层结构设计	材料非线性有待改进，收敛性弱； 混合结构构件的设计后处理功能较弱； 多塔建模功能不够强大； 层概念强，空间灵活性差
6	SAFE	V16	基础、楼盖计算精度高	基础、楼盖设计	专用工具，适用范围小
7	SECTION BUILDER	V8.0	异形截面承载力计算	各类截面承载力验算	专用工具，适用范围小
8	3D3S	V14	建模、分析方便； 生成图纸非常便捷	空间结构设计，多用于网架、网壳设计	无自主的前处理图形界面，无混凝土结构设计功能
9	Perform 3D	STD-7	专注于静力动力弹塑性分析，与美国规范可无缝对接，宏观有限元方法计算速度快，收敛性好	多高层结构、空间结构的弹塑性分析	模型输入繁琐，界面不够友好，上手需要较长时间

续表

序	程序		优点	适用	关注点
	名称	版本			
10	SAP2000	V21	通用性强，功能强大，交互功能强大，有强大的非线性连接功能	空间结构，多高层结构，特种结构，减隔震结构设计	材料非线性有待改进，收敛性较差，限制了程序的应用范围。 混合结构构件的设计后处理功能较弱； 节点、构件无法手动编号，影响在空间结构上的应用； 操作要求高，与中国规范结合差
11	ANSYS	V14.5	通用有限元程序； 钢结构的非线性分析、稳定性分析功能强大； 有限元分析的命令流比较完备	钢结构线弹性分析、节点有限元分析、索膜结构	对使用者力学、有限元知识要求高。 混凝土等材料的非线性分析收敛不佳
12	ABAQUS	V2019	大型通用有限元分析软件； 非线性分析方面强于 ANSYS	线弹性分析、弹塑性分析、节点有限元分析等	使用不便，对使用者力学、有限元知识要求高
13	Plaxis 3D		上手容易、操作方便，建模快捷； 行业内认可度较高； 可将地基-基础-上部结构的相互作用进行精细分析； 岩土本构较丰富	岩土工程变形计算分析； 地基基础变形计算分析； 基坑与建筑相互影响分析	划分网格易出现失败
14	ZSOIL	V14.07	结构与岩土均可分析； 岩土与结构本构丰富； 大型模型可组合式建立	岩土与结构共同作用分析； 岩土计算； 地基基础变形计算	上手较慢； 操作复杂； 对应用人员要求高
15	X-steel Tekla Structure， Steel Detailing	V2017	钢结构详图深化； 三维建模及节点处理	详图深化； 钢构交接	专门深化加工图2017版
16	理正（工具箱）	V7.0 PB3	包含各种结构和岩土工具箱，内容全； 简单易学，上手快，使用方便； 速度快、占用系统资源少； 后处理结果完整	各类构件计算、岩土设计	部分模块没有计算过程，只有计算结果，不易校核。 另详附录14中F14.1节

续表

序	程序		优点	适用	关注点
	名称	版本			
17	理正人防工程结构设计软件	V4.0 PB1	人防构件设计功能较强；使用简单、上手快；速度快、占用系统资源少；后处理结果完整	各种人防荷载计算和构件设计	不适用于整体结构人防计算。
18	探索者 TSSD	V2016	基于 BIAD 需求在 Auto-CAD 上开发的绘图工具，制图功能和快捷命令可提高制图效率	辅助制图	修改校核功能有待完善；与计算程序的接口待完善

第15章 人 防 结 构

15.1 结 构 体 系

15.1.1 措施标准

15.1.1.1 应根据防护要求和受力情况,做到结构各个部位抗力相协调。

【释】防空地下室结构各部位的抗力应相协调,这是防空地下室设计的指导原则。所谓抗力相协调,即在规定的动荷载作用下,保证结构各部位都能正常地工作,防止由于存在个别薄弱环节致使整个结构抗力明显降低。

15.1.1.2 防空地下室下列部位应采用钢筋混凝土结构:

1. 防护单元的外围结构(顶、底板、临空墙及与水、土等介质接触的基础、外墙等);

2. 防护密闭隔墙、扩散室、防毒(密闭)通道、第一道防护密闭门的开启范围内。

除上述外,防护单元内的构件可采用砌体或钢结构。

【释】防空地下室的结构一般为钢筋混凝土结构。当上部建筑主体为砌体结构、钢结构时,防护单元内部承重构件可对应延续上部的砌体、钢结构。

15.1.1.3 防空地下室楼板可采用现浇空心楼盖结构(【北京防规】4.1.1条)。

【释】北京辖区以外地区,应先征询当地主管部门的意见。

15.1.1.4 非饱和土中的非端承桩基础,应设置钢筋混凝土底板。非饱和土中支承在非岩层的独基或条基结构,宜设置钢筋混凝土底板。

【释】对于非饱和土中非端承桩的底板荷载,可近似按照20%的顶板等效静荷载取值。

15.1.2 规范关注

规范关注 表 15.1.2

序	规范		关注点
	名称	条目	
1	【人防规】	4.1.2	设计使用年限
2		4.1.3	人防结构设计爆炸动荷载按一次作用考虑
3		4.1.5	动力分析可采用等效静荷载法
4		4.1.6	验算要求
5		4.1.7	平战转换设计时临战转换要求
6		4.1.8	也应根据平时使用条件进行设计,并取控制条件作为设计依据
7	【北京防规】	4.1.2	基础选型及验算
8		4.1.9	"强柱弱梁(弱板)"、"强剪弱弯"、"强节点"

【释】当【北京防规】与【人防规】有类似需关注条文，且在【人防规】中已提出，【北京防规】不再重复（其他章节同）。

考虑到各地人防要求有差异，可能出现由当地设计单位设计防空地下室或者防空地下室的人防工况的情况，此处特别提出应关注【人防规】4.1.8条，以保证防空地下室既满足平时工况又满足战时工况。

15.2　人　防　材　料

15.2.1　措施标准

HPB235级钢筋、砌体的材料强度综合调整系数应按照【人防规】执行，HPB300、HRB500、HRBF500级钢筋材料强度综合调整系数应按照【北京防规】执行。

【释】在材料强度综合调整系数中，【北京防规】与【人防规】相比取消了HPB235级钢筋、砌体的相关内容，补充了普通钢筋HPB300、HRB500、HRBF500的内容。

在设计防空地下室工程时，当为北京项目，应采用【北京防规】，其他地区项目采用【人防规】。但两种情况例外：

1）当在北京进行腾退再利用人防工程改造涉及HPB235级钢筋和砌体时，应采用【人防规】；

2）当非北京项目采用HPB300、HRB500、HRBF500级钢筋时，可参照【北京防规】。

15.2.2　规范关注

规范关注　　　　　　　　　　　　　　　　　　　表15.2.2

序	规范		关注点
	名称	条目	
1	【人防规】	4.2.1	防侵蚀
2		4.2.2	不得采用经冷加工处理的钢筋
3		4.2.3	材料强度综合调整系数【释】
4	【北京防规】	4.2.3	材料强度综合调整系数

【释】【人防规】表4.2.3注2中要求，对采用蒸气养护或掺入早强剂的混凝土，其强度综合调整系数应乘以0.90的折减系数。若设计时未考虑该折减系数，应在施工图说明中限制采用该类混凝土，若混凝土施工采用蒸气养护或掺入早强剂时应征得设计同意。

15.3　等　效　荷　载

15.3.1　措施标准

15.3.1.1　确定结构顶板核武器爆炸等效静荷载时，按【人防规】考虑上部建筑对地面空气冲击波超压作用的影响，需注意如下几点：

1. 这里的上部建筑系指防空地下室上方的非人防建筑，可能是地面建筑，也可能是多层地下室中人防层上方的非人防层；

    2. 对于承重墙体材料除条文中提到的钢筋混凝土或砌体承重墙外，与主体结构连接良好的预制混凝土大板也是有效墙体，而石棉板、矿渣板、玻璃幕墙等轻质墙体并不适用。

【释】关于墙体材料，按相当于一般砖砌体的强度作为考虑对冲击波波形影响的条件。故对采用石棉板、矿渣板、玻璃幕墙等轻质材料的墙体，以不考虑其对冲击波的影响为宜；对预制混凝土大板的墙体，一般可视同砖墙，可考虑其对冲击波波形的影响。

15.3.1.2 在确定土中外墙核武器爆炸等效静荷载时，按【人防规】考虑上部建筑对地面空气冲击波超压作用的影响，需注意与顶板考虑地上建筑影响不同，土中外墙考虑地上建筑影响中的上部建筑系指地面建筑，尤其针对的是地面建筑迎爆面的外墙。

15.3.1.3 对大型防空地下室顶板、底板等效静荷载，宜根据其不同区域顶板覆土厚度、顶板区格最大短边净跨分别确定。

【释】随着防空地下室体量从几百平方米到现在的几万平方米，人防顶板跨度、覆土情况等对于一个防空地下室工程差别较大，因此对于大型防空地下室，其顶板、底板等效静荷载宜根据不同条件分区域确定，不宜采用统一取值，以保证防空地下室各部分的抗力协调。

    需强调的是，人防等效静荷载在基本条件确定后，要避免随意取值，尽量准确，而不是越大越安全。

15.3.1.4 在饱和土中外墙及无桩基整体式钢筋混凝土底板等效静荷载确定时，饱和土的含气量 α_1 可根据饱和度 S_v、孔隙比 e，按式 $\alpha_1 = e(1-S_v)/(1+e)$ 计算确定。

15.3.1.5 在确定作用在室外出入口土中通道结构上的核武器爆炸等效静荷载时，注意以下问题：

    1. 有顶盖段通道结构，其外墙的等效静荷载同防空地下室外墙取值方法；

    2. 当通道净跨不小于 3m 时，顶、底板上等效静荷载取值同不考虑上部建筑影响时防空地下室顶、底板取值。当通道净跨小于 3m 时，顶、底板等效静荷载标准值单独按照通道顶、底板表格查取；

    3. 无顶盖敞开段通道结构，可不验算核武器爆炸动荷载作用。

【释】通道外墙大多与土体接触，这种墙体受两种压力作用，一是通道内侧的空气冲击波超压；二是通道外侧的土中压缩波作用。虽然两种压力分别作用在构件的内外两侧，并且方向相反，但是，两种荷载一般认为不是同时作用在结构上的，所以不能简单的互相抵消。由于所受内侧的空气冲击波压力是使通道向外侧变形，外侧有土体产生弹性抗力，结构受力较有利，一般不用计算就能满足要求，所以不要求计算。而所受外侧土中压缩波受力原理等与防空地下室外墙同，因此按相同的方法取值。

    无顶盖敞开段通道结构，可以认为通道内外侧的空气冲击波和土中压缩波同时作用，有相互抵消的效果，这时开口段通道可不考虑武器荷载作用，按平时工况挡土墙设计。

15.3.1.6 防空地下室竖井，穿过非人防区的部分，应设置墙体（墙体可开洞），此部分墙体、顶板、底板应能承受临空墙等效静荷载的作用。

【释】由于场地或者建筑设计的限制，常常会出现竖井在非人防区经过一定的"转换"（图15.3.1.6），然后在适当位置出地面的情况。这种情况，需保证在竖井及主要出入口路径周围有一定的墙体，以保证竖井及主要出入口在战时的正常使用。这些墙体应能承受相应临空墙等效静荷载的作用。由于墙体无密闭要求，墙体上可开洞。

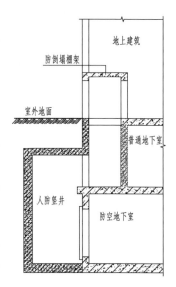

图15.3.1.6 竖井
"转换"示意

15.3.1.7 楼梯式室外出入口及土中竖井，其上部与非人防区之间的隔墙应按临空墙确定等效静荷载。

【释】楼梯式室外出入口及土中竖井，其上部与非人防区之间的隔墙，在内侧受空气冲击波超压。当该墙体上没有洞口时，该墙体应按照临空墙考虑。当该墙体上有洞口时，空气冲击波通过洞口进入非人防区存在扩散作用，等效静荷载可能降低，但由于没有试验资料，仍然按照临空墙考虑。

15.3.1.8 非人防区窗井与人防区共用墙体、在人防层"隔墙"外有下沉庭院等情况时，相关范围内的"隔墙"及其上门框墙等效静荷载宜按照室外直通式出入口且坡度角小于30度的对应情况取用。

【释】非人防区窗井与人防区共用墙体（图15.3.1.8-1）、在人防层"隔墙"外有下沉庭院（图15.3.1.8-2）等情况，由于空气冲击波可以直接通过窗井、下沉庭院作用在该墙体上。虽然该墙体从位置上来判断是人防区与非人防区间隔墙，但与隔墙所承受的等效静荷载不同。

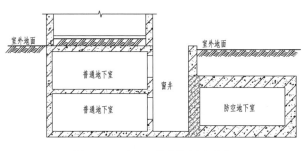

图15.3.1.8-1 非人防区窗井与
人防区共用墙体

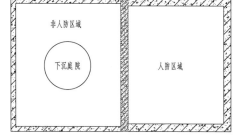

图15.3.1.8-2 人防层"隔墙"
外有下沉庭院

15.3.1.9 以下情况可不考虑核武器等效静荷载：

1. 当防空地下室基础采用条形基础或柱下独立基础加防水底板，且基础位于地下水位以上时，防水底板可不考虑土中压缩波的作用；

2. 防空地下室室外开敞式防倒塌棚架的檐口板（雨篷板），详15.4.1.6条；

3. 人防战时非主要出入口，除临空墙及门框墙外，其他与人防工程无关的墙、楼梯踏步和休息平台等；

4. 多层地下室，当防空地下室未设在最下层，且临战时对防空地下室以下各层采取了临战封堵转换措施时，防空地下室底板可不考虑核武器爆炸动荷载作用。

【释】 当采用条形基础或柱下独立基础，其地下水位埋深位于基础以上时，应设置钢筋混凝土防水底板，防水底板应考虑人防等效静荷载作用，以避免防水底板受力破坏造成室内进水，防空地下室无法使用。而当地下水位埋深位于基础以下且设置了防水底板时，即使地基土发生隆起等，对防空地下室的影响有限，因此可不考虑人防等效静荷载。

室内出入口在遭受核袭击时，如何防止被上部建筑的倒塌物及临近建筑的飞散物所堵塞是个很难解决的问题。故在【人防规】中规定，防空地下室一般以室外出入口作为防空地下室的主要出入口。为此，如再考虑将室内出入口内与防空地下室无关的墙或楼梯进行防护加固，不仅加固范围难以确定，而且亦难以保证其不被堵塞，故无实际意义。因此，对于与防空地下室无关的部位不考虑核武器爆炸动荷载的作用。

15.3.1.10 以下情况可不考虑常规武器等效静荷载：

1. 防空地下室设在地下一层，且顶板覆土厚度对于常5级大于2.5m，对于常6级大于1.5m时，顶板可不计入常规武器地面爆炸产生的等效静荷载；

2. 当防空地下室设在地下二层及以下各层时，顶板可不计入常规武器地面爆炸产生的等效静荷载；

3. 防空地下室底板设计可不考虑常规武器地面爆炸作用；

4. 当防空地下室室内出入口侧壁内侧至外墙外侧的最小水平距离大于5.0m时，室内出入口门框墙、临空墙可不计入常规武器地面爆炸产生的等效静荷载；

5. 防空地下室相邻两个防护单元之间的隔墙以及防空地下室与普通地下室相邻的隔墙可不计入常规武器地面爆炸产生的等效静荷载；

6. 对多层防空地下室结构，当相邻楼层分别划分为上、下两个防护单元时，上、下两个防护单元之间楼板可不计入常规武器地面爆炸产生的等效静荷载；

7. 当防空地下室主要出入口采用楼梯式出入口，且主要出入口为室内出入口，其侧壁内侧至外墙外侧的最小水平距离大于5.0m时，出入口内楼梯踏步与休息平台可不计入常规武器爆炸产生的等效静荷载；

8. 无顶盖敞开段通道结构，可不考虑常规武器爆炸动荷载作用；

9. 扩散室与防空地下室内部房间相邻的临空墙，可不计入常规武器爆炸产生的等效静荷载。

【释】 相关试验和数值模拟研究表明，常规武器爆炸空气冲击波在松散软土等非饱和土中传播时衰减非常快。当防空地下室顶板覆土厚度对于常5级、常6级分别大于2.5m、1.5m时，动荷载值相对较小，顶板设计通常由平时荷载效应组合控制，故此时顶板可不计入常规武器地面爆炸产生的等效静荷载。

作用在结构底板上的常规武器爆炸动荷载主要是顶板受到动荷载后向下运动所产生的地基反力。在常规武器非直接命中地面爆炸产生的压缩波作用下，防空地下室顶板的受爆区域通常是局部的，因此作用到防空地下室底板上的均布动荷载较小。对于常5级、常6级防空地下室，底板设计多不由常规武器爆炸动荷载作用组合控制，可不计入常规武器地面爆炸产生的等效静荷载。

15.3.2 规范关注

规范关注 表 15.3.2

序	规范		关注点
	名称	条目	
1		4.3.2	常规武器地面爆炸空气冲击波波形
2		4.3.3	常规武器地面爆炸土中压缩波波形
3		4.3.4	常规武器顶板考虑上部建筑影响的条件
4		4.4.1	核武器地面爆炸空气冲击波设计参数
5		4.4.2	核武器地面爆炸土中压缩波波形
6		4.4.3	核武器地面爆炸土中压缩波设计参数
7		4.4.4	核武器顶板考虑上部建筑影响的条件
8		4.4.5	核武器地面爆炸空气冲击波设计参数(考虑上部建筑影响,核6级和核6B级)
9		4.4.6	核武器地面爆炸空气冲击波设计参数(考虑上部建筑影响,核5级)
10		4.4.7	超压计算值
11		4.5.1	受力分析时核武器爆动荷载作用方式
12		4.6.1	受力分析时结构简化计算模型
13		4.6.2	允许延性比
14		4.7.2	常规武器顶板等效静荷载
15		4.7.3	常规武器外墙等效静荷载
16		4.7.4	常规武器底板等效静荷载
17		4.7.5	常规武器门框墙等效静荷载
18		4.7.6	常规武器临空墙等效静荷载
19		4.7.7	常规武器室内出入口等效静荷载
20		4.7.8	常规武器隔墙等效静荷载及最小墙厚
21	【人防规】	4.7.9	常规武器多层防空地下室等效静荷载及最小板厚
22		4.7.10	常规武器楼梯出入口等效静荷载
23		4.7.11	常规武器通道等效静荷载
24		4.7.12	常规武器扩散室等效静荷载
25		4.8.2	核武器顶板等效静荷载
26		4.8.3	核武器外墙等效静荷载
27		4.8.4	核武器高出地面外墙等效静荷载
28		4.8.5	核武器无桩基底板等效静荷载
29		4.8.6	核武器通道等效静荷载
30		4.8.7	核武器门框墙等效静荷载
31		4.8.8	核武器临空墙等效静荷载
32		4.8.9	核武器隔墙等效静荷载
33		4.8.10	核武器防倒塌棚架等效静荷载
34		4.8.11	核武器主要(室外楼梯)出入口等效静荷载
35		4.8.12	多层地下室,防空地下室未在最下层核武器作用时等效静荷载【释1】
36		4.8.13	室外楼梯出入口大于等于二层,门框墙、临空墙上核武器等效静荷载折减
37		4.8.14	上下层抗力不同时核武器多层地下室等效静荷载【释2】
38		4.8.15	核武器桩基底板等效静荷载
39		4.8.16	核武器防水板等效静荷载
40		4.8.17	核武器室内出入口等效静荷载

序	规范		关注点
	名称	条目	
41	【北京防规】	4.3.4	核武器顶板等效静荷载考虑上部建筑影响
42		4.3.5	核武器外墙等效静荷载考虑上部建筑影响
43		4.3.6	核武器顶板等效静荷载（覆土大于1.5m）
44		4.3.9	核武器无桩基底板等效静荷载（覆土大于1.5m）
45		4.3.18	核武器扩散室临空墙等效静荷载
46		4.4.4	常规武器顶板等效静荷载考虑上部建筑影响

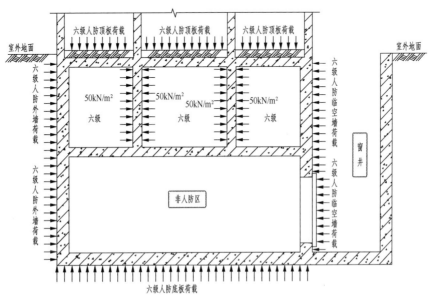

图15.3.2-1　人防区在上层，下层为非人防区情况

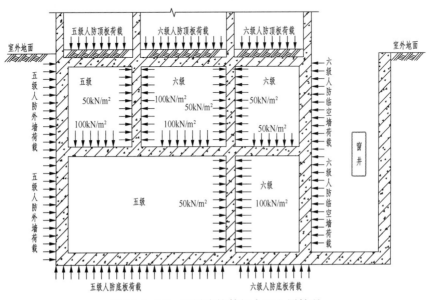

图15.3.2-2　下层防护等级大于上层情况

上两图中，同一墙体两侧作用的等效静荷载不考虑同时作用，应分别验算。

【释1】 对多层地下室结构，当防空地下室未设在最下层时（图15.3.2-1），若在临战时不对防空地下室以下各层采取封堵加固措施，空气冲击波会进入以下各层，则防空地下室所在楼层底板及以下各层中间墙柱都要考虑核武器爆炸动荷载作用，这样不仅使计算复杂，而且也不经济，故不宜采用。

【释2】 当相邻楼层划分为上、下两个防护单元时（图15.3.2-2），上、下二层间的楼板起了防护单元间隔墙的作用，故该楼板上荷载应按防护单元间隔墙上荷载取值。此时，若下层防护单元结构遭到破坏，上层防护单元也不能使用，故只计入作用在楼板上表面的等效静荷载标准值。

15.4 构 件 设 计

15.4.1 措施标准

15.4.1.1 在进行人防受弯构件或大偏心受压构件设计时，宜按【人防规】第4.10.3条进行补充验算。对于人防梁，其允许延性比 $[\beta]$ 按【人防规】表4.6.2密闭、防水要求一般的构件取用。

【释】 设计中，常出现施工图配筋大于计算值的情况，往往导致软件核算的延性比存在问题；这个问题，在施工图审查中也经常发现，因此要求进行补充验算。

15.4.1.2 当板的周边支座横向伸长受到约束时，考虑按【人防规】第4.10.4条对跨中截面的计算弯矩值进行折减时，需注意如下几点：

1. 对于梁板结构，此折减系数对中间跨可考虑，而边跨不宜考虑；

2. 对无梁楼板，当采用等代框架法计算时，此折减系数不宜考虑。如采用其他计算方式，不得折减。

【释】 连续板达到极限状态时，跨中由于正弯矩的作用截面下部开裂，而支座处在负弯矩作用下截面上部开裂，使其跨中和支座之间受压混凝土的轴线形成一个拱形（图15.4.1.2），如果板的周边有限制水平位移的梁，即板的支座不能自由移动时，在荷载作用下将产生沿板平面方向的横向推力，这种拱的作用可减少板中各计算截面的弯矩。因此，对四周横向伸长受到约束时，其中间跨的跨中截面，计算弯矩可减少30%。但对于边跨跨中截面，由于边梁侧向刚度不大，难以提供足够的水平推力，故计算弯矩不宜考虑。

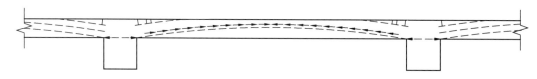

图15.4.1.2 连续板的内拱作用

15.4.1.3 防空地下室侧墙的水平施工缝应设在高出底板表面不小于500mm的墙体上。

【释】 本条引自【人防验收】第6.4.16条第2款。

15.4.1.4 由钢制防护密闭门门扇传给门框墙的等效静荷载，可按下列规定确定：

1. 对于单扇钢制防护密闭门（图15.4.1.4-1），作用在上、下门框单位长度上的作用力标准值 $q_{ia}=0.35q_e a$；作用在左右两侧门框单位长度上的作用力标准值 $q_{ib}=0.50q_e a$；

2. 对于双扇钢制防护密闭门（图15.4.1.4-2），作用在上、下门框单位长度上的作用力标准值 $q_{ia}=0.50q_e b$；作用在左右两侧门框单位长度上的作用力标准值 $q_{ib}=0.35q_e b$；

其中　　q_{ia}、q_{ib}——分别为沿上下门框和两侧门框单位长度的等效静荷载标准值（kN/m）；

q_e——作用在防护密闭门上的等效静荷载标准值（kN/m²）；

a——门扇宽度；

b——门扇高度。

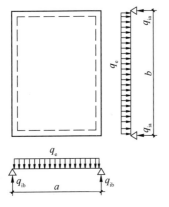

图15.4.1.4-1 单扇钢制防护密闭门

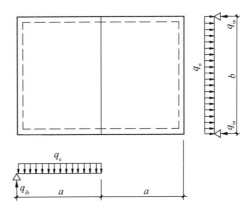

图15.4.1.4-2 双扇钢制防护密闭门

【释】门扇传给门框的力，其大小和门扇的动反力值相等、方向相反，沿门孔周边的分布规律假设与门扇静剪力的分布规律相同，且取各边中点剪力系数作为计算门框墙反力系数。

钢筋混凝土平板门在核爆动荷载作用下，进入塑性状态工作达到极限破坏时，其破坏形态和静载作用类似，破坏是沿着"塑性铰线"发展的，塑性铰线的位置也和静载作用时基本一致，因此钢筋混凝土平板门反力系数来源于塑性铰线法。

而钢制防护密闭门是由门扇中的肋梁将作用在门扇上的荷载传递到门框墙上，门扇受力模型明显不同于双向平板，更近似于单向受力。

15.4.1.5 防空地下室上、下门框，除应满足战时工况的计算及构造要求外，还应满足该构件对应抗震等级连梁及地梁的计算及构造要求；两侧门框，除应满足战时工况的计算及构造要求外，还应满足该部位对应抗震等级边缘构件的计算及构造要求。

【释】人防门框墙的左右挡墙在抗震工况时为边缘构件；上下挡墙在抗震工况时为连梁及地梁。这些构件均应根据相关计算及构造要求进行设计。

15.4.1.6 防倒塌棚架檐口板（雨篷板）应按平时荷载，厚度宜为60mm，悬挑长度不应大于600mm，不应在受压区配筋（图15.4.1.6-1），檐口板（雨篷板）上部不应做钢筋混凝土女儿墙；当用室内出入口代替室外出入口时，应在主体结构（首层楼梯间直通室外的门洞外侧上方）设置防倒塌挑檐，其挑出长度不小于1.0m（无窗钢筋混凝土剪力墙可不设），对核6级上表面等效静荷载为50kN/m²，下表面等效静荷载为15kN/m²；对核6B级上表面等效静荷载为30kN/m²，下表面等效静荷载为6kN/m²（图15.4.1.6-2）。

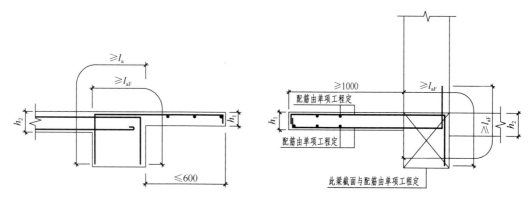

图 15.4.1.6-1　防倒塌棚架檐口板构造要求　　　　图 15.4.1.6-2　防倒塌挑檐构造要求

【释】上述均为实现防倒塌棚架檐口板（雨篷板）在承受人防等效静荷载后破坏。

　　对于低抗力的甲类（6级、6B级）防空地下室，当出现上部建筑已基本占满用地红线，确实没有设置室外出入口的条件，规范允许用室内出入口代替室外出入口，但必须满足【人防规】第3.3.2条第2款的各项要求。防倒塌挑檐就是在这种特殊情况下的产物，应满足相应的抗力及构造要求。

15.4.1.7　当按【人防规】附录D进行无梁楼盖设计时，不论按第D.2.2条不配置箍筋抗冲切验算能否通过，均应按照第D.3.4条设置箍筋，如图15.4.1.7所示。

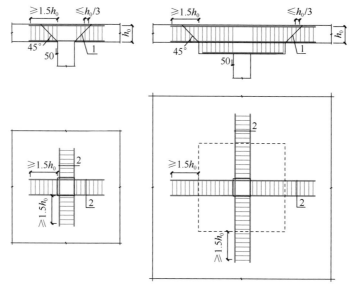

图 15.4.1.7　无梁楼板箍筋构造要求
1—冲切破坏椎体斜截面；2—架立钢筋

15.4.1.8　无梁楼盖应在柱间设暗梁，楼盖及暗梁满足本措施5.7.1节、5.7.2节、【混规】11.9.5、11.9.6条及【抗规】6.6.4条。

【释】此处的暗梁布置要求针对的是防空地下室的顶板，不包括平板式筏基。

15.4.2 规范关注

规范关注 表 15.4.2

序	规范		关注点
	名称	条目	
1		4.9.1	荷载组合
2		4.9.2	常规武器与静荷载的组合
3		4.9.3	核武器与静荷载的组合
4		4.10.2	极限状态设计表达式
5		4.10.3	受拉钢筋最大配筋率和延性比验算要求
6		4.10.4	受约束板的跨中弯矩折减
7		4.10.5	轴心抗压动力强度设计值折减
8		4.10.6	斜截面承载力动力强度设计值折减
9		4.10.7	受剪承载力跨高比影响的修正【释】
10		4.10.10	砌体外墙高度
11	【人防规】	4.10.12	门框墙计算
12		D.2.2	无梁楼盖抗冲切验算
13		D.2.3	无梁楼盖不平衡弯矩
14		D.3.1	无梁楼盖最小配筋率
15		D.3.2	无梁楼盖纵向受力钢筋构造
16		D.3.3	无梁楼盖拉结筋构造
17		D.3.4	无梁楼盖箍筋构造
18		D.3.5	无梁楼盖抗冲切钢筋布置
19		E.1.2	反梁斜截面受剪承载力
20		E.1.3	反梁箍筋设置
21		E.2.1	反梁配箍率
22	【北京防规】	4.5.10	斜截面受剪承载力验算要求

【释】 常规钢筋混凝土构件的抗剪强度问题，是指主筋屈服前发生的剪坏。防空地下室结构一般以受拉主筋屈服后的塑性工作状态为其正常工作状态，所以应考虑屈服后的抗剪性能。

15.5 人 防 构 造

15.5.1 措施标准

15.5.1.1 如图 15.5.1.1 所示，扩散室前墙最薄处（如图 15.5.1.1 中 b 所示）不得小

于 250mm。

图 15.5.1.1 扩散室前墙剖面图

【释】【人防规】要求临空墙最小厚度为 250mm。

15.5.1.2 防空地下室施工后浇带不宜穿越人防门门框墙设置；室外出入口与主体结构连接处，宜设置沉降缝，且沉降缝应位于防护密闭门开启范围以外（图 15.5.1.2）。

【释】 室外出入口与主体结构之间设置沉降缝时，如图 15.5.1.2 所示宜将沉降缝设在防护密闭门的开启范围之外，以确保两侧有沉降差时，防护密闭门仍能正常开启。

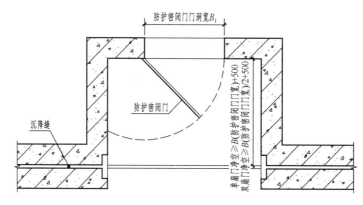

图 15.5.1.2 防护密闭门与沉降缝关系

15.5.1.3 【人防规】钢筋混凝土构件的保护层厚度应与【混规】同，且不低于二 a 类时最小厚度。

【释】 现行【混规】于 2015 年发布，其对于混凝土保护层厚度的规定调整为最外层钢筋的保护层厚度，而【人防规】发布时间为 2005 年。为保持和【混规】的统一，要求保护层厚度的表述调整为最外层钢筋的保护层厚度，其数值可参考【北京防规】。

15.5.1.4 防空地下室结构构件抗震等级高于三级时，应在人防设计说明中明确其搭接、锚固长度需同时满足相应抗震等级的要求。

【释】 防空地下室构件的搭接、锚固长度与现行【混规】、【抗规】中三级抗震相一致。而防空地下室的抗震等级常常高于三级，故应满足建筑物整体抗震的要求。

15.5.1.5 当地上建筑中的剪力墙落在人防区内时，其混凝土强度等级常常较高，应按照【人防规】中对应混凝土强度等级复核其最小配筋率。当因地上设置温度缝等原因导致人防区出现厚度较大的钢筋混凝土墙体时，应按照【人防规】的要求按其厚度复核其最外侧配筋。

【释】人防区设置的钢筋混凝土墙体，当其是上部结构落下的墙体时，常由于上部结构的要求导致混凝土强度等级较高，此时较易出现最小配筋率不满足规范要求的情况，需复核；

由于地上结构设置温度缝等原因，导致地上的双墙到防空地下室变为一个墙，其厚度常常较厚，对该墙应按照人防最小配筋率配筋。

15.5.1.6　当人防墙体、梁及板按照受弯构件设计时，宜按【人防规】4.11.9条，在其受压区配置通长构造钢筋，并满足相应要求。

【释】设计中常出现为降低用钢量，在梁、板及按照这两种受力模式设计的墙体中忽视该要求，且应注意对于承受人防等效静荷载的人防基础梁，此条要求也适用。

15.5.1.7　人防板上直接承受人防等效静荷载的连续次梁、框架梁、底板基础梁、防倒塌棚架梁均应满足【人防规】第4.11.10的配箍要求。

15.5.1.8　截面内力由平时设计荷载控制，且受拉主筋配筋率小于【人防规】规定的卧置于地基上的人防工程结构底板，可不设置拉结筋。

【释】本条为【人防规】第4.11.11条前半部分的重新表述。双面配筋的钢筋混凝土顶、底板及墙板，为保证震动环境中的钢筋与受压区混凝土共同工作，在上、下层或内、外层钢筋之间设置一定数量的拉结筋是必要的。考虑到低抗力等级防空地下室卧置于地基上的底板若其截面设计由平时荷载控制，且其受拉钢筋配筋率小于【人防规】表4.11.7内规定的数值时，基本上已属于素混凝土工作范围，因此提出此时可不设置拉结筋。但对截面设计虽由平时荷载控制，其受拉钢筋配筋率不小于【人防规】表4.11.7内数值的底板，仍需设置拉结筋。

15.5.2　规范关注

规范关注
表15.5.2

序	规范		关注点
	名称	条目	
1		3.2.2	顶板防护厚度【释2】
2		3.2.3	顶板不满足防护厚度的处理方法【释2】
3		3.2.4	最小防护距离【释2】
4		3.2.5	顶板高于室外地平面的要求【释2】
5		3.3.13	附壁式临空墙最小防护厚度【释2】
6		3.3.15	室内出入口临空墙最小防护厚度【释2】
7		3.3.16	临空墙不满足防护厚度的处理方法【释2】
8	【人防规】	3.8.3	防水设计【释1】
9		4.11.1	材料最低强度等级
10		4.11.2	防水混凝土抗渗等级【释1】
11		4.11.3	结构构件最小厚度【释2】
12		4.11.4	沉降缝、伸缩缝、防震缝设置要求
13		4.11.5	混凝土保护层厚度
14		4.11.6	钢筋锚固长度、搭接长度

建筑结构专业技术措施

附录 15 人防结构 | 14 程序使用 | 13 超限高层 | 12 砌体结构 | 11 装配结构 | 10 隔震减震 | 9 加固改造 | 8 混合结构 | 7 大跨结构 | 6 钢结构 | 5 混凝土结构 | 4 地基基础 | 3 结构荷载 | 2 概念体系 | 1 总则 | 前言

续表

序	规范		关注点
	名称	条目	
15	【人防规】	4.11.7	最小配筋率【释3】【释4】【释5】
16		4.11.8	最大配筋率【释6】
17		4.11.9	受弯构件受压区构造钢筋
18		4.11.10	梁箍筋加密（设计中易疏漏条目）
19		4.11.11	拉结筋【释7】
20		4.11.12	门框墙构造
21		4.11.14	非承重墙构造
22		4.11.15	圈梁及过梁构造
23		4.11.17	防护密闭段应采用整浇钢筋混凝土结构
24	【北京防规】	4.6.7	最小配筋率【释3】【释4】【释5】
25		4.6.8	最大配筋率【释6】
26		4.6.14	采光窗

【释1】【人防规】第4.11.2条结合【人防规】第3.8.3条理解不容易出现疏漏；

【释2】结构构件最小厚度需结合【人防规】第3.2.2条、3.2.3条、3.2.4条、3.2.5条、3.3.13条、3.3.15条、3.3.16条共同确定；

【释3】注意【人防规】表4.11.7下注1与【北京防规】表4.6.7下注1对于强度等级400MPa的钢筋是不同的；

【释4】防空地下室内部不直接承受人防等效静荷载的墙体（传递人防顶板承受的等效静荷载），其全部纵向钢筋最小配筋百分率应为0.4%；

【释5】对于受弯构件、偏心受压构件及偏心受拉构件受拉一侧的钢筋，当为HPB235级钢筋时（用于防空地下室腾退再利用），其最小配筋百分率要求见【人防规】表4.11.7下注4；

【释6】对于强度等级为400MPa、500MPa的钢筋，需注意校核框架节点受拉钢筋的最大配筋率；

【释7】对于门框墙左右挡墙同时也是边缘构件时，如其拉结钢筋兼作受力箍筋，其直径及间距应符合箍筋的计算和构造要求。

15.6 口部防护

15.6.1 措施标准

15.6.1.1 作用在扩散室与防空地下室内部房间相邻的临空墙上的等效静荷载，应根据防空地下室内是否有掩蔽人员以及与其相连接的设备类型确定。当有掩蔽人员时可取 $40kN/m^2$；当无掩蔽人员时可取 $65kN/m^2$。柴油发电机排烟系统可取 $130kN/m^2$。

【释】作用在扩散室与人防地下室内部房间相邻的临空墙上的等效静荷载可根据消波系统的余压确定。有掩蔽人员进、排风口的扩散室，其允许余压值为 $0.03N/m^2$；无掩蔽人员进、排风口的扩散室，其允许余压值为 $0.05N/m^2$；柴油发电机排烟系统扩散室，其允许余压值为 $0.10N/m^2$。该临空墙的动力系数可取 1.30。从而确定对应扩散室临空墙的等效静荷载。

15.6.1.2 扩散室内部空间应符合表 15.6.1.2-1、表 15.6.1.2-2 的要求。当不符合时，应按【人防规】第 3.4.7 条进行几何尺寸复核；按【人防规】F.0.3 核算扩散室余压。当核算余压超过第 15.6.1.1 释义中的允许余压时，应调整扩散室尺寸。

采用钢筋混凝土防爆波活门的扩散室内部空间（长×宽×高）最小尺寸（m）

表 15.6.1.2-1

战时通风量 （m³/h）	战时风管 直径（mm）	甲 5 级		甲 6 级	
		悬板活门	扩散室内部尺寸	悬板活门	扩散室内部尺寸
2000	300	MH2000-3.0	1.0×1.0×1.6	MH2000-1.5	1.0×1.0×1.6
3600	400	MH3600-3.0	1.5×1.5×2.0	MH3600-1.5	1.2×1.2×1.8
5700	500	MH5700-3.0	1.8×1.8×2.2	MH5700-1.5	1.5×1.5×2.0
8000	600	MH8000-3.0	1.8×1.8×2.2	MH8000-1.5	1.5×1.5×2.0
11000	700	MH11000-3.0	2.0×2.0×2.4	MH11000-1.5	1.8×1.8×2.4
14500	800	MH14500-3.0	2.2×2.2×2.4	MH14500-1.5	2.0×2.0×2.4

采用钢制防爆波活门的扩散室内部空间（长×宽×高）最小尺寸（m）

表 15.6.1.2-2

战时通风量 （m³/h）	战时风管 直径（mm）	甲 5 级		甲 6 级	
		悬板活门	扩散室内部尺寸	悬板活门	扩散室内部尺寸
3600	400	HK400（5）	1.2×1.2×1.6	HK400（5）	1.0×1.0×1.6
8000	600	HK600（5）	1.6×1.6×2.2	HK600（5）	1.4×1.4×2.2
14500	800	HK800（5）	2.2×2.2×2.4	HK800（5）	2.0×2.0×2.4
22000	1000	HK1000（5）	2.6×2.6×2.8	HK1000（5）	2.2×2.2×2.8

【释】 消波系统一般由悬板活门＋扩散室组成。而扩散室的几何尺寸与悬板活门是否匹配是消波系统设计成败的决定因素。为方便设计人员的使用，本条按照【人防规】和【北京防规】给出了可供直接选用的扩散室内部空间最小尺寸。在选用扩散室内部尺寸时，应使其长、宽、高分别满足表中规定的最小尺寸。如不满足，需按【人防规】的相关条文进行复核，必要时需调整扩散室尺寸。

另【人防规】表 F.0.3-2 只提供了 MH 系列的悬板活门参数，现补充 HK 系列悬板活门相关参数如下表 15.6.1.2-3。

钢制防爆波活门参数表   表 15.6.1.2-3

产品型号	设计压力 （N/mm²）	风量 （m³/h）	进风口面积 S （m²）	悬板个数 n	悬板转动惯量 J （kg·m²）
HK400（5）	0.3	3600	0.1257	2	0.2491
HK600（5）	0.3	8000	0.2827	3	0.6091
HK800（5）	0.3	14500	0.5026	4	1.1430
HK1000（5）	0.3	22000	0.7854	4	1.9374

15.6.2 规范关注

表 15.6.2

规范关注

序	规范		关注点
	名称	条目	
1	【人防规】	3.4.6	悬板式防爆波活门嵌入深度
2		3.4.7	扩散室几何尺寸要求
3		3.4.8	扩散箱要求
4		4.5.11	扩散室爆炸动荷载
5		4.6.7	扩散室相关动力系数
6		4.7.12	扩散室常规武器等效静荷载
7		A.0.1	扩散室内部尺寸
8		A.0.2	扩散箱内部尺寸
9		F.0.1	消波系统允许余压
10		F.0.2	悬板活门直接接管道余压
11		F.0.3	悬板活门加扩散室余压
12	【北京防规】	3.3.10	防爆波活门的设计压力值
13		3.4.4	悬板式防爆波活门墙内嵌入深度，区分了钢制与混凝土
14		3.4.5	扩散室几何尺寸要求
15		4.3.18	扩散室核武器等效静荷载
16		4.4.15	扩散室常规武器等效静荷载

附　　录

附录 01-1

关于《BIAD 续建和改扩建
工程的结构设计规定》的修订说明

　　本次修订系在公司技术管理文件《关于续建和改扩建工程的暂行结构设计规定》（技管通知［2008］2 号）的基础上，按照现行国家标准《建筑抗震鉴定标准》GB 50023、行业标准《建筑抗震加固技术规程》JGJ 116 的有关规定，并结合公司的《质量管理体系文件》的要求进行修订，下划线部分为本次修订的内容。

科技质量中心

2016 年 8 月 3 日

BIAD 续建和改扩建工程的结构设计规定

　　一、依照 BIAD《质量管理体系文件》2016 版《设计过程作业指导书》3.3.1 条规定"对原来由外单位设计的工程，现委托我公司进行加层、加固设计的项目，除填写《设计项目委托单》外还应由设计部门填写《外单位设计工程委托我公司设计加固改造项目报审单》，报公司结构设计总监审批"。

　　【释】2018 版《质量管理体系文件》文件中，有局部调整："对其他设计机构设计工程，委托我公司进行设计加固改造的项目，除填写《设计项目委托单》外还应由设计部门填写（新体系文件中的）《其他设计机构设计工程委托 BIAD 设计加固改造项目报审单》，报公司结构设计总监审批"。

　　二、依照 BIAD《质量管理体系文件》2016 版《设计过程作业指导书》3.6.3 条规定"顾客应提供改、扩建工程原始设计图纸、计算书和工程地质勘察报告"，并"项目设计完成后所有顾客资料原件应随设计文件归档"。

　　三、无论由其他设计方设计的部分建成或已完全建成的工程，还是由 BIAD 设计的已建成的工程，BIAD 接手继续进行设计或进行续建和改扩建设计时，BIAD 对所涉及的结构单元负全部设计责任。设计前应进行下列准备工作：

　　1. 向建设方收集原设计的设计资料和设计依据，并对原设计成果作评审；

　　2. 收集并调查结构施工质量和使用情况等资料，并现场察看结构构件现状；

　　3. 设计前应由具备相关资质的检测部门对已建成结构进行可靠性和抗震性能鉴定，判断原结构实际所具有的后续可使用年限和承载能力，包括静力承载力和抗震承载力、细部构造和耐久性是否满足改造或改扩建后的性能要求。

当建筑物需大修，建筑物将改变用途或使用条件，建筑物超过设计基准期将继续使用，既有建筑应进行可靠性鉴定。

接近或超过设计使用年限需要继续使用的建筑，原设计未考虑抗震设防或抗震设防要求提高的建筑，需要改变结构的用途或使用环境的建筑，其他有必要进行抗震鉴定的建筑，应进行抗震鉴定。

4. 建筑抗震后续使用年限鉴定，应按现行国家标准《建筑抗震鉴定标准》GB 50023 的有关规定，由建筑产权人会同鉴定机构，根据该建筑的实际情况确定。在 20 世纪 70 年代及以前建造经耐久性鉴定可继续使用的现有建筑，其后续使用年限不应少于 30 年；在 20 世纪 80 年代建造的现有建筑，宜采用 40 年或更长，且不得少于 30 年。在 20 世纪 90 年代（按当时施行的抗震设计规范系列设计）建造的现有建筑，后续使用年限不宜少于 40 年，条件许可时应采用 50 年。在 2001 年以后（按当时施行的抗震设计规范系列设计）建造的现有建筑，后续使用年限宜采用 50 年。

四、续建和改扩建工程可根据经批准的后续设计使用年限确定各种可变荷载（如雪荷载和风荷载，但一般楼面可变荷载仍宜按现行规范取值），对结构重新进行承载力核算。

不同的后续设计使用年限，对应的可变荷载重现期不同，因此可变荷载取值宜不同。例如风、雪荷载，重现期 10 年的约为 50 年的 0.7 倍，30 年的约为 50 年的 0.9 倍，100 年的约为 50 年的 1.1 倍。

五、根据经批准的后续设计使用年限，对一般改造工程，其抗震设防标准不宜低于以下标准；对重要建筑或较高的高层建筑、大跨度建筑，其抗震设防标准应高于以下标准，并进行专项论证。

1. 后续设计使用年限 50 年，地震作用取重现期 50 年，抗震措施和抗震承载力应满足现行《建筑抗震设计规范》GB50011 的要求。

2. 后续设计使用年限 30 年、40 年时，地震作用分别取重现期 30 年、40 年，抗震措施和抗震承载力应满足现行《建筑抗震鉴定标准》GB 50023 及《建筑抗震加固技术规程》JGJ 116 要求。

3. 当有地方标准时尚应遵守相关要求。

六、已全部建成的工程在加固改造后不增加建筑面积和层数时，应遵循下列规定：

1. 当后续设计使用年限与已使用的年限之和不超过原结构原设计使用年限，且后续设计使用年限不超过经鉴定的后续实际可使用年限，可按原设计所依据的且不早于 1989 年版设计规范对结构重新进行全面核算；不满足规范要求时应根据后续设计使用年限按照上述第五条选择抗震设防标准进行加固设计。

2. 当后续设计使用年限与已使用的年限之和超过原结构原设计使用年限，或后续设计使用年限超过经鉴定的后续实际可使用年限，应根据后续设计使用年限按照上述第五条选择抗震设防标准进行加固设计。

七、已全部建成的结构单元在改扩建后增加建筑面积和层数时，应根据后续设计使用年限按照上述第五条选择抗震设防标准进行结构整体抗震计算和构件设计或加固设计；已建部分的抗震构造要求应满足上述第五条要求，不满足时应进行加固；扩建部分的抗震构造宜满足现行抗震规范要求。

八、对部分建成的工程进行续建设计时，一般应根据设计使用年限按照现行抗震规范的抗震设防标准进行结构整体抗震计算和构件设计或加固设计；抗震构造应满足现行抗震规范要求，不满足时应进行加固。如情况特殊需按低于上述标准进行设计时（如续建前的设计采用的设计依据不是现行抗震规范，已建部分的抗震构造仍需按上述第五条要求设计），应经过专家论证。

九、当续建和改扩建工程对周围结构单元或建筑可能产生不利影响时，应进行必要的分析和提出安全有效的处理措施，并书面告知建设方，必要时（如情况复杂或对相邻建筑影响较大）可建议建设方进行专家论证。

十、当原使用功能不变（装修后使用荷载不超过原设计的使用荷载）而仅进行内外装修变更的工程，应对装修荷载进行计算。当装修荷载未超过原设计的装修荷载时，可不必进行结构承载力核算和加固，如该工程原设计由其他设计方设计，BIAD不对原有结构的安全负责任，但要对荷载验算的正确性负责。当装修荷载超过原设计的装修荷载时，应按原设计当时所依据的且不早于1989年版设计规范核算楼板及有关承重结构的安全性，BIAD对所涉及到的结构单元负全部责任。

十一、应对新改造的建筑隔墙进行复核，包括自身高厚比。

十二、对经核算不满足规范要求的已施工结构以及楼板和墙体开洞等改造处应进行加固设计，并将全部设计文件归档。

附录 01-2

结构相关的绿色建筑评价

绿色建筑评价，通行的，是以对照标准的得分来评价建筑的绿色等级。目前涉及三个标准，国内评价指标体系7类指标总分均为100分，以及美国参照标准，分别是：

1. 北京市住房和城乡建设委员会/北京市质量技术监督局颁布的北京市地方标准《绿色建筑评价标准》DB11/T 825—2015；

2. 住房和城乡建设部颁布的国家标准《绿色建筑评价标准》GB/T 50378—2014；

3. 美国绿色建筑协会推行的LEED（Leadership in Energy and Environmental Design），该标准的影响在国内正逐步淡化。

国内二标准涉及结构专业的内容不多，汇总如表F01-2。

表 **F01-2**

序	标准名称	条目	描述	总评分值	备注
1	绿色建筑评价标准 DB11/T 825—2015 （北京市地方标准）	7.1.1	不用禁用材料	控制项	
2		7.1.2	纵筋用≥400MPa高强钢筋	控制项	
3		7.1.4	预拌混凝土及砂浆	控制项	
4		7.2.1	建筑体形规则性	6	
5		7.2.2	优化设计	5	
6		7.2.3	土建及装修一体化	8	
7		7.2.4	重复使用的隔断（墙）	6	

续表

序	标准名称	条目	描述	总评分值	备注
8	绿色建筑评价标准 DB11/T 825—2015 （北京市地方标准）	7.2.5	预制构件	8	钢结构、木结构建筑直接得分，砌体结构不参评
9		7.2.7	本地材料	10	
10		7.2.8	高强材料	10	
11		7.2.9	耐久材料	5	
12		7.2.10	再循环/再利用材料	12	
13		7.2.11	废弃物为原材的材料	8	
14		7.2.13	北京市推广材料及制品	10	
15		11.2.6	资源消耗少和环境影响小的建筑结构体系	1	
16		11.2.15	明显效益的绿色创新	2	证明及专家组评审
17	绿色建筑评价标准 GB/T 50378—2014 （国家标准）	7.1.1	不用禁用材料	控制项	
18		7.1.2	纵筋用≥400MPa高强钢筋	控制项	
19		7.2.1	建筑体形规则性	9	
20		7.2.2	优化设计	5	
21		7.2.3	土建及装修一体化	10	
22		7.2.4	重复使用的隔断（墙）	5	
23		7.2.5	预制构件	5	
24		7.2.7	本地材料	10	
25		7.2.8	预拌混凝土	10	
26		7.2.9	预拌砂浆	5	
27		7.2.10	高强材料	10	
28		7.2.11	耐久材料	5	
29		7.2.12	再循环/再利用材料	10	
30		7.2.13	废弃物为原材的材料	5	
31		11.2.5	资源消耗少和环境影响小的建筑结构体系	1	
32		11.2.12	明显效益的绿色创新	2	证明及专家组评审

工程设计实施时，可对照得分，在设计阶段有针对性地关注和实施。

地处北京辖区之外的工程，通常会有当地的绿色标准与国家标准配合实行，应予关注。

附录 01-3

结构材料的关注

结构材料的更新换代会持续不断，对新材料的关注并将其应用于工程实际，是结构工程师的责任。

1. 木

天然木色和木纹带给人的自然、温暖的感受，是其他材料所无法给予的，它不仅能化解尺度稍大木构件的沉重感，更是绿色环保理念的强力支撑。

古代木结构对原木采用极具特色的榫卯方式进行连接，现代木结构不仅利用原木（方木、板材），也依靠深加工处理后的胶合木（层板胶合 Glulam、单板层积材或旋切板胶合 LVL（Laminated VeneerLumber）和正交胶合 CLT（Cross-laminated Timber）等木材，具有较好的耐腐、防蛀和耐火性能，并通过更优的材料性能并结合新型节点处理方式和结构形式，满足更广泛的建筑结构需求。国外现代木结构建造实践中，已经完成了高达 53m 的木结构高层建筑和超过 160m 跨度的木结构大跨穹顶。

近年出现的钢（索）木组合的新型结构形式，是解决木质构件受拉偏弱的有效方法。通过对两种材料的扬长避短，来满足大跨等特殊需求空间的结构受力要求，并通过钢木构件的外露，达到了很好的建筑效果。设计此类结构时，需重视如何实现两种材料的可靠连接，必要时可通过实验研究进行确定。

2. 竹

生长于我国南方的竹，具有生长快、成材早、产量高的特点，一般竹子造林 5～10 年后就可年年循环砍伐利用。竹结构不仅具有低碳节能、绿色环保、生态健康的特点，也可营造出充满流线动感和不断重复的秩序感的视觉效果，使之成为一种极具潜在应用价值的建筑结构类型。经过特殊加工后的竹材还能通过不同的碳化处理工艺，实现竹制构件不同颜色的表面效果，满足建筑师更广泛的需求。

国内对原竹建筑的应用已有一定经验，而将竹材进行深加工后形成的竹胶合材或人造板，可极大地改善竹材的防火性能，有效解决防腐、防虫问题，甚至可适用于泳池、近海等相对潮湿、恶劣的环境。

和现代木结构类似，钢（索）竹结合也是新型竹结构形式之一。其节点连接的可靠性是设计的重要环节，必要时可通过实验研究确定。

3. 玻璃

由玻璃带来的通透、平展、光影、梦幻的效果，是建筑师极为关注和喜欢的。减少传统幕墙中钢龙骨的遮挡一直是幕墙设计工作的重要部分，结构玻璃的出现满足了这种需求，营造更为纯粹的视觉效果。

玻璃本身的抗压和抗拉强度均较高（>40MPa），但因脆性限制了其本身作为受力构件的应用空间。近年来玻璃的生产加工工艺有了明显进步，提升了玻璃的均匀、着色、高密和易加工性，改善了材料脆性，使其作为主体结构的受力构件成为可能。

将玻璃应用于多层和特殊空间需求的建筑，可制成玻璃楼板、屋面板承受竖向静载，可采用玻璃砖替代传统砌块，也可利用玻璃肋、玻璃梁取代传统的金属龙骨，甚至弧形悬挑玻璃肋也已出现在实际工程中。按受力类型分类，结构玻璃不光可承受静载，而且已有利用结构玻璃承受地震荷载的实例。

诚然结构玻璃在国内缺乏研究与足够的工程实例，但可保持对此方向的关注，在具备工程需求和条件时，通过仔细研究和精心设计保证结构安全，实现建筑效果。

4. 纤维增强复合材料（FRP）

纤维增强复合材料 FRP（Fiber Reinforced Polymer/Plastics）用于结构已近 30 年，但其材料特点远未被充分发挥，尤其是直接作为结构构件，值得在适合的条件下得到应用。依靠其轻质高强、耐腐蚀、易于复杂成形、便于快速拆卸装配的特点，经过合理设计的 FRP 可用于以下场合：

（1）构建视觉效果轻盈的大跨空间。如：替代钢桁架为 FRP 桁架以实现大跨轻质屋面，甚至采用双向 FRP 编织网格受力体系来满足超大跨度和空间的建筑需求。当对构件受力需求较高时，常采用碳纤维增强复合材料（CFRP），反之则使用较为经济的玻璃纤维增强复合材料（GFRP）；

（2）作为异形曲面表皮。通过数控机床将泡沫加工成所需的任意不规则曲面，以其为模板制备 FRP 壳体，再将其固定于主体结构上。泡沫板无需取出，可直接作为建筑表面良好的保温隔热层。夹心板具有较好的受力性能，常采用 GFRP 实现；

（3）与混凝土、砌体等组合，发挥 FRP 高强且可成异形的特点，能形成各种类型的组合构件参与结构受力。如：FRP 在纤维方向上的抗拉强度可达到 1000MPa 以上，用于约束混凝土可以使混凝土的性能得到大幅提升；在钢结构表面粘贴 CFRP 可抑制疲劳裂纹，提高钢构件的疲劳性能；经过设计的 FRP 型材与混凝土可以组合成 FRP 管-混凝土组合柱和 FRP 型材-混凝土组合梁等；

（4）满足恶劣气候和环境需求。优良的耐候性、良好的耐腐蚀性和热工性能使其适用于极寒环境下建筑或强腐蚀条件的近海、工业建筑的建造；

（5）满足特殊使用功能需求。CFRP 具有特殊的电磁导性，可用于对电磁屏蔽有需求的建筑；FRP 轻质便于搬运、可模块化拆分和组装的特点，常用于移动展馆、售楼处等各种类型的可拆可移动建筑。

FRP 也有其材料局限，其性能为各向异性，设计时需采用复合材料力学知识，并特别重视连接设计和受压构件的稳定设计，关注 FRP 材料的弹性模量、强度和与之相组合材料的匹配性，同时需关注如何满足国内规范对于结构防火性能的要求。

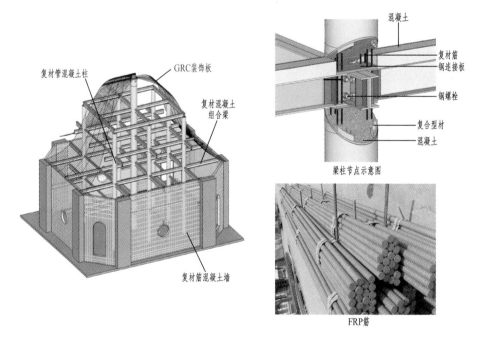

图 F01-3　环球大酒店塔冠复合材料穹顶构造图

【释】 摘自 BIAD 结构张夔华工程师文章：

■ **材料构成**

纤维增强复合材料 FRP，由纤维材料与基体材料构成。用于建筑结构时，常用的纤维材料有碳纤维、玻璃纤维，基体材料有环氧树脂、乙烯基酯树脂、不饱和聚酯树脂。由微观到宏观，首先由极细的纤维丝按一定方向排列或编织为板、布等形式，再与基体材料胶结后形成 FRP 制品。

■ **重量轻**

FRP 密度约 14～21kN/m³，为钢的 1/6～1/4，亦轻于金属铝。用于大跨结构时，可极大减轻结构自重。

以苹果总部乔布斯剧院为例，整个碳纤维屋盖自重仅 80t，可采用整体吊装方式施工。按屋盖直径约 47m 计算，折合每平方米均重 46kg，仅相当于约 6mm 厚钢板，使屋面直接承重于周边结构玻璃成为可能。

■ **强度高**

天然物质晶体结构中都有缺陷，材料越细，缺陷越少，强度越高。碳纤维、玻璃纤维的强度可达钢材的 10～20 倍，综合考虑纤维和基体的强度差异，FRP 材料的强度/重量比通常可达钢材的 4 倍以上，使得 FRP 大跨结构的极限跨度比传统结构大 2～3 倍。

■ **成型方便**

FRP 的生产制作工艺包括拉挤、缠绕、手糊、喷射成型等多种方式。不仅可规模化生产形状规则的 FRP 制品，更可制作出几乎任意形状的板材用于构筑非线性建筑造型。

■ **便于拆卸组装**

FRP 具有包括栓接在内的多种连接方式，其材料的轻便性使其更便于拆卸和组装。在较短时间内就能进行拆卸和拼装，使结构可异地移位。

■ **耐腐蚀**

FRP 可在酸、碱、盐和潮湿环境中长期使用，亦可抵抗除冰盐和空气中盐分的腐蚀。

■ **各向异性**

不同于钢、铝等材料各向同性的特点，由于纤维铺设常具有方向性（单向或双向交织），使得 FRP 在沿纤维和垂直纤维方向力学性能相差较大，属于复合材料力学范畴，力学分析复杂，设计难度较大。

由于层间拉伸/剪切强度低，使得连接部位容易成为构件的薄弱部位，需特别重视连接设计，尽量减少连接节点。与竹木结构类似，重要的连接节点可采用钢节点。

■ **其他特点**

弹性模量：FRP 的弹性模量与混凝土、木材相当，相比其高强度，结构设计常由变形控制。可通过合理地选择结构形式、与其他材料组合以及施加预应力等方式控制变形。

线胀系数：远小于钢、铝等金属材料，一方面使其应用于超长结构时引起的温度应力不明显，有利于结构设计；另一方面自带较好的保温隔热效果，不再需要额外的建筑保温层，节省建筑空间。

防火性能：树脂在高温下会由于软化导致力学性能降低。可利用在树脂中掺入阻燃剂＋FRP 表面防火处理的办法提高防火性能。良好处理的 FRP 防火效果已能和混凝土相当。

经济性：FRP 材料的价格高于钢材。但考虑其轻质高强、耐腐蚀、低维护需求等特点，综合成本具有竞争力。且随着科技进步，材料生产成本逐年降低，例如用于加固的 CFRP 价格如今不到起步时的 25%，可以预见 FRP 材料的潜力。

5. 铝合金

铝合金是世界上除钢材外用量最大的建筑金属材料，质轻（比强度约为常规钢材的 3 倍）且耐腐蚀，这是普通混凝土、钢材无法企及的优势。国内外多个工程均将其应用在网壳、网架等空间网格结构中，不仅营造出大跨度大空间建筑效果，还凭借其可长久保有的纯粹的金属光泽与质感，带来具有冲击力的视觉效果。在节能环保方面，铝合金结构不仅节材，维护需求低，而且可重复回收利用，再生利用率高。

铝合金结构的局限在于：弹模低（约为钢材的 1/3）使其变形和稳定问题突出；焊接热影响效应显著，使其构件常采用挤压方式进行制造，并常采用栓接、铆钉等机械冷连接方式进行现场拼接；线膨胀系数较大，使其对温度变化敏感，可能产生较大的支座节点力（有约束时）或较大的结构变形（无约束时）；对于使用环境、防火等方面的限制在结构设计中也需要关注。

铝合金材料类型繁多，设计时需指定选用的铝合金类型及主要保证项指标。建筑结构常用的铝合金牌号为 5xxx 和 6xxx 系列。

6. 不锈钢

不锈钢是相对成熟的结构材料，不锈钢棒、丝、索、绞线等形式均有广泛的工程应用。和铝合金类似，不锈钢也具有美观、耐久性好、可再生利用、维护成本低的特点，使其可被应用于屋面、墙面、龙骨、吊顶、地板等部位。

不锈钢是一个系类产品，不同牌号的不锈钢涉及到不同的材质工艺、不锈特性、焊接要求，并与造价、施工环节关系密切，因此在工程设计时需对不锈钢类型和主要工程特性进行明确。通常在综合考虑地理位置、气候特点、环境类别、表面粗糙度需求、维护计划等因素后进行选定。

7. 高性能混凝土（HPC、UHPC）

高性能混凝土（high performance concrete）包括但不限于高强混凝土，针对实际工程需求，可给予混凝土特定的高耐久性、工作性、体积稳定性等性能保证，通常通过改进混凝土配比、改变颗粒物性能、添加一定数量和种类的掺合料、外加剂或纤维而得以实现。

对高强混凝土，当前我国【混规】中注明的混凝土最高标号为 C80，而工程中已出现各种类型的高强、高韧、特别是高保证率的高强混凝土材料，发达国家更均已将 C100 标号的超高强混凝土列入规范并广泛应用，UHPC 更是具有高达 150～250MPa 的抗压强度和非常高的密实度。对高强混凝土柱，通过减小柱尺寸可减轻结构自重并避免短柱；对施加预应力后的高强混凝土梁，可改善抗弯刚度和抗裂性能；对特殊使用功能的建筑物，高强混凝土可通过其大密度、抗冲击抗爆性能、强抗渗抗冻和抗腐蚀的特点而用于核能或工业建筑。

材料技术的进步使得诸多高性能混凝土（高强、高韧、着色等）的实现成为可能，根据不同的工程需求，可以进行新材料的专项研发。

8. 钢材

关注更高强度、更好性能的钢材发展，对于耐火、耐候、耐蚀方面的需求，可结合实际项目要求，与宝钢、舞阳、邯钢、鞍钢等供应商咨询、定产。

附录 03-1

101m 高消防车技术参数

101m 登高平台消防车主要技术参数见表 F03-1-1。

主要技术参数　　　　　　　　　　　　　　　　　　　表 F03-1-1

项　目	参　数	项　目	参　数
满载总重	62t	转弯半径（墙对墙半径）	14.25m
发动机功率	309kW	最大工作高度	101m
驱动型式	12×4	最大工作外伸	28m
长宽高	17.1m×2.5m×3.95m	水平面下工作深度	7.8m
载水量	—	安全工作负载	400kg
水泵流量	4000L/min	回转范围	360°
水炮射程	70m		

101m 登高平台轮胎主要技术参数见表 F03-1-2。

轮胎主要技术参数　　　　　　　　　　　　　　　　表 F03-1-2

项目	轴一	轴二	轴三	轴四	轴五	轴六
轮胎尺寸	2×385/55R22.5	2×385/55R22.5	2×385/55R22.5	4×315/70R22.5	4×315/70R22.5	2×445/65R22.5
接地面积	2×725cm²	2×693cm²	2×756cm²	4×738cm²	4×738cm²	2×962cm²
胎压	9.0bar	9.0bar	8.0bar	8.5bar	8.5bar	9.0bar
轴距		1.94m	2.605m	1.355m	1.355m	1.305m

图 F03-1-1　消防车实操图

消防车实际操作时，支腿下需垫防滑胶片及约1.2m×1.2m木质垫板。每个支腿可承受的最大荷载为300kN。

图 F03-1-2　消防车支腿

附录 05-1a

丙类建筑　混凝土结构

框架

结构类型		设防烈度	6度 0.05g		7度 0.10g	
	场地类别	高度(m)	≤24	(24，60]	≤24	(24，50]
框架	I类	框架	四	三	三(四)	二(三)
	II类		四	三	三	二
	III、IV类		四	三	三	二
	I类	大跨度框架(跨度不小于18m)	三		二(三)	
	II类		三		二	
	III、IV类		三		二	

剪力墙

		设防烈度	6度 0.05g			7度 0.10g			
	场地类别	高度(m)	≤80	(80,140]	(140,170]	≤24	(24,80]	(80,120]	(120,150]
剪力墙	I类	剪力墙	四	三	二	四	三(四)	二(三)	一(二)
	II类		四	三	二	四	三	二	一
	III、IV类		四	三	二	四	三	二	一

框架-剪力墙

		设防烈度	6度 0.05g			7度 0.10g				
	场地类别	高度(m)	≤60	(60,130]	(130,160]	≤24	(24,60]	(60,120]	(120,130]	(130,140]
框架-剪力墙	I类	框架	四	三	二	四	三(四)	二(三)	一(三)	一(二)
		剪力墙	三	三	二	三	二(三)	二(三)		
	II类	框架	四	三	二	四	三	二	一	
		剪力墙	三	三	二	三	二	二		
	III、IV类	框架	四	三	二	四	三	二	一	
		剪力墙	三	三	二	三	二	二		

抗震等级表

8度						9度
0.15g		0.20g		0.30g		0.40g
≤24	(24，50]	≤24	(24，40]	≤24	(24，35]	≤24
三（四）	二（三）	二（三）	一（二）	二（三）	一（二）	一（二）
三	二	二	一	二	一	一
三（二）	二（一）	二	一	二（一）	一（一*）	
二（三）		一（二）		一（二）		一
二		一		一		一
二（一）		一		一（一*）		一

≤24	(24，80]	(80，120]	(120，150]	≤24	(24，80]	(80，120]	(120，130]	≤24	(24，80]	(80，110]	≤24	(24，60]
四	三（四）	二（三）	一（二）	三（四）	二（三）	一（二）	一	三（四）	二（三）	一（二）	二（三）	一（二）
四	三	二		三	二	一		三	二	一	二	
四（三）	三（二）	二（一）		三	二	一		三（二）	二（一）	（特一）	二	

≤24	(24，60]	(60，100]	(100，120]	(120，130]	(130，140]	≤24	(24，60]	(60，100]	(100，120]	≤24	(24，50]	(50，60]	(60，80]	(80，100]	≤24	(24，50]
四	三（四）	二（三）				四	三（四）	二（三）	一（二）	四	三（四）	二（三）	一（二）	一（二）	二（三）	一（二）
三	二（三）	二（三）	一（三）	一（二）		三	二（三）	一（二）	特一（一）	三	二（三）	一（二）	一（二）	特一（一）		一
四	三	二	一			三	二	一		三					二	
三	二	二	一			特一		二		一				特一		
四（三）	三（二）	二（一）	一（一*）			三	二	一	一	三（二）	二（一）	二（一*）	二（一*）	二（一*）	二	
三（二）	二（一）	二（一）	二（特一）	一（特一）		二		特一		二（一）	二（一*）	二（一*）	二（特一）			一

建筑结构专业技术措施

部分框支剪力墙

设防烈度			6度 0.05g			7度 0.10g			
场地类别		高度（m）	≤80	(80, 120]	(120, 140]	≤24	(24, 80]	(80, 100]	(100, 120]
I类		一般部位剪力墙	四	三	二	四	三（四）	二（三）	一（三）
		加强部位剪力墙	三	二	一	三	二（三）	一（二）	一（二）
		框支框架	二	二	二	二	二	一（二）	特一（二）
II类		一般部位剪力墙	四	三	二	四	三	一	
		加强部位剪力墙	三	二	一	三	二	一	
		框支框架	二	二	二	二	二	特一	
III、IV类		一般部位剪力墙	四	三	二	四	三	一	
		加强部位剪力墙	三	二	一	三	二	一	
		框支框架	二	二	二	二	二	特一	

框架-核心筒

场地类别		高度（m）	(60, 150]	(150, 210]	(60, 130]	(130, 180]
I类		框架	三	二	二（三）	一（二）
		核心筒	二	二	二	一（二）
II类		框架	三	二	二	二
		核心筒	二	二	二	二
III、IV类		框架	三	二	二	二
		核心筒	二	二	二	二

筒中筒

场地类别		高度（m）	≤180	(180, 280]	≤150	(150, 230]
I类	内外筒		三	二	二（三）	一（二）
II类			三	二	二	二
III、IV类			三	二	二	一

板柱-剪力墙

场地类别		高度（m）	≤35	(35, 80]	≤35	(35, 70]
I类		框架、板柱的柱	三	二	二（三）	二
		剪力墙	二	二	二	一（二）
II类		框架、板柱的柱	三	二	二	二
		剪力墙	二	二	二	二
III、IV类		框架、板柱的柱	三	二	二	二
		剪力墙	二	二	二	二

注：1. 表中高度界限（a，b]含义：>a且≤b；
2. 表中括号内抗震等级仅用于按其采用抗震构造措施，抗震措施中的其他抗震措施仍需按无括号的抗震等级
3. 当建筑场地为I类时，应允许按表中括号内抗震等级采取抗震构造措施；当建筑场地为III、IV类时，宜按有效的抗震构造措施。

【释1】抗震措施包括抗震构造措施和其他抗震措施两部分：1）抗震构造措施指规范中除限值、最小墙厚、最小配筋率、剪力墙的边缘构件等构造要求；2）其他抗震措施指从抗震等级满足计算要求，即计算中对各类构件内力进行相应调整，如满足强柱弱梁、强剪弱弯

续表

| 8度 | | | | | | | | | | 9度 |
| 0.15g | | | | 0.20g | | | 0.30g | | | 0.40g |
≤24	(24,80]	(80,100]	(100,120]	≤24	(24,80]	(80,100]	≤24	(24,50]	(50,80]	
四	三(四)	二(三)	一(三)	三(四)	二(三)	一(二)	三(四)	二(三)	一(三)	
三	二(三)	一(二)	一(二)	二(三)	一(二)	特一(一)	二(三)	一(二)	特一(二)	
二	一(二)	一(二)	特一(二)	一(二)	一(二)	特一(一)	一(二)	一(二)	特一(二)	
四	三	二		三			三			
三	二			二		特一	二		特一	
二	二		特一			特一			特一	
四(三)	三(二)	二(一)	一(一*)	三	二	一	三(三*)	二(二*)	一(一*)	
三(二)	二(一)	(特一)	(特一)	二	一	特一	二(二*)	一(一*)	特一	
二(一)	二(一)	(特一)	特一	一	特一	特一	一(一*)	一(一*)	特一	

(60,100]	(100,130]	(130,180]		(60,100]	(100,130]	(130,140]	(60,90]	(90,120]		(60,70]
二(三)	一(二)	一(二)		一(二)	特一(二)	特一(一)	一(二)	特一(一)		—
二	一(二)	一(二)		一(二)	特一	特一	一(二)	特一		—
二					特一	特一		特一		—
二(一)					特一	特一		特一		—
二(一)	二(特一)	一(特一)			特一	特一		特一		—

≤120	(120,150]	(150,230]		≤120	(120,170]		≤100	(100,150]		≤80
二(三)	一(二)	一(二)		一(二)	特一(一)		一(二)	特一(一)		—
二		一(二)			特一			特一		—
二(一)	一(特一)				特一			特一		—

≤35	(35,70]			≤35	(35,55]		≤35	(35,40]		
二(三)	二			二	一(二)		二	一(二)		
二	一(二)			二	一		二	一		
二				二			二			
二				二			二			
二(一)	二(一)			二	一(一*)		一(一*)	一(一*)		

采用；当表栏内无括号时，表示抗震构造措施与其他措施的抗震等级相同【释1】；

表中括号内抗震等级采取抗震构造措施；表中抗震等级一＊、二＊、三＊级，应分别比一、二、三级抗震等级采取更

计算以外对各部分采取的各种细部抗震要求，应按相应抗震等级满足规范要求，如轴压比
震概念设计出发，对各类结构提出的除抗震构造措施之外的抗震设计要求，应按相应抗震
要求进行的内力调整，塑性铰出现在规定的部位等要求。

建筑结构专业技术措施

前言 ｜ 1 总则 ｜ 2 概念体系 ｜ 3 结构荷载 ｜ 4 地基基础 ｜ 5 混凝土结构 ｜ 6 钢结构 ｜ 7 大跨结构 ｜ 8 混合结构 ｜ 9 加固改造 ｜ 10 隔震减震 ｜ 11 装配结构 ｜ 12 砌体结构 ｜ 13 超限高层 ｜ 14 程序使用 ｜ 15 人防结构 ｜ 附录

附录 05-1b

乙类建筑　混凝土

框架

设防烈度 结构类型	6度 0.05g			7度 0.10g		
高度(m)	≤24	(24,50]	(50,60]	≤24	(24,40]	(40,50]
框架　Ⅰ类	三(四)	二(三)	二(三)	二(三)	一(二)	一(二)
框架　Ⅱ类	三	二	二(二*)	二	一	一(一*)
框架　Ⅲ、Ⅳ类	三	二	二(二*)	二	一	一(一*)
大跨度框架(跨度不小于18m)　Ⅰ类	二(三)	二(三)	二(三)	一(二)	一(二)	一(二)
大跨度框架(跨度不小于18m)　Ⅱ类	二	二	二(二*)	一	一	一(一*)
大跨度框架(跨度不小于18m)　Ⅲ、Ⅳ类	二	二	二(二*)	一	一	一(一*)

剪力墙

设防烈度 结构类型	6度 0.05g						7度 0.10g					
高度(m)	≤24	(24,80]	(80,120]	(120,140]	(140,150]	(150,170]	≤24	(24,80]	(80,100]	(100,120]	(120,130]	(130,150]
剪力墙　Ⅰ类	四	三(四)	二(三)	一(三)	一(二)	一(一*)	三(四)	二(三)	一(二)	一(二)	→	一
剪力墙　Ⅱ类	四	三	二	一	→	一(一*)	四	三	一	→	→	一(一*)
剪力墙　Ⅲ、Ⅳ类	四	三	二	一	→	一(一*)	四	三	一	→	→	一(一*)

框架-剪力墙

设防烈度 结构类型	6度 0.05g						7度 0.10g				
高度(m)	≤24	(24,60]	(60,120]	(120,130]	(130,140]	(140,160]	≤24	(24,60]	(60,100]	(100,120]	(120,140]
Ⅰ类　框架	四	三(四)	二(三)	一(三)	一(二)	一(二)	三(四)	二(三)	一(二)	一(二)	一(二)
Ⅰ类　剪力墙	三	二(三)	二(三)	一(三)	一(二)	一(二)	二(三)	一(二)	一(二)	特一(二)	特一(一)
Ⅱ类　框架	四	三	二	一(一*)	→	→	三	一	一(一*)	→	一(一*)
Ⅱ类　剪力墙	三	二	二	一(一*)	→	→	二	→	→	→	特一
Ⅲ、Ⅳ类　框架	四	三	二	一(一*)	→	→	三	一	一(一*)	→	一(一*)
Ⅲ、Ⅳ类　剪力墙	三	二	二	一(一*)	→	→	二	→	→	→	特一

结构抗震等级表

表 F05-1b

8度 / 9度 带宽一（0.15g、0.20g、0.30g、0.40g）

0.15g ≤24	0.15g (24,40]	0.15g (40,50]	0.20g ≤24	0.20g (24,40]	0.30g ≤24	0.30g (24,35]	9度 0.40g ≤24
二(三)	一(二)	一(二)	一(二)	一	一(二)	一	特一(一)
二	一	一(一*)	一	一(一*)	一	一(一*)	特一
二(一)	一(一*)	一(一*)	一	一(一*)	一(特一)	一(特一)	特一
一(二)		一(二)	一		一		特一(一)
一	一(一*)	一(一*)	一	一(一*)	一	一(一*)	特一
一	一(一*)	一(一*)	一	一(一*)	一(特一)		特一

带宽二

0.15g ≤24	(24,80]	(80,100]	(100,120]	(120,130]	(130,150]	0.20g ≤24	(24,60]	(60,130]	0.30g ≤24	(24,60]	(60,80]	(80,110]	0.40g ≤24	(24,60]
三(四)	二(三)	一(二)	一(二)	一		二(三)	一(二)	特一(一)	二(三)	一(二)	特一(二)	特一(一)	一(二)	特一(一)
三	二	一	一	一(一*)		二	一	特一	二	一		特一	一	特一
三(二)	二(一)	一(特一)				二	一(特一)	特一	二	一(特一)		特一	一	特一

带宽三

0.15g ≤24	(24,60]	(60,100]	100,120]	(120,140]	0.20g ≤24	(24,50]	(50,60]	(60,100]	(100,120]	0.30g ≤24	(24,50]	(50,60]	(60,80]	(80,100]	0.40g ≤24	(24,50]
三(四)	二(三)	一(二)	一(二)		二(三)	一(二)	一(二)	特一(一)		二(三)	一(二)	一(二)	特一(一)		一(二)	特一(一)
二(三)	一(二)	一(二)	特一(二)	特一(一)	一(二)		特一	一(二)		特一		一(二)	特一		特一(一)	特一(一)
三	二		一(一*)		二		一(一*)	特一	二		一(一*)	特一	特一		特一	特一
二		特一		一(一*)	特一	二		一(一*)	特一	特一					特一	特一
三(二)	二(一)	一(一*)	一(特一)		二		一(一*)	特一	二(一)	一(特一)	一(特一)	特一	一(特一)		特一	特一
二(一)	一	一(一*)	特一		一		一(一*)	特一	二(一)	一(特一)	一(特一)	特一	一(特一)		特一	特一

设防烈度			6度 (0.05g)					7度 (0.10g)			
部分框支剪力墙	场地类别	高度(m)	≤24	(24,80]	(80,100]	(100,120]	(120,140]	≤24	(24,80]	(80,100]	(100,120]
	I类	一般部位剪力墙	四	三(四)	二(三)	一(三)	一(二)	三(四)	二(三)	一(二)	一
		加强部位剪力墙	三	二(三)	一(二)			二(三)	一(二)	特一(一)	
		框支框架	二	二	一(二)	特一(二)	特一(一)	一(二)	一(二)	特一(一)	特一
	II类	一般部位剪力墙	四	三	二	一	一(一*)	三	二	一	一(一*)
		加强部位剪力墙	三	二	一		一(一*)	特一			
		框支框架	二	二	特一			特一			
	III、IV类	一般部位剪力墙	四	三	二	一	一(一*)	一(一*)			
		加强部位剪力墙	三	二	一		一(一*)	特一			
		框支框架	二	二	特一			特一			
框架-核心筒	场地类别	高度(m)	(60,130]	(130,150]	(150,180]	(180,210]		(60,100]	(100,130]	(130,140]	(140,180]
	I类	框架	二(三)	一(三)	一(二)	一(二)		一(二)	一(二)	一	一
		核心筒	二	一(三)	一(二)	一(二)		一(二)	特一(二)	特一(一)	特一(一)
	II类	框架	二	一		一(一*)		一		一(一*)	
		核心筒	二	一		一(一*)		一		特一	
	III、IV类	框架	二	一		一(一*)		一		一(一*)	
		核心筒	二	一		一(一*)		一		特一	
筒中筒	场地类别	高度(m)	≤150	(150,180]	(180,230]	(230,280]		≤120	(120,150]	(150,230]	
	I类	内外筒	二(三)	一(三)	一(二)	一(二)		一(二)	特一(二)	特一(一)	
	II类		二	一		一(一*)		特一			
	III、IV类		二	一		一(一*)		特一			
板柱-剪力墙	场地类别	高度(m)	≤35	(35,70]	(70,80]			≤35	(35,55]	(55,70]	
	I类	框架、板柱的柱	二(三)	二	二			二	一(二)	一(二)	
		剪力墙	二	一(二)	一(二)			一(二)	一	一	
	II类	框架、板柱的柱	二	二	二(二*)			二		一(一*)	
		剪力墙	二	一(二)	一(二*)			一(二)		一(一*)	
	III、IV类	框架、板柱的柱	二	二	二(二*)			二		一(一*)	
		剪力墙	二	一(二)	一(一*)			一		一(一*)	

注：1～3. 条同丙类建筑；
　　4. 部分框支剪力墙和板柱—剪力墙结构因9度区不适用，因此乙类8度的抗震等级应根据具体情况经专门研究后确定。

	8度			9度
0.15g	0.20g		0.30g	0.40g

(第一段)

≤24	(24,80]	(80,100]	(100,120]
三(四)	二(三)	一(二)	一
二(三)	一(二)	特一(一)	
一(二)	一(二)	特一(一)	特一
三	二	一	一(特一)
二	一	特一	
		特一	
三(二)	二(一)	一(特一)	
二(一)	一(特一)	特一	
(特一)	一(特一)	特一	

(第二段)

(60,70]	(70,100]	(100,130]	(130,140]	(140,180]	(60,70]	(70,100]	(100,140]	(60,70]	(70,90]	(90,120]	(60,70]
一(二)	一(二)	一	一	一	一	特一(一)	一	一	特一(一)		特一(一)
一(二)	特一(二)	特一(一)	特一(一)		一	特一(一)	特一	一	特一(一)	特一	特一(一)
一	一	一(一*)			一	特一		一	特一		特一
一	一(一*)	一(特一)	特一		一	特一		一(特一)	特一		特一
一	一(特一)	特一			一	特一		一(特一)	特一		特一

(第三段)

≤120	(120,150]	(150,230]	≤80	(80,120]	(120,170]	≤80	(80,100]	(100,150]	≤80
一(二)	特一(二)	特一(一)	一	一	特一	一	一	特一	特一(一)
一	特一		一	一(一*)	特一	一	一(一*)	特一	特一
一	特一		一	一(一*)	特一	一	一(特一)	特一	特一

(第四段)

≤35	(35,55]	(55,70]
二	一(二)	一(二)
一(二)	一	一
二	一	一(一*)
一		一(一*)
二(一)	一(特一)	一(特一)
一(特一)	一(特一)	一(特一)

前言 1总则 2概念体系 3结构荷载 4地基基础 5混凝土结构 6钢结构 7大跨结构 8混合结构 9加固改造 10隔震减震 11装配结构 12砌体结构 13超限高层 14程序使用 15人防结构 附录

附录 06-1

钢结构

抗震设防类别	设防烈度		6度 0.05g		7度 0.10g	
			≤50	>50	≤50	>50
丙类	高度（m） / 场地类别					
	Ⅰ类			四	四	三（四）
	Ⅱ类			四	四	三
	Ⅲ、Ⅳ类			四	四	三
乙类	结构类型	高度（m） / 场地类别	≤50	(50，110]	≤50	(50，90]	(90，110]
	框架	Ⅰ类	四	三（四）	三（四）	二（三）	
		Ⅱ类	四	三	三	二	二（二*）
		Ⅲ、Ⅳ类	四	三	三	二	二（二*）
		高度（m） / 场地类别	≤50	(50，220]	≤50	(50，180]	(180，220]
	框架—中心支撑	Ⅰ类	四	三（四）	三（四）	二（三）	
		Ⅱ类	四	三	三	二	二（二*）
		Ⅲ、Ⅳ类	四	三	三	二	二（二*）
		高度（m） / 场地类别	≤50	(50，240]	≤50	(50，200]	(200，240]
	框架—偏心支撑（延性板墙）	Ⅰ类	四	三（四）	三（四）	二（三）	
		Ⅱ类	四	三	三	二	二（二*）
		Ⅲ、Ⅳ类	四	三	三	二	二（二*）
		高度（m） / 场地类别	≤50	(50，300]	≤50	(50，260]	(260，300]
	筒体和巨型框架	Ⅰ类	四	三（四）	三（四）	二（三）	
		Ⅱ类	四	三	三	二	二（二*）
		Ⅲ、Ⅳ类	四	三	三	二	二（二*）

注：1. 表中高度界限（a，b）含义：$>a$ 且$\leq b$；

2. 钢结构的抗震等级，体现不同的延性要求。当某部位构件的承载力均满足2倍地震作用组合下的内力要

3. 表中括号内抗震等级仅用于按其采用抗震构造措施，抗震措施中的其他抗震措施仍需按无括号的抗震等

4. 当建筑场地为Ⅰ类时，应允许按表中括号内抗震等级采取抗震构造措施；当建筑场地为Ⅲ、Ⅳ类时，宜

5. 对于承托钢结构的地下一层钢骨（型钢）混凝土柱及相关范围框架梁，不低于首层钢结构的抗震等级；

【释1】钢结构抗震构造措施指规范中除计算以外对各部分采取的各种抗震要求，应按相撑板件的宽厚比限值、偏心支撑框架梁的板件宽厚比限值等要求。

抗震等级表

8度						9度	
0.15g		0.20g		0.30g		0.40g	
≤50	>50	≤50	>50	≤50	>50	≤50	>50（不包括框架）
四	三（四）	三（四）	二（三）	三（四）	二（三）	二（三）	一（二）
四	三	三	二	三	二	二	一
四（三）	三（二）	三	二	三（二）	二	二	一
≤50	(50，90]	≤50	(50，90]	≤50	(50，70]	≤50	
三（四）	二（三）	二（三）	一（二）	二（三）	一（二）	一（二）	
三	二	二	一	二	一	一	
三（二）	二（一）	二	一	二（一）	一	一	
≤50	(50，180]　(180，200]	≤50	(50，180]	≤50	(50，150]	≤50	(50，120]
三（四）	二（三）	二（三）	一（二）	二（三）	一（二）	一（二）	
三	二　二（二*）	二	二（二*）	二	二（二*）	一	一
三（二）	二（一）　二（一）	二	二（二*）	二	二（一）	一	一
≤50	(50，200]　(200，220]	≤50	(50，200]	≤50	(50，180]	≤50	(50，160]
三（四）	二（三）	二（三）	一（二）	二（三）	一（二）	一（二）	
三	二　二（二*）	二	一	二	一	一	
三（二）	二（一）　二（一）	二	一	二（一）	一	一	
≤50	(50，260]　(260，280]	≤50	(50，260]	≤50	(50，240]	≤50	(50，180]
三（四）	二（三）	二（三）	一（二）	二（三）	一（二）	一（二）	
三	二　二（二*）	二	一	二	一	一	
三（二）	二（一）　二（一）	一	一	一	一	一	

求时，7～9度的构件抗震等级应允许按降低一度确定；

级采用；当表栏内无括号时，表示抗震构造措施与其他措施的抗震等级相同【释1】；

按表中括号内抗震等级采取抗震构造措施；表中抗震等级二＊级，应比二级抗震等级采取更有效的抗震措施；

高度接近或等于高度分界时，结合上部结构的不规则程度、场地条件情况适当提高地下一层的抗震等级。

应抗震等级满足规范要求，如框架柱的长细比限值、框架梁、柱板件宽厚比限值、中心支

附录 08-1a

丙类建筑 钢-混凝土

	设防烈度		6度		7度		
结构类型			0.05g		0.10g		

钢框架-钢筋混凝土核心筒

场地类别	房屋高度(m)	≤150	(150,200]	≤130	(130,150]	(150,160]
Ⅰ类	钢筋混凝土核心筒	二	一	一(二)	特一(二)	特一(一)
	钢框架	四		三(四)		
Ⅱ类	钢筋混凝土核心筒	二	一	特一		
	钢框架	四		三		
Ⅲ、Ⅳ类	钢筋混凝土核心筒	二	一	特一		
	钢框架	四		三		

型钢(钢管)混凝土框架-钢筋混凝土核心筒

场地类别	房屋高度(m)	≤150	(150,220]	≤130	(130,150]	(150,190]
Ⅰ类	钢筋混凝土核心筒	二	二	二	一(二)	一(二)
	型钢(钢管)混凝土框架	三	二	二(三)	一(三)	一(二)
Ⅱ类	钢筋混凝土核心筒	二	二	二	一	一
	型钢(钢管)混凝土框架	三	二	二	一	一
Ⅲ、Ⅳ类	钢筋混凝土核心筒	二	二	二	一	一
	型钢(钢管)混凝土框架	三	二	二	一	一

钢外筒-钢筋混凝土核心筒

场地类别	房屋高度(m)	≤180	(180,260]	≤150	(150,180]	(180,210]
Ⅰ类	钢筋混凝土核心筒	二	一	一(二)	特一(二)	特一(一)
	钢外筒	四		三(四)		
Ⅱ类	钢筋混凝土核心筒	二	一	特一		
	钢外筒	四		三		
Ⅲ、Ⅳ类	钢筋混凝土核心筒	二	一	特一		
	钢外筒	四		三		

型钢(钢管)混凝土外筒-钢筋混凝土核心筒

场地类别	房屋高度(m)	≤180	(180,280]	≤150	(150,180]	(180,230]
Ⅰ类	钢筋混凝土核心筒	二	二	二	一(二)	一(二)
	型钢(钢管)混凝土外筒	三	二	二(三)	一(三)	一(二)
Ⅱ类	钢筋混凝土核心筒	二	二	二	一	一
	型钢(钢管)混凝土外筒	三	二	二	一	一
Ⅲ、Ⅳ类	钢筋混凝土核心筒	二	二	二	一	一
	型钢(钢管)混凝土外筒	三	二	二	一	一

注:1. 表中高度界限$(a,b]$含义:$>a$ 且$\leq b$;
2. 表中括号内抗震等级仅用于按其采用抗震构造措施,抗震措施中的其他抗震措施仍需按无括号的抗震等级采
3. 当建筑场地为Ⅰ类时,应允许按表中括号内抗震等级采取抗震构造措施;当建筑场地为Ⅲ、Ⅳ类时,宜按表中构造措施;
4. 型钢(钢管)混凝土框架、型钢(钢管)混凝土框架-钢筋混凝土剪力墙、剪力墙(局部型钢或钢板)、型钢(钢管)附录05-1;
5. 地下室顶板作为上部结构的嵌固部位时,地下一层相关范围的抗震等级应与上部结构相同,地下一层以下抗级。对于承托钢结构的地下一层钢骨(型钢)混凝土柱及相关范围框架梁,不低于首层钢结构的抗震等级;

【释1】抗震措施包括抗震构造措施和其他抗震措施两部分:1)抗震构造措施指规范中除计凝土构件满足轴压比限值、最小墙厚、最小配筋率、剪力墙的边缘构件等构造要求。对于钢值、偏心支撑框架梁的板件宽厚比限值等要求。2)其他抗震措施指从抗震概念设计出发,对计算中对各类构件内力进行相应调整,如对于混凝土构件满足强柱弱梁、强剪弱弯要求进行

混合结构抗震等级表

表 **F08-1a**

块 1

0.15g (8度)				0.20g (8度)		0.30g (8度)	0.40g (9度)
≤100	(100,130]	(130,150]	(150,160]	≤100	(100,120]	≤100	≤70
一(二)	特一(二)	特一(一)		一	特一(一)	一	特一(一)
三(四)				二(三)		二(三)	一(二)
一	特一			特一		一	特一
三				二		二	一
一(特一)	特一			一	特一	一(特一)	一
三(二)				二		二(一)	一

块 2

0.15g (8度)				0.20g (8度)			0.30g (8度)			0.40g (9度)
≤100	(100,130]	(130,150]	(150,190]	≤100	(100,130]	(130,150]	≤70	(70,100]	(100,130]	≤70
二	一(二)			一(二)	特一(二)	特一(一)	一(二)	特一(一)		特一(一)
二	二(三)			特一			特一			特一
二	一			一			一			一
二(一)	二(特一)	一(特一)		一(特一)			一(特一)			一
二(一)	一	一(一＊)		一			一	一(一＊)		一

块 3

0.15g (8度)				0.20g (8度)			0.30g (8度)		0.40g (9度)
≤120	(120,150]	(150,180]	(180,210]	≤120	(120,150]	(150,160]	≤120	(120,140]	≤80
一(二)	特一(二)	特一(一)		特一(一)	特一		特一(一)		特一(一)
三(四)				二(三)			二(三)		一(二)
一	特一			特一			特一		一
三				二			二		一
一	一(特一)	特一		一(特一)			一(特一)		一
三(二)				二			二(一)		一

块 4

0.15g (8度)					0.20g (8度)			0.30g (8度)			0.40g (9度)
≤120	(120,150]	(150,170]	(170,180]	(180,230]	≤120	(120,150]	(150,170]	≤90	(90,120]	(120,150]	≤90
二	一(二)				一(二)	特一(二)	特一(一)	一(二)	特一(二)	特一(一)	特一(一)
二	二(三)		(二)		特一			特一			特一
二	一				一			一			一
二(一)	二(特一)	一(特一)			一(特一)			一(特一)			一
二(一)	一	一(一＊)			一			一	一(一＊)		一

用；当表栏内无括号时，表示抗震构造措施与其他措施的抗震等级相同【释1】；
括号内抗震等级采取抗震构造措施；表中抗震等级一＊、二＊、三＊级，应分别比一、二、三级抗震等级采取更有效的抗

混凝土转换柱-钢筋混凝土剪力墙结构的抗震等级分别与钢筋混凝土框架、框剪、剪力墙、部分框支剪力墙相同，详本措施

震构造措施的抗震等级可逐层降低一级，但不应低于四级。地下室中无上部结构的部分，可根据具体情况采用三级或四
高度接近或等于高度分界时，结合上部结构的不规则程度、场地条件情况适当提高地下一层的抗震等级。

算以外对各部分采取的各种细部抗震要求，应按相应抗震等级满足规范要求，如对于钢筋混
结构构件满足框架柱的长细比限值、框架梁、柱板件宽厚比限值、中心支撑板件的宽厚比限
各类结构提出的除抗震构造措施之外的抗震设计要求，应按相应抗震等级满足计算要求，即
的内力调整，塑性铰出现在规定的部位等要求。

前言　1总则　2概念体系　3结构荷载　4地基基础　5混凝土结构　6钢结构　7大跨结构　8混合结构　9加固改造　10隔震减震　11装配结构　12砌体结构　13超限高层　14程序使用　15人防结构　附录

附录 08-1b

乙类建筑　钢-混凝土

钢框架-钢筋混凝土核心筒

场地类别		设防烈度	6度 0.05g				7度 0.10g			
		房屋高度(m)	≤130	(130,150]	(150,160]	(160,200]	≤100	(100,120]	(120,130]	(130,160]
Ⅰ类		钢筋混凝土核心筒	一(二)	特一(二)	特一(一)		—	特一(一)		特一
		钢框架	三(四)				二(三)			
Ⅱ类		钢筋混凝土核心筒	特一				特一			
		钢框架	三			三(三*)	二			二(二*)
Ⅲ、Ⅳ类		钢筋混凝土核心筒	特一				特一			
		钢框架	三			三(三*)	二			二(二*)

型钢(钢管)混凝土框架-钢筋混凝土核心筒

场地类别		设防烈度	6度 0.05g				7度 0.10g			
		房屋高度(m)	≤130	(130,150]	(150,190]	(190,220]	≤100	(100,130]	(130,150]	(150,190]
Ⅰ类		钢筋混凝土核心筒	二	一(二)			一(二)	特一(二)	特一(一)	
		型钢(钢管)混凝土框架	二(三)	一(三)	一(二)		一(二)			
Ⅱ类		钢筋混凝土核心筒	二	一		一(一*)	一	特一		
		型钢(钢管)混凝土框架	二	一						一(一*)
Ⅲ、Ⅳ类		钢筋混凝土核心筒	二	一		一(一*)	一	特一		
		型钢(钢管)混凝土框架	二	一						一(一*)

钢外筒-钢筋混凝土核心筒

场地类别		设防烈度	6度 0.05g				7度 0.10g			
		房屋高度(m)	≤150	(150,180]	(180,210]	(210,260]	≤120	(120,150]	(150,160]	(160,210]
Ⅰ类		钢筋混凝土核心筒	一(二)	特一(二)	特一(一)		—	特一(一)		特一
		钢外筒	三(四)				二(三)			
Ⅱ类		钢筋混凝土核心筒	一	特一			一	特一		
		钢外筒	三			三(三*)	二			二(二*)
Ⅲ、Ⅳ类		钢筋混凝土核心筒	一	特一			一	特一		
		钢外筒	三			三(三*)	二			二(二*)

型钢(钢管)混凝土外筒-钢筋混凝土核心筒

场地类别		设防烈度	6度 0.05g				7度 0.10g			
		房屋高度(m)	≤150	(150,180]	(180,230]	(230,280]	≤120	(120,150]	(150,170]	(170,230]
Ⅰ类		钢筋混凝土核心筒	二	一(二)			一(二)	特一(二)	特一(一)	
		型钢(钢管)混凝土外筒	二(三)	一(三)	一(二)		一(二)			
Ⅱ类		钢筋混凝土核心筒	二	一		一(一*)	一	特一		
		型钢(钢管)混凝土外筒	二	一						一(一*)
Ⅲ、Ⅳ类		钢筋混凝土核心筒	二	一		一(一*)	一	特一		
		型钢(钢管)混凝土外筒	二	一						一(一*)

注：同丙类建筑。

混合结构抗震等级表

表 F08-1b

第一组

0.15g				0.20g		0.30g		0.40g
≤100	(100,120]	(120,130]	(130,160]	≤100	(100,120]	≤100		≤70
一	特一(一)	特一		特一(一)	特一	特一(一)		特一
二(三)				一(二)		一(二)		一
一	特一			特一		特一		特一
二		二(二＊)		一		一		一
一(特一)	特一			特一		特一		特一
二(一)				一		一		一

第二组

0.15g					0.20g			0.30g			0.40g
≤70	(70,100]	(100,130]	(130,150]	(150,190]	≤70	(70,100]	(100,150]	≤70	(70,100]	(100,130]	≤70
一(二)	特一(二)	特一(一)			特一(一)		特一	特一(一)		特一	特一
一(二)	一				一			一			特一(一)
一	特一				特一			特一			特一
一	一(一＊)				一(一＊)			一(一＊)			特一
一(特一)	特一				特一			特一			特一
一	一(一＊)				一(一＊)			一(特一)			特一

第三组

0.15g				0.20g		0.30g		0.40g
≤120	(120,150]	(150,160]	(160,210]	≤120	(120,160]	≤120	(120,140]	≤80
一	特一(一)	特一		特一(一)	特一	特一(一)	特一	特一
二(三)				一(二)		一(二)		
一	特一			特一		特一		
二		二(二＊)		一		一		
一(特一)	特一			特一		特一		
二(一)				一		一		

第四组

0.15g					0.20g			0.30g			0.40g
≤90	(90,120]	(120,150]	(150,170]	(170,230]	≤90	(90,120]	(120,170]	≤90	(90,120]	(120,150]	≤90
一(二)	特一(二)	特一(一)			特一(一)		特一	特一(一)		特一	特一
一(二)	一				一			一			特一(一)
一	特一				特一			特一			特一
一	一(一＊)				一(一＊)			一(一＊)			特一
一(特一)	特一				特一			特一			特一
一	一(一＊)				一(一＊)			一(特一)			特一

附录 13-1

结构损伤判别

1. 美国 FEMA356 中对钢材构件性能的规定：钢材分别为屈服应变（如 Q345 钢屈服应变近似为 0.002）的 2、4、6 倍时，分别对应轻微损坏，轻度损伤和中度损伤；混凝土的损伤程度一般通过受压损伤因子 D_c 表示（$D_c \in [0，1]$，D_c 越大则混凝土剩余承载力越小），当受压损伤因子 $D_c < 0.1$ 为轻度损伤，$0.1 \sim 0.2$ 则认为中度损伤，> 0.2 则为比较严重损伤。

2. 美国 FEMA356 对于不同性态水平和结构破坏及结构体系限值关系的规定，详见表 F13-1-1、F13-1-2、F13-1-3：

性态水平和层间位移角限值的判别标准　　　　表 F13-1-1

性态水平		防止倒塌	生命安全	立即可居住
结构总体破坏		严重	中等	轻微
允许层间位移角	钢筋混凝土框架	4.0%	2.0%	1.0%
	钢筋混凝土抗震墙	2.0%	1.0%	0.5%
	钢框架	5.0%	2.5%	0.7%
	钢支撑框架	2.0%	1.5%	0.5%

结构构件基于转角的地震损伤等级判别标准　　　　表 F13-1-2

损坏程度	无损坏	轻微损坏	轻度损坏	中度损坏	比较严重损坏
判别标准	$\theta \leqslant \theta_y$	$\theta_y < \theta \leqslant \theta_{IO}$	$\theta_{IO} < \theta \leqslant \theta_P$	$\theta_P < \theta \leqslant \theta_{LS}$	$\theta_{LS} < \theta \leqslant \theta_u$

注：θ 为地震作用下压弯破坏的钢筋混凝土结构构件的最大转角，θ_y、θ_{IO}、θ_P、θ_{LS}、θ_u 分别为压弯破坏的钢筋混凝土结构构件的名义屈服转角、性能点 IO 的转角、峰值点的转角、性能点 LS 的转角和性能点 CP（即极限点）的转角，如图 F13-1 所示。《建筑结构抗倒塌设计规范》（CECS392：2014）建议，峰值点 C 的弯矩 M_P 为构件的正截面受压承载力，名义屈服点 B 的弯矩 M_y 可取 $0.8M_P$，性能点 CP 的弯矩 M_U 可取为 $0.85M_P$，失效点 E 的弯矩 M_r 可取为 $0.75M_P$。B、C、CP、E 点的转角 θ_y、θ_P、θ_u 和 θ_r 可由试验确定，或由经过试验验证的计算确定，或参考国内、外有关标准的规定确定。性能点 IO、LS 的转角 θ_{IO}、θ_{LS} 可分别取为：$\theta_{IO} = \theta_y + 0.5(\theta_P - \theta_y)$、$\theta_{LS} = \theta_P + 0.5(\theta_u - \theta_P)$。

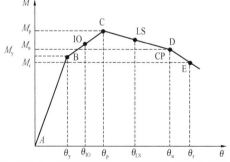

图 F13-1　压弯破坏的钢筋混凝土结构构件的
弯矩-转角（$M - \theta$）模型骨架线

结构构件基于应变的地震损伤等级判别标准　　　　表 F13-1-3

结构构件	损坏程度				
	无损坏	轻微损坏	轻度损坏	中度损坏	比较严重损坏
梁、柱、斜撑等	完好	混凝土开裂，或钢材塑性应变 0～0.004	钢材塑性应变 0.004～0.008	钢材塑性应变 0.008～0.012 或混凝土受压损伤<0.3	钢材塑性应变>0.012 或混凝土受压损伤>0.3
剪力墙	完好	混凝土开裂，或钢材（含分布筋及约束边缘构件钢筋）塑性应变 0～0.004	混凝土受压损伤<0.2 且损伤宽度<50%横截面积宽度，或钢材塑性应变 0.004～0.008	混凝土受压损伤<0.3 且损伤宽度>50%横截面积宽度，或混凝土受压损伤 0.1～0.5 且损伤宽度<50%横截面积宽度，或混凝土受压损伤>0.5 且损伤宽度<20%横截面积宽度，或钢材塑性应变 0.008～0.012	混凝土受压损伤 0.1～0.5 且损伤宽度>50%横截面积宽度，或混凝土受压损伤>0.5 且损伤宽度>20%横截面积宽度，或钢材塑性应变>0.012

附录 13-2

合理控制墙肢平均名义拉应力的建议

1.【超限要点】规定中震时双向水平地震下墙肢的平均名义拉应力不宜超过两倍混凝土抗拉强度标准值，其目的是为了保证小震下墙肢不出现名义拉应力，而设置型钢来承担拉力是为了提高混凝土墙肢在承受轴向拉力时的抗剪能力，将墙体的破坏程度控制在中震可修的状态下。

假定墙肢的混凝土强度等级为 C40，中震下的基底剪力取为小震下基底剪力的 2.2 倍（为方便比较中震、小震下的地震作用均取标准值），定义 $\sigma_{中}$、$\sigma_{小}$ 分别为中震和小震下的墙肢平均名义拉应力，$\varepsilon = \sigma_{中}/f_{tk}$，墙肢的轴压比为 λ，如计算墙肢拉应力时不考虑型钢和钢板的作用，则中震下墙肢的平均名义拉应力与小震下墙肢拉应力之间的关系可用下式表达：$\sigma_{小} = \dfrac{1}{2.2}(\varepsilon - 7.99\lambda)f_{tk}$。取 $\phi = \dfrac{1}{2.2}(\varepsilon - 7.99\lambda)$，$\phi$ 与 ε、λ 的关系如表 F13-2-1。

ϕ 的取值与 ε、λ 的关系　　　　表 F13-2-1

ε	λ					
	0.1	0.2	0.3	0.4	0.5	0.6
1	0.091	−0.272	−0.635	−0.998	−1.361	−1.725
2	0.546	0.183	−0.180	−0.544	−0.907	−1.270
3	1.000	0.637	0.274	−0.089	−0.452	−0.815
3.5	1.228	0.865	0.501	0.138	−0.225	−0.588
4	1.455	1.092	0.729	0.365	0.002	−0.361
4.5	1.682	1.319	0.956	0.592	0.230	−0.134
5	1.910	1.546	1.183	0.820	0.457	0.094

从表 F13-2-1 可见，当 $\varepsilon \leqslant 2$ 时，只要墙肢的轴压比 λ 不小于 0.3 就可以保证墙肢在小震下不出现拉应力，即使 λ 等于 0.2 时墙肢出现了拉应力值也很小。因此，《超限高层建筑工程抗震设防专项审查技术要点》中要求墙肢的平均名义拉应力不宜超过两倍混凝土抗拉强度标准值是合理的。

按弹性模量换算考虑型钢和钢板的作用，相当于放大了墙肢的面积。假定 σ^* 为考虑型钢和钢板作用后的墙肢的墙体平均名义拉应力，则 $\sigma_{\text{小}}^* = \phi f_{tk} \dfrac{1}{\beta}$（注意计算 σ 与 λ 时均应考虑面积放大倍数 β 的影响），可见 $\sigma_{\text{小}}^*$ 与不考虑型钢和钢板作用时的 $\sigma_{\text{小}}$ 相比，其绝对值小了 $1/\beta$ 倍，但 $\sigma_{\text{小}}^*$ 与 $\sigma_{\text{小}}$ 的符号是相一致的，因此按弹性模量换算考虑型钢和钢板的作用后再判断墙肢在小震下是否出现拉应力时，仍可用表 F13-2-1 中的数值作为参考。

2.【超限要点】规定全截面型钢和钢板的含钢率超过 2.5% 时可按比例适当放松中震下墙肢平均名义拉应力与混凝土抗拉强度标准值的比值。目的是为了通过保证墙肢截面内有足够的含钢率，来控制型钢和钢板的拉应力水平不致太高，从而将墙肢的破坏程度控制在中震可修的状态下。

对应于采用 C45 混凝土的墙肢，当全截面型钢和钢板的含钢率等于 2.5%，墙肢的平均名义拉应力为 2 倍的 f_{tk} 时，假定型钢和钢板承担墙肢的全部拉力则其拉应力约为 200MPa，相当于 Q345 钢屈服强度的 0.6 倍。对照相关的实验研究成果，型钢和钢板的应力控制在这样一个水平上，墙肢一般不会出现水平通缝，在开裂后仍能有一定的抗侧能力。

所谓"按比例适当放松"，其目的是当墙肢的平均名义拉应力超过 $2f_{tk}$ 时，型钢和钢板的拉应力水平仍能保持在 200MPa 左右。例如：墙肢的平均名义拉应力为 $3f_{tk}$ 时，与 $2f_{tk}$ 相比放松了 1.5 倍，则全截面型钢和钢板的含钢率应不小于 $1.5 \times 2.5\% = 3.75\%$。当然，为了保证中震下墙肢性能目标的实现，随着墙肢的平均名义拉应力增大，型钢和钢板的拉应力水平也宜随之控制的更严些。对于采用混凝土强度等级为 C40～C80 的墙肢，可参考表 F13-2-2 给出的数值。

墙肢含钢率参考值 表 F13-2-2

ε	2	2.5	2.75	3.0	3.25	3.5	3.75	4.0	4.25	4.5
μ（%）	2.5～3.25	3.2～4.1	3.5～4.5	3.8～5.0	4.2～5.5	4.5～5.9	4.8～6.3	5.0～6.8	5.4～7.0	5.7～7.5

注：混凝土强度等级高时取较大值。

3. 墙肢全截面型钢和钢板的含钢率超过 2.5% 时，虽然可按比例适当放松中震下墙肢平均名义拉应力与混凝土抗拉强度标准值的比值，但以 ε 取 3～3.5 左右为宜。如果墙肢的混凝土强度较高，ε 值可取大些，但不建议超过 4.5，否则墙肢型钢和钢板的含钢率会偏大。

4.【超限要点】规定计算平均名义拉应力时可按弹性模量换算考虑型钢和钢板的作用，但当结构中有较多的墙肢承受拉力且其平均名义拉应力远大于两倍混凝土抗拉强度标准值时，应以根据结构的实际情况，调整结构布置，改善其受力状态为首选。不建议简单的通过大量增加墙肢的含钢率来减小平均名义拉应力的计算值。如果仅是个别墙肢，含钢率仍然不能太高，可按不宜大于 8%，不应大于 10% 的标准控制。

附录 14-1

程 序 使 用

F14.1　理正工具箱

F14.1.1　预埋件

软件界面— 预埋件计算	说明
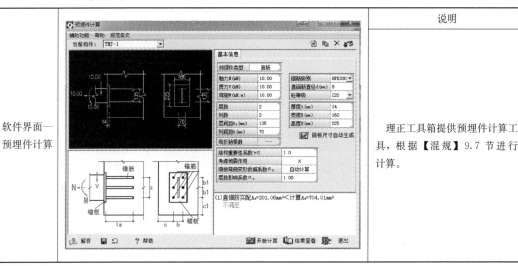	理正工具箱提供预埋件计算工具，根据【混规】9.7 节进行计算。

注意事项：

1) **构件类型**：分为全直筋预埋件或直筋＋弯筋预埋件；

2) **锚板尺寸**：提供锚板尺寸自动生成功能，其计算方法如下：

锚筋形式	弯起钢筋数量	预埋件钢板			符号说明
		厚 t	高 H	宽 B	
直筋	—	$\max(0.6d,\ b/8)$	$2\times\max(2d,\ 20)$ $+(n-1)\times b_1$	$2\times\max(2d,\ 20)$ $+(m-1)\times b$	d：锚筋直径 n：锚筋层数；m：锚筋列数 b：列间距；b_1：层间距
直筋＋弯筋	小于锚筋列数	$0.6d$			
	大于锚筋列数			$2\times\max(2d,\ 20)+m\times b$	

F14.2　SATWE

F14.2.1　斜板荷载计算

在 Satwe 前处理中，若要设置斜板，一般采用修改板顶点上节点高的方式进行处理。若在此时对楼板施加均布恒活荷载，软件会采用楼板在水平面上的投影面积计算板上总荷载，而不是楼板倾斜后的实际面积。因此，如果楼面荷载是按照楼板实际面积考虑的，则需要对施加的楼面荷载进行放大，放大系数＝楼板实际面积/楼板投影面积。

若在前处理勾选"自动计算现浇楼板自重"，软件会自动将楼板自重转换为恒荷载，楼板自重转换的恒荷载值是按照楼板真实面积计算的，无需用户手动干预（但对于 Satwe 前处理中的"悬挑板"构件，其自重是按照定义悬挑板截面时的外挑长度计算的，与是否倾斜无关）。

F14.2.2 悬挑板荷载

在 Satwe 前处理中，可以定义"悬挑板"构件，该类构件仅有传导荷载作用，没有刚度。在 SatweV3.1.6 版本及以前中，若设置了"悬挑板"构件，且悬挑板所在网格线的两端点上节点高不为 0 时，则会出现悬挑板荷载丢失的情况，设计人员应格外注意，手工施加悬挑板荷载到所在梁上（此问题已在 SatweV3.2 及后续版本中修复）。

F14.2.3 整体嵌固

前处理有一个设计参数：嵌固端所在层号，请注意，

1）该参数是一个设计参数，而不是一个分析参数，有限元分析的嵌固端总是位于结构的最底部，与该参数无关；

2）当设嵌固端于地下室顶部时，据规范相应的条款，此时 SATWE 软件的内部处理如表 F14.2.3。

地下室顶板嵌固的软件处理 表 F14.2.3

项		SATWE
力学嵌固位置		结构最底层层底
设计嵌固位置		参数指定的嵌固层层底（力学不嵌固）
楼层刚度比不符合嵌固要求时		需用户手动修改嵌固位置或调整模型直至满足刚度比要求
【抗规】6.1.3-3 条抗震等级调整		有参数控制，按规范执行
【抗规】6.1.14-3 条调整地下一层构件配筋	柱	取地上一层柱配筋×1.1
	梁	采用简化处理，设计弯矩放大 1.3 倍

3）嵌固层号设定

【高规】5.3.7 条、【抗规】6.1.14-2 条嵌固部位层刚度比不宜小于 2，软件实现：

	说明
软件界面—嵌固层号设定	用户应据上述规范条款的要求并结合设计目标或者楼层刚度情况填写嵌固层号参数。常见填法为： 1）无地下室时，嵌固端所在层号应为"1"； 2）在基础顶面嵌固时，嵌固端所在层号应为"1"； 3）在地下室顶板嵌固时，嵌固端所在层号应为"地下室层数＋1"。 SATWE 无法根据刚度比结果自动调整嵌固端所在层号，需设计师计算完成后根据刚度比结果手调。

4）抗震等级调整

【抗规】6.1.3-3 条，涉及抗震等级可逐层降低一级的软件实现：

	软件界面—抗震等级调整	说明
		有一个参数控制地下室抗震等级的调整，默认情况下，该参数处于选中状态。 注意：SATWE 在进行抗震等级调整时，以嵌固端所在层号为准，当地下室层数≥嵌固端所在层号时，仍以嵌固端所在层号为准，逐层向下调整。

例：假定某结构地下室层数为 3，嵌固端所在层号填 4，则此时嵌固端位于地下室顶部这一条件成立，若剪力墙、框架的抗震等级均设为一级，勾选上图 SATWE 选项时，其实际地下室各层采用的抗震等级如下图所示：

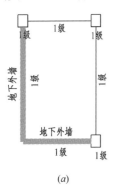

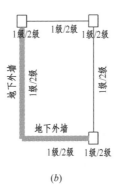

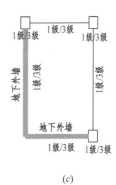

(*a*)　　　　　　　　　　　(*b*)　　　　　　　　　　　(*c*)

图 F14.2.3　嵌固端下抗震等级降低示例
(*a*) 地下一层；(*b*) 地下二层；(*c*) 地下三层

5）地下室顶板嵌固时梁柱纵筋调整

【抗规】6.1.14-3 条，嵌固部位梁柱纵筋调整的软件实现，SATWE 会将地下一层柱的纵筋按不小于地上一层柱对应纵向钢筋的 1.1 倍进行调整。

F14.2.4　剪力墙底部加强区

【抗规】6.1.10 条、【高规】7.1.4 条剪力墙底部加强区的要求，SATWE 软件实现：

建筑为	SATWE	注意
高度≤24m	底部两层和墙体总高度的 1/10 较大者	软件自动把加强区延伸到嵌固端再向下一层，也就是其底部加强区范围在有些情况下较规范的要求会多出一层
向下延伸到嵌固端	延伸到嵌固端下一层	
框支剪力墙	按规范执行	

F14.2.5 P-Δ 效应

【高规】5.4.1 和 5.4.4 条有对 P-Δ 效应有很大影响的刚重比验算要求。SATWE 实现时，采用能量等效原理计算。虽然相较于规范方法更加稳定，但本质仍是基于均质悬臂梁公式，不能完全解决上下楼层平面布置不规则所带来的刚重比异常现象，如果遇到类似问题，建议采用稳定分析的方法计算结构在重力荷载设计值下的屈曲因子加以补充分析。

F14.2.6 转换层侧向刚度比

SATWE 按照规范方法计算低位转换侧向刚度比。提供两种方法计算高位转换结构等效侧向刚度比，默认采用传统方法，该方法采用楼层串联模型进行计算，与规范要求有所不同，建议设计师在使用时采用【高规】附录 E 方法计算。

1）低位转换

据【高规】附录 E.0.1，当转换层设置在 1、2 层时，软件实现时首先计算得到各层层刚度，然后再计算刚度比。

2）高位转换

	说明
软件界面—高位转换选项 	据【高规】E.0.2、E.0.3 条规定，当转换层设置在第 2 层以上时，软件以两种方法计算高位转换，传统方法和高规附录 E.0.3 方法。传统方法采用串联刚度模型，建议选择【高规】附录 E.0.3 方法。 a）传统方法： 采用与低位转换类似的算法计算，计算每一层的侧向刚度 K_i，再分别对上、下部结构建立串联层刚度模型，进行计算。 b）高规 E.0.3 方法： 按【高规】附录 E.0.3，分别建立转换层上、下部结构的有限元分析模型，并在层顶施加单位力，计算上下部结构的顶点位移，进而获得上、下部结构的刚度和刚度比。选此项时，需选择全楼强制刚性楼板假定，或整体指标计算采用强刚。

F14.2.7 扭转位移比

【抗规】3.4.4-1 条、【高规】3.4.5 条对扭转位移比均有限值，程序实现按照规范方法计算楼层水平位移扭转位移比。而在计算层间位移扭转位移比时，采用楼层结点的质量加权平均位移进行了修正，该方法无规范对应条款。

F14.2.8 少墙框架

【抗规】6.1.3-1 条、【高规】8.1.3 条，对少量抗震墙的框架结构有专门规定，程序提供"抗规方法"和"力学方法"两种计算倾覆力矩的方法。"力学方法"符合力学概念上倾覆力矩的定义，但规范要求底层框架部分所承担的地震倾覆力矩不大于结构总地震倾覆力矩的 50%，是为了满足框剪结构中的剪力墙与框架之间有一个合理的比例，并非以力学力矩为计算目标。因此在实际使用中，应采用"抗规方法"作为主要依据。

F14.2.9　整体抗倾覆

【高规】12.1.7条对基础底面的零应力区做了要求。软件实现时，据《复杂高层建筑结构设计》P37-39给出了结构整体抗倾覆验算，即假设重力荷载代表值作用点为基础底面中心点的方法，并考虑了实际的重心位置，对原方法进行了修正。该方法特点：

1）将结构底部等效为矩形计算，适应于规则结构的抗倾覆验算，若结构底部形状不规则时，计算结果可能会与真实情况有所偏差，工程师需注意。

2）在计算抗倾覆力矩中的重力荷载代表值时，风荷载抗倾覆验算使用1.0倍恒载＋0.7倍活载，地震荷载抗倾覆验算使用1.0倍恒载＋0.5倍活载。

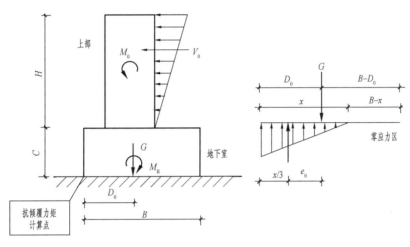

图 F14.2.9　结构抗倾覆验算简图

F14.2.10　抗震等级自动调整

	说明
软件界面— 抗震等级 自动调整 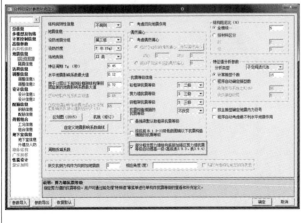	使用注意： 1）软件有一个参数：部分框支剪力墙结构底部加强区剪力墙抗震等级自动提高一级，该参数与高位转换无关，反映的是【高规】表3.9.3和表3.9.4的要求，一般情况下，该选项应保持勾选状态。 框支柱则要在特殊构件中设定。 高位转换时【高规】10.2.6条，在结构体系勾选"部分框支剪力墙时"且转换层所在层号≥3时，框支柱和底部加强部位墙体的抗震等级自动提高一级（对内力调整和构造措施均调整）。当再勾选"部分框支剪力墙结构底部加强区剪力墙抗震等级自动提高一级"，剪力墙底部加强区的抗震等级将再次提高一级。 2）筒体结构中框架剪力最大值不足底部总剪力的10%时，筒体墙构造措施的抗震等级自动提高一级。

框筒结构为较为特殊的结构体系，【高规】9.1.11-2 条有规定，抗震等级自动调整程序实现为：

1) 结构体系要选为框筒结构，选择二道防线调整；

2) 剪力墙及边缘构件的设计，按构造措施抗震等级提高一级采用。

F14.2.11 性能化实现

软件界面—性能化实现		说明
		使用注意： 1) 没有提供【抗规】性能设计方法； 2) 两种【高规】方法未提供规范的性能等级选项，而是按超限审查习惯方法，用"不屈服"或"弹性"作为性能目标，需工程师自行转换； 3) 当选择按【高规】方法（非包络）进行性能化设计时，无法按照【高规】对不同类型的构件采用不同的性能目标。因此，宜采用"按高规方法进行性能包络设计"方法，可以更好地满足【高规】对于不同类型构件的性能需求。

软件性能化设计包括三部分内容：

1) 勾选"按高规方法进行性能设计"，将根据所选中震和大震，地震信息里反应谱的 T_g 和 α_{max} 会随之改变，即采用修正后的中、大震反应谱进行地震工况计算。

2) 按高规方法进行性能包络设计。

软件界面—高规方法进行性能包络设计		说明
		当采用此方法时，程序会根据选项生成额外的中震/大震模型进行计算。 可在特殊构件定义中，定义构件的性能目标。 此外，在计算完成后，可在"计算结果"——"性能目标"中修改构件的性能目标，重新进行设计。中震、大震设计时需"按高规进行性能设计"的要求进行调整。 

3）按广东规程进行性能设计

	软件界面—广东规程进行性能设计	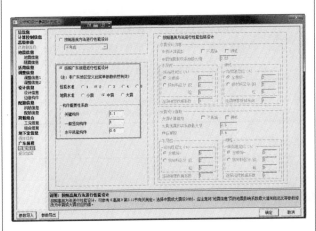

说明

当选择此方法时，据广东省标准《高层建筑混凝土结构技术规程》DBJ 15-92—2013 第 3.11.3 条进行性能化设计，构件重要性系数是乘到地震工况内力上，且在特殊属性中有构件重要性系数，可以修改，对应界面如下：

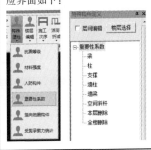

该广东规程规定，中震、大震有如下四个要点：

（1）不考虑抗震等级的内力调整；

（2）材料强度采用标准值；

（3）承载力利用系数，根据不同的性能水准取不同的系数；

（4）剪压比限值，根据不同的性能水准取不同的系数。

具体计算方法应查阅广东规程的规定。

F14.2.12　支撑抗剪承载力

SATWE 在计算构件抗剪承载力时，考虑了混凝土支撑和型钢混凝土支撑的面外方向抗剪承载力贡献（按柱的方法计算），可能会造成支撑抗剪承载力与预期不符，需注意各类支撑（钢、混凝土、钢骨混凝土）的公式差别。

F14.2.13　构件调整—楼面梁刚度放大

	软件界面—楼面梁刚度放大	

说明

【混规】5.2.4 条，考虑楼板作为翼缘对梁的影响，程序实现楼面梁刚度放大，要点如下：

1）默认采用 2010 规范方法（即【混规】方法），用户可选择中梁放大系数法；

2）对主梁按计算跨度控制的情况，默认按照分段计算梁跨，需用户手动勾选选项才能按照串接后的主梁梁跨计算。

两种方法结果差别大，需要特别引起注意。

软件在实现梁刚度放大时总结如下表：

软件实现楼面梁刚度放大方法总结 表 F14.2.13

项	SATWE	备注
主梁梁跨	可选（默认采用分段计算）	主梁被次梁打断时，有参数可选，既可以按整根主梁，也可按被打断的梁计算，默认下按打断梁计算
计算跨度 l_0	采用结点间距	均不扣除与柱的重叠部分
柱偏心影响	无	不考虑
梁间净距 s_n	不扣除梁宽	不扣除梁宽，直接取梁轴线间距作为净距，且梁偏心对计算无影响

F14.2.14 构件调整—框架梁简支弯矩

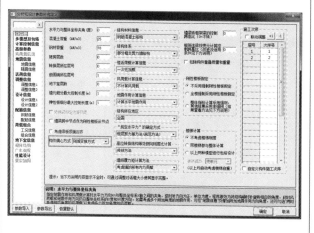

软件界面—框架梁简支弯矩

说明

【高规】5.2.3-4 条，框架梁截面设计时，默认情况下，主梁简支弯矩计算时，跨长按照分段计算，会将简支弯矩低估，建议更改为"整跨计算"，以便得到合理的计算结果。

可选主次梁均考虑简支弯矩、仅主梁考虑、主次梁均不考虑三种方法。此外，当主梁要考虑简支弯矩时，可按照主梁各个分段，每个分段单独计算简支；也可以按照主梁整跨计算简支弯矩，进行调整。

若在梁的结果文件中，正弯矩设计值不为 0，但组合号（LoadCase）显示为 0，则说明此时梁底部配筋受跨中简支弯矩的一半控制。

F14.2.15 构件调整—剪力墙偏心

软件界面—剪力墙偏心

说明

默认情况下采用"传统结点偏移"方式处理剪力墙偏心，这种情况下，若上下楼层剪力墙偏心不同，会产生斜墙及梯形墙肢；改用"刚域变换方式"后，虽然不会产生面外倾斜的墙，但在某些情况下仍会形成梯形墙肢。因此建议尽量不对剪力墙设定偏心，此时结果更为稳定可靠。若必须设定，则最好采用"刚域变换方式"（见后附图），并着重检查偏心部分的内力计算，必要时宜用多软件校核。

剪力墙偏心之后，将影响：
1) 质量：楼面荷载按剪力墙偏心之后的尺寸计算质量。自重计算跟上下层布置有关。
2) 刚度。

续表

(a) 模型图　　(b) 传统移动结点方式　　(c) 刚域变换方式

如图（a）所示模型，一层和二层剪力墙外皮对齐，并且截面厚度由 800mm 变为 400mm。图（b）和图（c）为分别采用两种方式建立的分析模型。可见，若采用传统移动结点方式，则会产生倾斜、梯形的剪力墙，产生异形墙肢，与实际受力状态不符。而采用刚域变换的方式，会在上下两层的剪力墙之间建立刚臂，保持上部剪力墙竖直，但在两剪力墙相交处，剪力墙顶部进行了延长相交处理，底部仍然保持原先位置，从而造成转角处产生梯形剪力墙，需注意。

F14.2.16　地震作用—剪重比调整

	说明

软件界面—剪重比调整

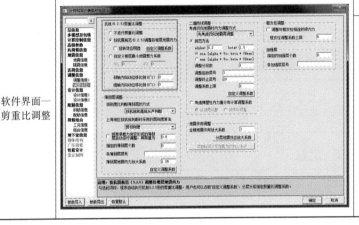

【抗规】5.2.5 条，软件在实现剪重比调整时，要点如下：

1）调整影响后续全部结果，含位移和内力；

2）基于各方向的第一周期作为基本周期进行调整；

3）对于连体结构，则按多塔的个数，平均分配层总剪力；

4）动位移比例为 0，按加速度段方法调整；动位移比例为 1，按位移段方法调整；动位移比例为 0.5，与规范按速度段方法调整相同。

F14.2.17　构件调整—连梁刚度折减

	说明

软件界面—连梁刚度折减

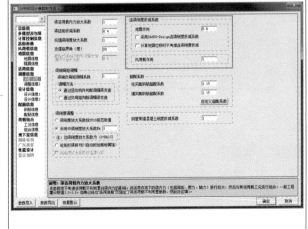

【抗规】6.2.13 条、【高规】5.2.1 条，软件连梁刚度折减，要点如下：

1）按【抗规】6.2.13 条文说明，地震作用下计算位移时，连梁刚度可不折减。软件提供"计算地震位移时不考虑连梁刚度折减"选项，但默认为不勾选，建议勾选此项。新版查看文本结果中，位移结果读取的是刚度不折减模型的结果，其他结果是读取的刚度折减模型结果。若采用旧版查看结果，则会全部读取连梁刚度折减模型的结果。这一点需要注意。

2）软件内部对具有连梁属性的梁只考虑刚度折减，不考虑楼面梁的刚度放大。

3）连梁刚度折减时，对连梁的强轴和弱轴的抗弯刚度均折减，包括剪力墙开洞形成的连梁以及具有连梁属性的框架梁。

4）表中对应"风荷载作用"系数，用于在风载工况下，计算内力时的连梁刚度折减。而在计算风载工况下的位移时，此系数自动调为不折减（1.0）。

F14.2.18　地震作用—薄弱层调整

	说明
软件界面—剪重比调整		【抗规】3.4.4-2、 【高规】3.5.8条，软件实现对薄弱层地震剪力增大系数，要点如下： 1）楼层刚度突变所产生的软弱层由软件自动调整其剪力；并四个选项：高规和抗规从严、仅按高规（【高规】3.5.2条）、仅按抗规（【抗规】表3.4.3-2）、不自动判断。 2）楼层承载力突变所产生的薄弱层（【高规】3.5.3条），提供参数控制是否自动调整，但默认不勾选，需要用户人工指定。如已被指定或由刚度判断为薄弱层，不会重复进行内力调整。

F14.2.19　地震作用—$0.2V_0$调整

	说明
软件界面—$0.2V_0$调整		【高规】8.1.4条$0.2V_0$调整，软件实现为： 1）支撑按参数设定中的角度统计：小于支撑临界角，按柱，计入框架柱；大于支撑临界角度，按支撑，不计入框架柱； 2）与剪力墙相连的边框柱计入剪力墙中； 3）框架柱承担剪力及楼层力是经过剪重比调整后的； 4）框架柱承担的剪力，是先在每个计算振型中将框架柱剪力求和，再进行振型组合求得的结果。

F14.2.20　地震作用—筒体剪力调整

【高规】9.1.11条，框筒结构的框架部分地震剪力标准值调整，软件实现为：

1）与剪力墙相连的边框柱统计到剪力墙中；

2）支撑根据参数设置的角度区分，小于支撑临界角，将支撑统计到框架柱中；

3）调整剪力和弯矩，剪力墙连梁不调整；

4）墙体剪力执行放大1.1倍的调整之后，并未和结构底部的总地震剪力进行比较，因此有时放大后的地震剪力会超过结构底部总剪力，需关注！

F14.2.21　地震作用—框支柱内力调整

软件界面—
框支柱
内力调整

<table>
<tr><td></td><td>说明</td></tr>
</table>

【高规】10.2.17条，部分框支剪力墙结构框支柱地震剪力调整软件实现：

1）每层框支柱承受剪力之和，未单独进行CQC组合计算，是将框支柱地震剪力标准值取绝对值求和；

2）调整框支柱的剪力和弯矩是在$0.2V_0$/薄弱层/剪重比调整之后，若前几项调整后已满足规范中的剪力要求，则不重复调整；

3）勾选"调整与框支柱相连的梁的内力"时，程序调整柱端框架梁的剪力和弯矩；

4）对于悬挑梁，调整与框支柱相连一段的剪力和弯矩，悬挑端不调整；

5）对于主梁被次梁打断组成的框架梁，调整框架梁的两端，中间节点不调整；

6）对于有地下室的结构，结构基底剪力取地上一层的剪力。

F14.2.22　设计内力—框架梁强剪弱弯

【抗规】6.2.4条，软件实现框架梁强剪弱弯时，要点如下：

1）软件没有梁钢筋超配系数，对一级框架结构及9度时的框架梁，无法考虑实配钢筋影响，仅能用计算钢筋代替；

2）据【高规】7.2.21条，连梁剪力调整方法与框架梁相同，但特一级连梁调整系数与一级同为1.3（【高规】3.10.5条），且斜筋连梁不调整剪力。

F14.2.23　设计内力—强柱弱梁及强柱根

【抗规】6.2.2条，程序对弯矩设计值调整，强柱弱梁及强柱根增大系数要点如下：

1）判断是否调整时，采用的是当前控制组合轴压比，不是最大轴压比；

2）对于受拉柱，一定进行调整；

3）对柱端弯矩调整，不一定是梁柱节点，柱端没有梁仍然调整；

4）强柱根调整（【抗规】6.2.3条）的结构底层，在SATWE中包括结构最底层、嵌固层和地面首层。此外，对于非框架结构的柱根，SATWE也进行调整，但调整系数取强柱弱梁调整中的非框架结构调整系数；

5）对于含转换柱的结构，SATWE按【高规】10.2.11条，为转换柱上端和底层下端单独指定内力调整系数，具体可看"转换柱设计内力"，其他楼层仍按照本节内容调整。

6）对于9度和一级以上框架柱，软件通过柱超配系数考虑实配钢筋与计算钢筋的区别。

F14.2.24　设计内力—框架柱强剪弱弯

【抗规】6.2.5条，对于9度和一级以上框架柱，软件通过柱超配系数考虑实配钢筋与计算钢筋的区别。此外，由于一般在地震工况下，结构质量集中在层顶，柱的剪力沿长度一般为定值，软件为计算方便，直接采用地震工况的柱端剪力进行放大，不采用柱端弯矩和净长计算（但需要考虑强柱弱梁计算导致的弯矩放大）。

F14.2.25 设计内力—转换柱

【高规】10.2.11-2、10.2.11-3、10.2.4 条对转换柱的内力调整，软件实现要点如下：

1）转换柱在计算轴压比时，【高规】中提到可不考虑增大系数，SATWE 仍然进行了放大；

2）对于转换柱弯矩放大，SATWE 会将转换柱对应的地面首层、嵌固层和结构最底层三层的柱底进行放大。

F14.2.26 设计内力—墙底部加强部位

【高规】7.2.5 条、10.2.18、3.10.5、7.2.6、7.2.2-3 各类剪力墙底部加强部位的内力调整要求，软件实现要点如下：

1）执行【高规】10.2.18 条，墙底截面的弯矩值是地面首层墙底截面，不是嵌固层，也不是结构最底部；

2）剪力调整未考虑实配钢筋影响；

3）考虑剪力墙弯矩增大系数。

F14.2.27 构件设计—集中荷载梁抗剪箍筋

【混规】6.3.4 条，SATWE 在计算梁抗剪箍筋时，α_{cv} 统一取为 0.7，不考虑集中荷载的影响。对于与楼板整体浇筑的非独立梁来说，这样计算没有问题；而对于不与楼板整板整体浇筑的独立梁，且有较大集中荷载、剪跨比较大的情况，需要工程师特别关注其抗剪配筋，必要时可对配筋结果进行适当放大。

F14.2.28 构件设计—斜筋连梁及设缝连梁

	说明
软件界面—斜筋连梁及设缝连梁	【混规】11.7.10 斜筋连梁的实现： 1）SATWE 可设交叉斜筋或者对角暗撑； 2）在计算对角斜筋与梁轴的角度时，沿梁高的直角边采用梁高减固定值计算，与实际情况可能有所误差，即： 交叉斜筋：直角边，SATWE 取梁高－200。 对角斜筋：直角边，SATWE 取梁高－400。 3）设交叉斜筋或对角暗撑/对角斜筋，连梁剪力不调整； 4）箍筋与对角斜筋的配筋强度比 η，有选项供用户干预。 【抗规】6.4.7 设缝连梁要点如下： 1）支持剪力墙开洞形成的连梁、及设为连梁属性的梁单元设缝。 2）对于剪力墙开洞形成的设缝连梁，SATWE 仅支持对跨层连梁（即窗间梁）进行设缝，且设缝位置只能在楼板处，对于单层连梁（即门间梁）无法设缝，需关注。 3）对于设为连梁属性的梁单元，可选多种设缝方式（单缝、双缝），软件会自动生成多个连梁，分别配筋设计。此外，还可以选择导算荷载施加的位置。

F14.2.29　构件设计—双偏压配筋

软件界面—双偏压配筋	说明
	【高规】6.2.4 条、【混规】6.2.21 程序实现配筋要点如下： 1）对于特殊构件指定为角柱的柱子，SATWE 强制采用双偏压进行配筋计算； 2）配筋结果不唯一，会出现弯矩大的方向配筋较少的情况，选择等比例放大方式能改善这种情况； 3）某些情况下，双偏压配筋得到的结果会比单偏压结果偏小，这是由于单偏压计算不考虑另一方向纵筋的抗弯贡献导致的（详图如下），在近似单向受压时，单偏压不考虑中间钢筋的作用，双偏压考虑，此时会导致双偏压配筋偏少； 4）三种配筋计算方法的选项，详后附。

SATWE 提供的三种计算双偏压配筋方法：

1）普通方式

软件采用双偏压计算同时计算柱两个方向的配筋和角筋。

2）迭代优化

选择此项后，对于按双偏压计算的柱，在得到配筋面积后，会继续进行迭代优化：通过二分法逐步减少钢筋面积，并在每一次迭代中对所有组合校核承载力是否满足，直到找到最小全截面配筋面积配筋方案。

3）等比例放大

由于双偏压配筋设计是多解的，在有些情况下可能会出现弯矩大的方向配筋数量少，而弯矩小的方向配筋数量反而多的情况。对于双偏压法本身来说，这样的设计结果是合理的，但与工程设计习惯不符。

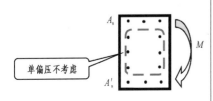

选用此方法后，程序会先进行单偏压配筋设计，然后对单偏压的结果进行等比例放大去进行双偏压配筋设计，以此来保证配筋方式和工程设计习惯的一致性。需要注意的是，最终显示给用户的配筋结果不一定和单偏压结果完全成比例，这是由于程序在生成最终配筋结果时，还要考虑一系列构造要求。

F14.3　SLABCAD

F14.3.1　构件设计—板柱冲切验算

【混规】6.5.1、6.5.3 条、6.5.6 条，PKPM 的 SLABCAD 模块计算板柱冲切时要点如下：

1）考虑不平衡弯矩需勾选：在最新 V4.3.4 版中，加入了冲切考虑不平衡弯矩的选项，建议工程师采用最新版本计算。如若使用 V4.3 版本及以前计算，则需额外注意不平衡弯矩问题。

2）对于边柱和角柱，在求计算截面周长时，不自动将楼板边与柱边对齐，需工程师手动设置柱偏心；

3）冲切验算需勾选：若勾选，SLABCAD 会进行无梁楼盖冲切计算；若不勾选，则不进行计算；

4）冲切验算读取 SATWE 结果需勾选：若勾选，则 SLABCAD 会读取 SATWE 中柱顶内力计算结果进行冲切计算；若不勾选，则按照 SLABCAD 中单层计算的柱顶内力结果进行计算。建议多层结构选择读取 SATWE 计算结果；

5）冲切配筋需勾选：若勾选，则 SLABCAD 在进行冲切验算时，会按【混规】6.5.3-2 的公式进行配筋计算；若不勾选，则不会进行额外箍筋配筋计算；

6）柱上布有实梁时不计算冲切需勾选：若勾选，则当有实梁（非虚梁）与柱顶相连时，不计算当前柱冲切；若不勾选，则始终进行柱顶冲切计算；

7）SLABCAD 支持 5 种柱帽和 1 种无柱帽冲切计算，示意如表 F14.3.1；

SLABCAD 支持的冲切计算类型 表 F14.3.1

名称	无柱帽	无顶板柱帽	折线顶板柱帽	矩形顶板柱帽 1	矩形顶板柱帽 2	仅矩形顶板
示意图						
冲切面计算个数	1	2	3	3	3	2

8）当柱帽角度大于 45°时，SLABCAD 仍会进行柱帽底部为起始位置的冲切验算；

9）鉴于在角柱、中柱、边柱及实际项目等各类情况下的冲切线差别较大，对于程序结果要判定，并挑选特别情况手算核定。